# Controlling mit SAP S/4HANA®

## Customizing Kostenstellenrechnung

Andreas Unkelbach
Martin Munzel

## Willkommen bei Espresso Tutorials!

Unser Ziel ist es, SAP-Wissen wie einen Espresso zu servieren: Auf das Wesentliche verdichtete Informationen anstelle langatmiger Kompendien – für ein effektives Lernen an konkreten Fallbeispielen. Viele unserer Bücher enthalten zusätzlich Videos, mit denen Sie Schritt für Schritt die vermittelten Inhalte nachvollziehen können. Besuchen Sie unseren YouTube-Kanal mit einer umfangreichen Auswahl frei zugänglicher Videos:

*https://www.youtube.com/user/EspressoTutorials.*

Kennen Sie schon unser Forum? Hier erhalten Sie stets aktuelle Informationen zu Entwicklungen der SAP-Software, Hilfe zu Ihren Fragen und die Gelegenheit, mit anderen Anwendern zu diskutieren:

*https://forum.espresso-tutorials.com.*

## Eine Auswahl weiterer Bücher von Espresso Tutorials:

- Christoph Theis, Stefan Eifler:
  **Werteflüsse in die SAP®-Ergebnisrechnung (CO-PA) unter S/4HANA®** *http://5394.espresso-tutorials.de*
- Tom King:
  **Materialbewertung und das Material-Ledger in SAP S/4HANA®**
  *http://5711.espresso-tutorials.de*
- Thomas Wicke:
  **Praxishandbuch Produktkosten-Controlling mit SAP S/4HANA®**
  *https://es-tu.de/WBV3KY*
- Rudolf Poppenberger:
  **Konzernbewertung mit SAP S/4HANA® Material-Ledger**
  *https://es-tu.de/nQAf*
- Stefan Eifler:
  **Schnelleinstieg in die SAP®-Ergebnisrechnung (CO-PA) –** 2., erweiterte Auflage *https://es-tu.de/WAuw52*
- Christian Sterlepper, Martin Munzel:
  **Innenaufträge in SAP S/4HANA® – Customizing**
  *https://es-tu.de/df1q*

**Bibliografische Information der Deutschen Nationalbibliothek**
Die Deutsche Nationalbibliothek verzeichnet diese Publikation in der Deutschen Nationalbibliografie; detaillierte bibliografische Daten sind im Internet über https://portal.dnb.de abrufbar.

Andreas Unkelbach, Martin Munzel
**Controlling mit SAP S/4HANA®: Customizing Kostenstellenrechnung**

**ISBN:** 978-3-960122-79-1

**Lektorat:** Anja Achilles/Bernhard Edlmann

**Korrektorat:** Die Korrekturstube – Kirstin de Boer & Jasmin Krafft

**Coverdesign:** Philip Esch

**Coverfoto:** iStockphoto.com | Wirestock Nr. 1479094502

**Satz & Layout:** Johann-Christian Hanke

1. Auflage 2024



**URL:** *www.espresso-tutorials.de*



**Feedback**:
Wir freuen uns über Fragen und Anmerkungen jeglicher Art. Bitte senden Sie diese an: *info@espresso-tutorials.com*.

# Inhaltsverzeichnis

# Vorwort

Das Customizing im Controlling hat auch und gerade mit SAP S/4HANA an Bedeutung gewonnen. Eine besondere Funktion kommt dabei der Kostenstellenrechnung zu, welche nicht nur die organisatorische Struktur eines Unternehmens abbilden kann, sondern auch für die Planung und Steuerung eine wichtige Rolle spielt. Daher haben wir uns entschlossen, das Thema Kostenstellenrechnung – als Ausgangspunkt für viele Fragen im Controlling – in den Mittelpunkt dieses Buches zu stellen. Grundlage hierfür bildet das Werk »SAP-Controlling – Customizing« (SAP Press, 2013) von Martin und Renata Munzel, aus dem die Darstellung der Kostenstellenrechnung extrahiert, aktualisiert und neue Entwicklungen im Bereich SAP S/4HANA eingearbeitet wurden. So umfasst das Ihnen nun vorliegende Werk auch die Budgetierung von Kostenstellen, Änderungen im Customizing sowie Kapitel über die universelle Verrechnung und das Berichtswesen.

Wir hoffen, dass Ihnen dieses Buch einen guten Überblick über das Customizing und die Gestaltung Ihrer Kostenstellenrechnung verschafft und es Sie bei Ihren Aufgaben im Controlling und Reporting unterstützen wird.

## An wen richtet sich dieses Buch?

Wir richten uns an erfahrene Mitarbeiter im Bereich Controlling, die sich im SAP-Modul CO mit der Ausgestaltung der Kostenstellenrechnung beschäftigen wollen. Dabei ist dieses Buch nicht nur für Key-User, sondern auch für fortgeschrittene Sachbearbeiter oder Verantwortliche von Kostenstellen gedacht, die sich mit der Möglichkeit einer Kostenverrechnung und dem Ursprung der auf ihrer Kostenstelle gebuchten Kosten auseinandersetzen möchten. Idealerweise sind Sie mit der seit SAP S/4HANA neu definierten Beziehung zwischen der Finanzbuchhaltung und dem Controlling bereits vertraut und interessieren sich insbesondere dafür, wie Sie die Kostenstellenrechnung für sich nutzen können.

Außerdem eignet es sich für Modulverantwortliche oder SAP-Berater mit Grundwissen in anderen Modulen, die einen Blick auf die Möglichkeiten der Kostenstellenrechnung im Controlling werfen möchten. Gerade durch das Zusammenwachsen von Finanzbuchhaltung und Controlling in SAP S/4HANA dürften hier einige Schnittmengen und gemeinsame Interessen zu finden sein.

## Aufbau des Buches

Auf den nachfolgenden Seiten erhalten Sie eine umfassende Einführung in das Customizing der Kostenstellenrechnung. Die insgesamt acht Kapitel bauen aufeinander auf, können aber auch wie ein Nachschlagewerk zu einzelnen Themen unabhängig herangezogen werden.

Im **ersten Kapitel** stellen wir Ihnen die Grundlagen des Gemeinkostencontrollings vor und beantworten hier schon die Frage nach dem Ort der Kostenentstehung. Daneben werden übergreifende Einstellungen zur Organisationsstruktur (Buchungskreis, Kontenplan und Geschäftsjahresvariante) sowie zu den Grundeinstellungen im Controlling vorgestellt.

Im **zweiten Kapitel** behandeln wir die Stammdaten der Kostenstellenrechnung wie Kostenstellen, Leistungsarten und statistische Kennzahlen.

Das **dritte Kapitel** führt Sie in die wunderbare Welt der Planung und Budgetierung für Kostenstellen ein, nebst der Übernahme von Plandaten aus anderen Modulen. Zusammen bilden sie die Zukunft Ihres Unternehmens in einem Planszenario ab.

Im **vierten Kapitel** widmen wir uns den Verpflichtungen Ihres Unternehmens. Dabei lernen Sie die Möglichkeiten der Obligoverwaltung wie auch der Mittelbindung kennen. Zum Abschluss erläutern wir Ihnen die Funktion der vorausschauenden Obligoverwaltung.

Das **fünfte Kapitel** fokussiert im übertragenden Sinn die Gegenwart Ihres Unternehmens. Sie lernen hier nicht nur manuelle Istbuchungen und die Istdatenübernahme aus anderen Modulen kennen, sondern auch die verschiedenen Möglichkeiten des Periodenabschlusses wie die Abgrenzung, die Gemeinkostenzuschlagskalkulation, periodische Verrechnungen (Umbuchung, Verteilung und Umlage) und die indirekte Leistungsverrechnung. Sehr ausführlich gehen wir dabei auf die Einrichtung der periodischen Verrechnung in Zyklus und Segmenten ein. Am Ende des Kapitels beschreiben wir die Splittung und Tarifermittlung in der Leistungsverrechnung.

Das **sechste Kapitel** gibt Ihnen, quasi als Transfer des bisher Gelernten, einen Überblick über die Fiori-Apps zur universellen Verrechnung.

Im **siebten Kapitel** gehen wir noch kurz auf das Herzensthema von Andreas Unkelbach, den Aufbau eines Berichtswesens, ein und darauf, wie sie auch weiterhin die im SAP GUI genutzten Report-Painter-Berichte verwenden können.

Am Ende fassen wir noch einmal die wesentlichen Aspekte zusammen und ziehen ein Fazit zur Bedeutung der Kostenstellenrechnung – auch mit Blick auf das Berichtswesen.

Wir hoffen, dass auch Sie, werte Lesende, an diesem Buch Ihre Freude haben und am Ende die vorgestellten Möglichkeiten für die Umsetzung Ihrer eigenen Ideen bei der Gestaltung Ihrer Kostenstellenrechnung zurate ziehen.

**Begleitvideos zum Buch**

Begleitend zu unserem Buch haben wir einige Video-Tutorials erstellt, auf die wir an den entsprechenden Stellen hinweisen. Sie können diese Videos kostenfrei abrufen.

- Als Kunde unserer SAP-Lernplattform: Rufen Sie den Link *https://es-tu.de/fLnvSC* auf, um direkt zur Playlist zu gelangen.
- Sie haben kein Abonnement für die SAP-Lernplattform: Melden Sie sich über folgenden Link für die Freigabe der Videos auf unserer Lernplattform an: *https://es-tu.de/vj78L9*.

## Persönliche Widmung

**Andreas Unkelbach:** Persönlich freue ich mich besonders darüber, dass Martin Munzel es mir mit diesem Buch erneut ermöglicht, meinem Interesse und meiner Begeisterung für das Thema Controlling in SAP Ausdruck zu verleihen und mein Wissen mit Ihnen zu teilen.

Die Kombination aus Rotstiftmarkierungen, entscheidenden Rückfragen, aber auch viel Geduld bzgl. Abgabefristen ist etwas, das mich immer wieder am Lektorat von Espresso Tutorials begeistert. Mein Dank geht daher an Bernhard Edlmann und besonders an Anja Achilles, die beide entscheidenden Anteil an der Vollendung dieses Buches hatten. Die Kommentare im Manuskript lassen mich immer wieder die eigenen Gedanken erneut ordnen und dann am Ende erstaunt auf das Manuskript blicken – mit der Erkenntnis, dass hier die eigenen Gedanken schließlich sehr gut ausformuliert wurden.

Ansonsten ist es mir ein Bedürfnis, auch in diesem Buch meine Frau Claudia zu erwähnen, die mich immer wieder bei neuen Projektideen (ob nun Buchprojekte, Schulungen oder andere Ideen) unterstützt und mich darin bestärkt, meine Begeisterung für SAP als Autor, Blogger und Dozent mit anderen zu teilen. Von ihr kommt auch mein Maskottchen, der Gargoyle Gideon, den Sie auf dem Autorenbild kennenlernen können.

**Martin Munzel:** Wie bereits im Vorwort erwähnt, ist dieses Manuskript teilweise aus dem Buch »SAP Controlling – Customizing« entnommen, das meine Frau Renata und ich vor etlichen Jahren bei SAP Press veröffentlicht haben. Ich möchte mich bei Frau Eva Tripp vom Rheinwerk Verlag für die freundliche Genehmigung bedanken, dieses Buch als Grundlage wiederverwenden zu dürfen.

Mit Andreas Unkelbach verbinden mich nun schon mehrere gemeinsame Buchprojekte, und mein besonderer Dank gilt meinem Co-Autor, dass er dieses Thema auf den neuesten Stand gebracht hat.

Im Übrigen schließe ich mich dem Dank an unsere Lektoren an. Mit Anja Achilles habe ich inzwischen schon an so vielen Buchprojekten gearbeitet, dass ich bereits beim Schreiben überlege, wie sie den Satz wohl formulieren würde, den ich im Kopf habe (aus reinem Eigeninteresse – dann kommt er nicht umformuliert zu mir zurück).

In den Text sind Kästen eingefügt, um wichtige Informationen besonders hervorzuheben. Jeder Kasten ist zusätzlich mit einem Piktogramm versehen, das diesen genauer klassifiziert:

**Hinweis**

Hinweise bieten praktische Tipps zum Umgang mit dem jeweiligen Thema.

**Beispiel**

Beispiele dienen dazu, ein Thema besser zu illustrieren.

**! Achtung**

Warnungen weisen auf mögliche Fehlerquellen oder Stolpersteine im Zusammenhang mit einem Thema hin.

**Video**

Schauen Sie sich ein Video zum jeweiligen Thema an.

### Die Form der Anrede

Um den Lesefluss nicht zu beeinträchtigen, verwenden wir im vorliegenden Buch bei personenbezogenen Substantiven und Pronomen zwar nur die gewohnte männliche Sprachform, meinen aber gleichermaßen Personen weiblichen und diversen Geschlechts.

### Hinweis zum Urheberrecht

Sämtliche in diesem Buch abgedruckten Screenshots unterliegen dem Copyright der SAP SE. Alle Rechte an den Screenshots hält die SAP SE. Der Einfachheit halber haben wir im Rest des Buches darauf verzichtet, dies unter jedem Screenshot gesondert auszuweisen.

# 1 Grundlagen Controlling

**Mit SAP S/4HANA wachsen die Finanzbuchhaltung und das Controlling zusammen, was etwa an der veränderten Bedeutung von Sachkonten für das Controlling zu sehen ist. Dieses Kapitel weist Sie auf die sich daraus ergebenden entscheidenden Änderungen für das Controlling hin und widmet sich anschließend den Grundeinstellungen zur Unternehmensstruktur. Damit sind die Voraussetzungen für die Nutzung der Kostenstellenrechnung geschaffen.**

Im Rahmen der Kostenrechnung des internen Rechnungswesens sind drei Fragen von zentraler Bedeutung für das Gemeinkostencontrolling eines Unternehmens:

- Welche Kosten sind angefallen (Art der Kosten)?
- Wo sind diese Kosten angefallen (Ort der Kostenentstehung)?
- Wofür sind diese Kosten angefallen (Grund der Kostenentstehung)?

In SAP S/4HANA besitzen Finanzbuchhaltung und Controlling mit dem »umfassenden Journal« (Universal Journal) erstmals eine gemeinsame Datenbasis: Die Belege der Finanzbuchhaltung und des Controllings sind in einer einzigen Tabelle (ACDOCA für Ist und ACDOCP für Plan) vereint, die nun die »Single Source of Truth« darstellt.

Entsprechend wird die Frage nach der Art der Kosten nicht mehr über Kostenarten, sondern über die Einstellung im Sachkonto beantwortet. Dabei unterscheiden wir im Sachkontostamm zwischen *Sachkontoart* und *Kostenartentyp*, die beide mittels der Transaktion *FS00* gepflegt werden. In Abbildung 1.1 ist dies beispielhaft für das SACHKONTO *680000 Büromaterial* ersichtlich.

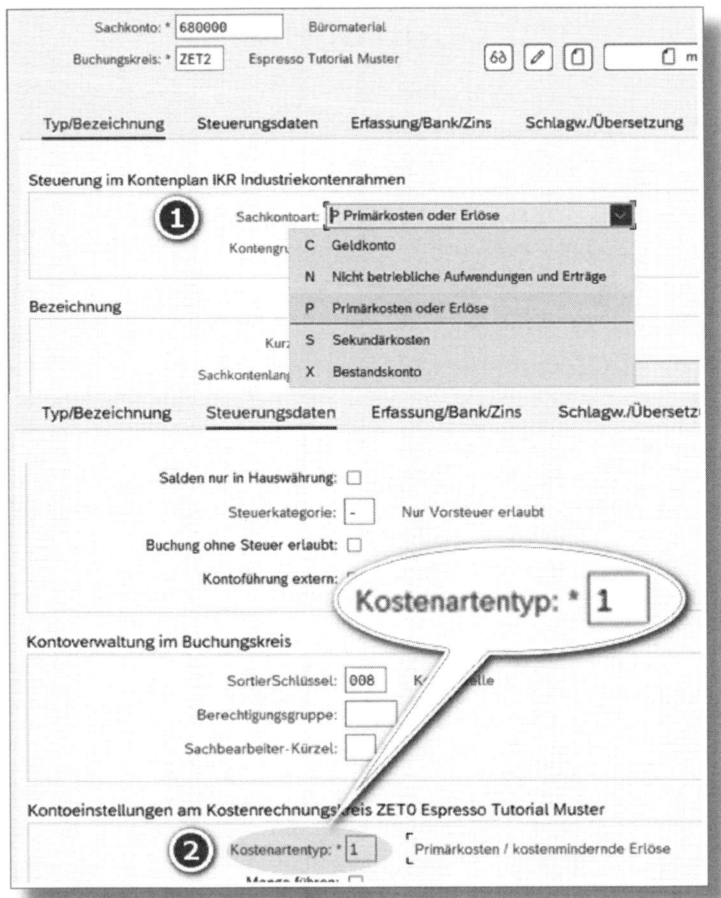


*Abbildung 1.1: Transaktion FS00 – Sachkonto 680000*

Im Reiter TYP/BEZEICHNUNG wird die SACHKONTOART festgelegt ❶:

- GELDKONTO (ab SAP S/4HANA 2020 für Bank Account Ledger oder Bankabstimmkonto)
- NICHT BETRIEBLICHE AUFWENDUNGEN UND ERTRÄGE (nur in FI verwendetes GuV-Konto)

- PRIMÄRKOSTEN ODER ERLÖSE (in FI und CO verwendetes GuV-Konto)
- SEKUNDÄRKOSTEN (nur in CO verwendetes GuV-Konto)
- BESTANDSKONTO

Für das Controlling besonders interessant sind die Primärkosten oder Erlöse sowie die Sekundärkosten.

Im Reiter STEUERUNGSDATEN wird der KOSTENARTENTYP ❷ im Controlling bestimmt. Die zur Verfügung stehende Auswahl hängt von der Sachkontoart ab. Für »Primärkosten oder Erlöse« etwa können als Kostenartentyp u. a.

- 01 – PRIMÄRKOSTEN/KOSTENMINDERNDE ERLÖSE,
- 11 – ERLÖSE oder
- 22 – ABRECHNUNG extern

gewählt werden, während für die Sachkontoart »Sekundärkosten« bspw.

- 41 – GEMEINKOSTENZUSCHLÄGE,
- 42 – UMLAGE und
- 43 – VERRECHNUNG

möglich sind. Die bisher unter SAP ERP verwendeten Transaktionen zur Anlage einer Kostenart wie *KA01* (Kostenart anlegen) oder *KA06* (Sekundärkostenart anlegen) werden in S/4HANA direkt auf die Transaktion *FS00* umgeleitet.

Das zeigt, wie sehr sich Controlling und Finanzbuchhaltung, internes und externes Rechnungswesen einander annähern.

Als Nächstes werden wir auf die für das Controlling erforderlichen Einstellungen zur Unternehmensstruktur und einige Grundkonfigurationen im Customizing eingehen.

Im SAP GUI finden Sie die Einstellungen zum Customizing als *SAP-Customizing-Einführungsleitfaden* über die Schaltfläche SAP REFERENZ-IMG in der Transaktion *SPRO* (siehe Abbildung 1.2).

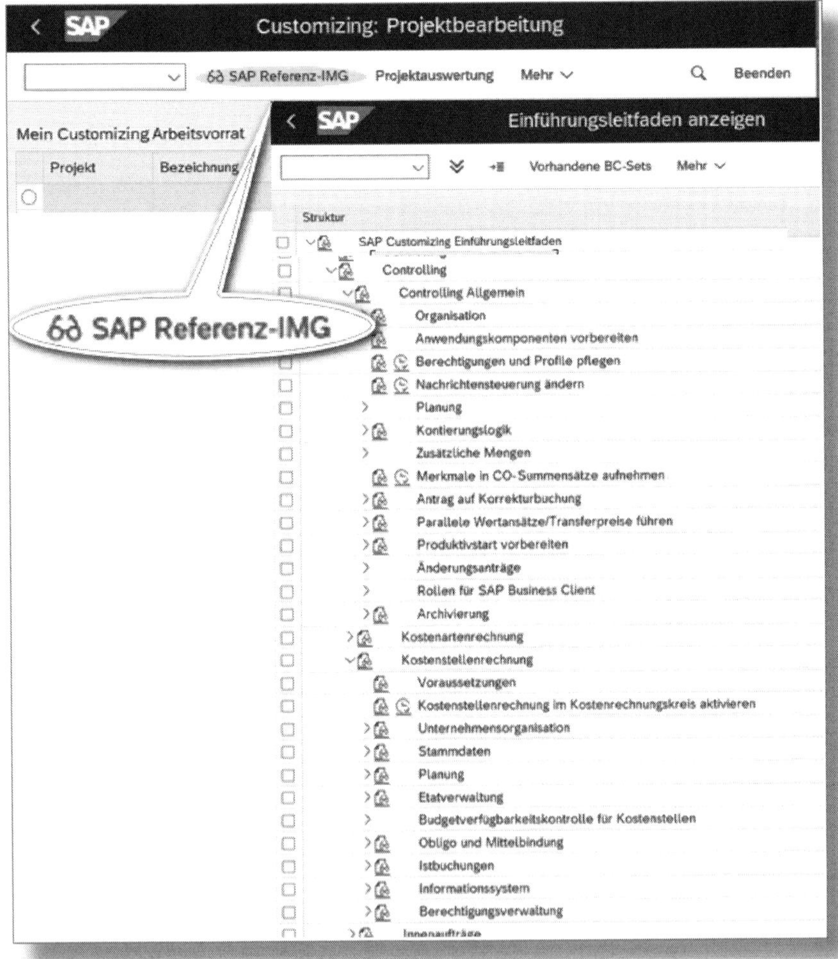


*Abbildung 1.2: Transaktion SPRO – SAP Referenz-IMG*

Wir erläutern hier die wesentlichen Elemente für die Unternehmensstruktur.

**☛ Einführungsleitfaden – Customizing**

Der Einführungsleitfaden (IMG) dient der Anpassung des SAP-Systems an die Anforderungen eines Unternehmens (Customizing). Die Transaktion *SPRO* ermöglicht dem Anwender den Zugriff auf den IMG. Im weiteren Verlauf des Buches ist beim Verweis auf das Customizing immer das Menü hinter der Transaktion *SPRO* gemeint.

## 1.1 Customizing der Organisationsstruktur

Da Finanzbuchhaltung und Controlling unter SAP S/4HANA unter einem gemeinsamen Dach sind, gibt es einzelne Einstellungen im Customizing der Finanzbuchhaltung, die Sie auch für das Controlling bzw. die Kostenstellenrechnung benötigen. Wir stellen Ihnen hier die entsprechenden Elemente in der Finanzbuchhaltung vor. So erhalten Sie einen Überblick über die grundlegenden Organisationseinheiten der Finanzbuchhaltung und des Controllings.

### 1.1.1 Buchungskreis

Der Buchungskreis bildet die Grundlage für das externe Rechnungswesen (Modul Finanzbuchhaltung, FI) und stellt eine selbstständig bilanzierende Einheit dar. Für jeden Buchungskreis können Sie einen gesetzlichen Einzelabschluss erstellen, einen Monatsabschluss und Jahresabschluss inklusive vollständiger Bilanz sowie Gewinn- und Verlustrechnung (GuV).

In der Regel legen Sie für jede rechtlich selbstständige Gesellschaft (GbR, GmbH usw.) einen eigenen Buchungskreis an. Darüber hinaus kann es sinnvoll sein, für einen Unternehmensteil in einem anderen Land mit abweichender Landeswährung oder anderen steuerrechtlichen Vorgaben einen eigenen Buchungskreis anzulegen. Jedem Buchungskreis ist eine entsprechende Buchungskreiswährung zugeordnet.

Zur Anlage eines Buchungskreises haben Sie, wie in Abbildung 1.3 zu sehen, im Customizing über den Pfad UNTERNEHMENSSTRUKTUR • DEFINITION • FINANZWESEN • BUCHUNGSKREIS BEARBEITEN, KOPIEREN, LÖSCHEN, PRÜFEN ❶ die Möglichkeit, über die Aktivität BUCHUNGSKREISDATEN BEARBEITEN ❷ bestehende Buchungskreise zu bearbeiten und neue Buchungskreise anzulegen oder über die Aktion BUCHUNGSKREIS KOPIEREN, LÖSCHEN, PRÜFEN ❸ einen existierenden Buchungskreis zu kopieren und im Nachhinein die Buchungskreiseinstellungen anzupassen.

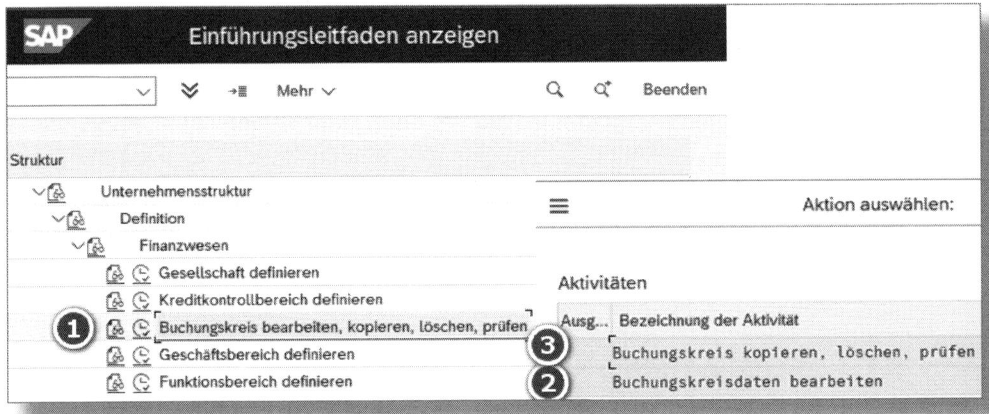


*Abbildung 1.3: Buchungskreis bearbeiten, kopieren, löschen, prüfen*

Wir empfehlen Ihnen, zur Erstellung Ihres Buchungskreises ein vorhandenes Landes-Template zu kopieren. Für einen deutschen Buchungskreis bietet sich die Vorlage *DE02 Country Template DE* an. Damit werden bestimmte Landeseinstellungen übernommen. In unserem Beispiel wird *DE02* nach *ZET2* kopiert (siehe Abbildung 1.4). Achten Sie darauf, dass der Buchungskreisschlüssel vierstellig ist. Das Kopieren eines bestehenden Buchungskreises erfolgt über die Schaltfläche .

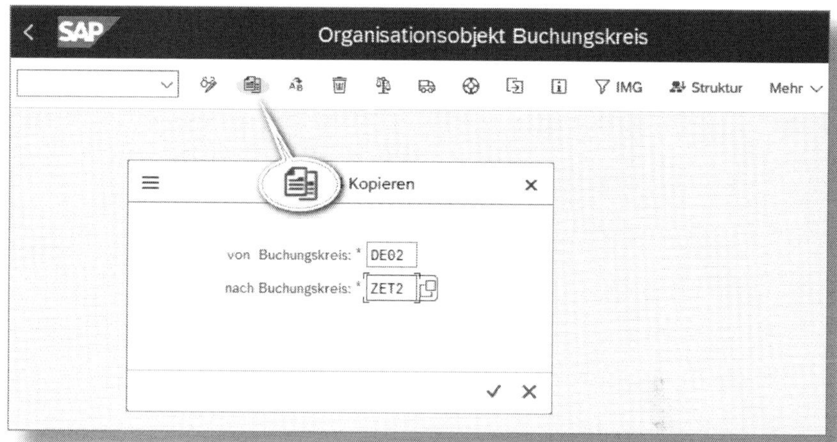


*Abbildung 1.4: Organisationsobjekt Buchungskreis – kopieren*

Nachdem Sie den Buchungskreis kopiert haben, passen Sie im gleichen Customizing-Pfad über die Aktivität BUCHUNGSKREISDATEN BEARBEITEN die kopierten Daten an (siehe Abbildung 1.5).

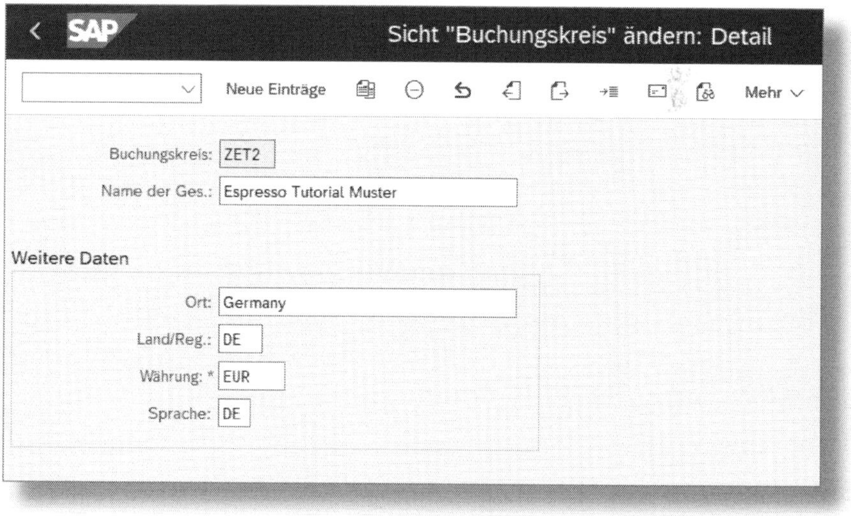

*Abbildung 1.5: Buchungskreis ändern – ZET2*

Über die Schaltfläche [icon] ändern Sie die Adressdaten des Buchungskreises. Neben ORT, LAND/REG., WÄHRUNG und SPRACHE können Sie hier außerdem folgende Angaben zum Buchungskreis über die Adressdaten hinterlegen:

- Name = Anrede, Name(n)
- Suchbegriffe = (Suchbegriff 1/2)
- Straßenadresse = Straße/Hausnummer, Postleitzahl/Ort etc.
- Postfachadresse
- Kommunikation = Telefon, Mobiltelefon, E-Mail etc.
- Bemerkungen

Folgende, durch das Kopieren des Buchungskreises übernommene Einstellungen lassen sich optional ablehnen:

- Sachkonten im Buchungskreis
- Zuordnung zum Kostenrechnungskreis
- Zuordnung einer Hauswährung

Für jeden dieser Punkte erhalten Sie die Rückfrage, ob die Daten ebenfalls mitkopiert werden sollen.

**Anlage Buchungskreis**

In der Videosammlung »Controlling mit SAP S/4HANA – Customizing Kostenstellenrechnung«, die Sie über den frei zugänglichen Bereich unserer SAP-Lernplattform aufrufen, lernen Sie im Video »Buchungskreis« mehr zur Anlage eines Buchungskreises in SAP S/4HANA. Wie Sie den Zugang zum Video erhalten, haben wir im Vorwort beschrieben.

Alle Einstellungen, die in den kopierten Buchungskreis übernommen wurden, können Sie im Customizing über den Pfad FINANZWESEN • GRUNDEINSTELLUNGEN FINANZWESEN • GLOBALE PARAMETER ZUM BU-

CHUNGSKREIS • GLOBALE PARAMETER PRÜFEN UND ERGÄNZEN einsehen und ändern (siehe Abbildung 1.6).

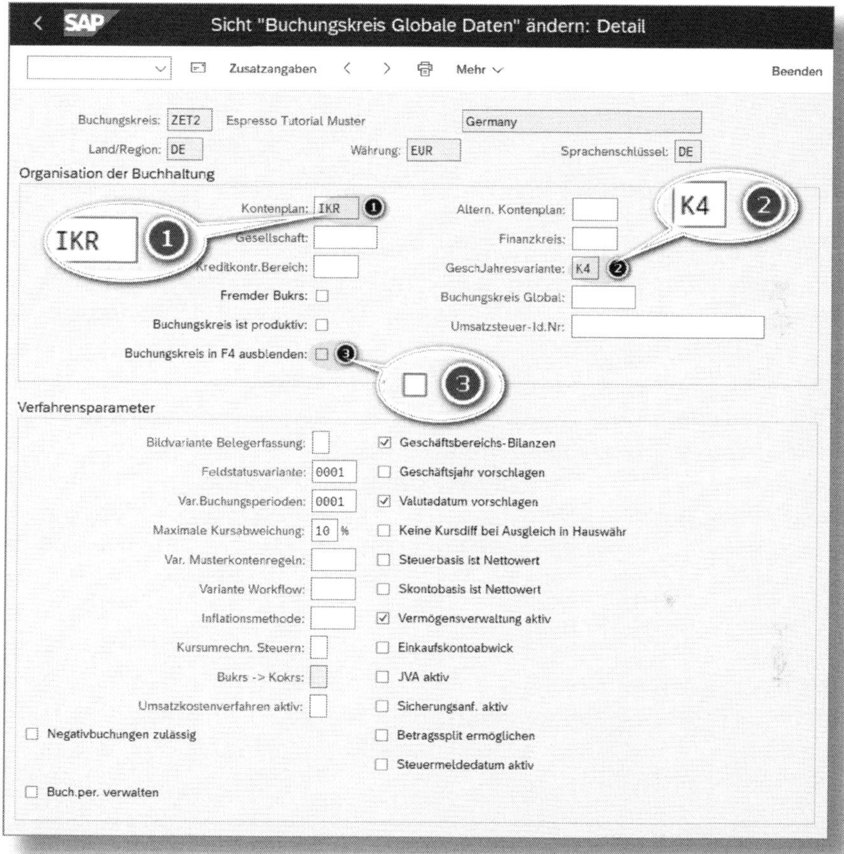


*Abbildung 1.6: Buchungskreis – globale Daten*

Neben dem KONTENPLAN ❶ und der Geschäftsjahresvariante (GESCHJAHRESVARIANTE) ❷, auf die wir in den folgenden Abschnitten eingehen werden, ist der Punkt BUCHUNGSKREIS IN F4 AUSBLENDEN ❸ von besonderer Bedeutung. Sie haben sicher schon bei der Übernahme der Vorlage gesehen, dass neben Ihrem eigenen Buchungskreis noch weitere seitens der SAP vorbelegt sind. Wenn Sie nun in einer Buchungsmaske die Wertehilfe [F4] zum Feld BUCHUNGSKREIS auswählen, würden Sie grundsätzlich alle Buchungskreise angezeigt bekommen. Durch die Aktivierung dieses Flags steht der so gekennzeichnete Buchungskreis nicht mehr zur Auswahl. Es bietet sich also an, in der Kopiervorlage (Buchungskreis DE02) BUCHUNGSKREIS IN F4 AUSBLENDEN zu aktivieren. Damit sind bei der Buchung nur die von Ihnen produktiv genutzten Buchungskreise in der Auswahl vorhanden.

### 1.1.2 Kontenplan

Sowohl in der Finanzbuchhaltung als auch im Controlling erfolgen Buchungen auf der Ebene von Sachkonten. Diese Sachkonten werden in einem *Kontenplan* zusammengefasst. Dieser bildet somit das strukturelle Verzeichnis aller Sachkonten (Hauptbuchkonten) und gibt den Rahmen für eine ordnungsgemäße Darstellung von Buchhaltungsdaten vor. Jedem Buchungskreis muss zwingend ein Kontenplan zugeordnet werden. Der zugeordnete Kontenplan wird als *operativer Kontenplan* bezeichnet, d. h., auf den Konten des operativen Kontenplans werden die Buchungen im Tagesgeschäft durchgeführt. Der operative Kontenplan wird sowohl von der Buchhaltung als auch vom Controlling verwendet.

In Abbildung 1.6 ist der KONTENPLAN *IKR* (siehe ❶) dem BUCHUNGSKREIS ZET2 zugeordnet. Der Kontenplan *IKR* (Industriekontenrahmen) gehört zu den Musterkontenplänen, welche die SAP zur Verfügung stellt. Er orientiert sich am Bilanzgliederungsprinzip. Zur Verdeutlichung dient Tabelle 1.1.

| **Vermögensrechnung/Bilanz** | | |
|---|---|---|
| Aktiva | Klasse 0 | immaterielle und Sachanlagen |
| | Klasse 1 | Finanzanlagen |
| | Klasse 2 | Umlaufvermögen und aktive Rechnungsabgrenzung |
| Passiva | Klasse 3 | Eigenkapital, Rückstellungen |
| | Klasse 4 | Verbindlichkeiten und passive Rechnungsabgrenzung |

| Erfolgskonten | | |
|---|---|---|
| Erträge | Klasse 5 | Erträge |
| Aufwendungen | Klasse 6 | betriebliche Aufwendungen |
| | Klasse 7 | weitere Aufwendungen |
| Eröffnung und Abschluss | Klasse 8 | Ergebnisrechnung, Eröffnungs- und Abschlusskonten |
| KLR | Klasse 9 | Kosten- und Leistungsrechnung |

*Tabelle 1.1: Aufbau Industriekontenrahmen (IKR)*

Prüfen Sie, ob Sie einen der Musterkontenpläne verwenden wollen, die mit dem Standardsystem ausgeliefert werden. Alternativ können Sie auch einen eigenen Kontenplan definieren. Dieses kann interessant sein, wenn innerhalb Ihrer Branche ein anderer Standardkontenrahmen (z. B. für Handelsunternehmen, Banken oder Versicherungen) genutzt wird und Sie daher nicht direkt einen der vorgegebenen Kontenpläne für sich verwenden können.

Die Einstellungen zum Kontenplan nehmen Sie im Customizing über den Menüpfad FINANZWESEN • HAUPTBUCHHALTUNG • STAMMDATEN • SACHKONTEN • VORARBEITEN • KONTENPLANVERZEICHNIS BEARBEITEN vor. In Abbildung 1.7 sehen Sie die Einstellungen zum Kontenplan IKR.

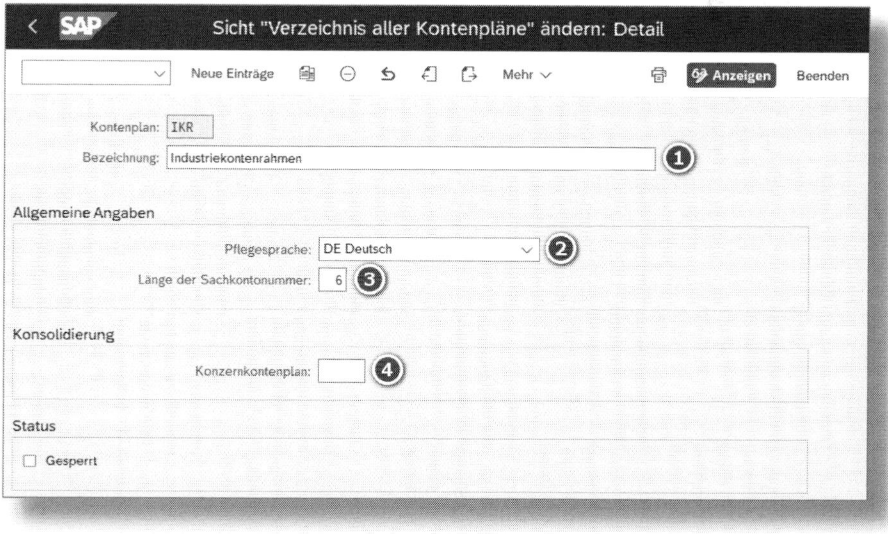

*Abbildung 1.7: Kontenplan IKR bearbeiten*

Neben der BEZEICHNUNG ❶ und der PFLEGESPRACHE ❷ ist hier auch die LÄNGE DER SACHKONTONUMMER ❸ festgelegt. Ihnen stehen maximal zehn Stellen zur Verfügung. Da im System Konten mit kürzeren Nummern intern auf die an dieser Stelle vorgegebene Länge mit Nullen aufgefüllt werden (bei numerischen Kontonummern von links und bei alphanumerischen Konten von rechts), empfiehlt sich eine geringere Längenvorgabe – in diesem Fall haben wir uns für *6* entschieden.

Im Bereich KONSOLIDIERUNG können Sie ergänzend zum operativen Kontenplan noch einen KONZERNKONTENPLAN ❹ hinterlegen. Welche Bedeutung unterschiedliche Kontenpläne haben, erläutern wir Ihnen im Kasten am Ende dieses Abschnitts.

In Abbildung 1.6 haben wir dem BUCHUNGSKREIS *ZET2* den KONTENPLAN *IKR* durch die Buchungskreiskopie zugeordnet. Alternativ können Sie Kontenplan und Buchungskreis im Customizing über den Pfad FINANZWESEN • HAUPTBUCHHALTUNG • STAMMDATEN • SACHKONTEN • VORARBEITEN • BUCHUNGSKREIS EINEM KONTENPLAN ZUORDNEN miteinander verbinden (siehe Abbildung 1.8).

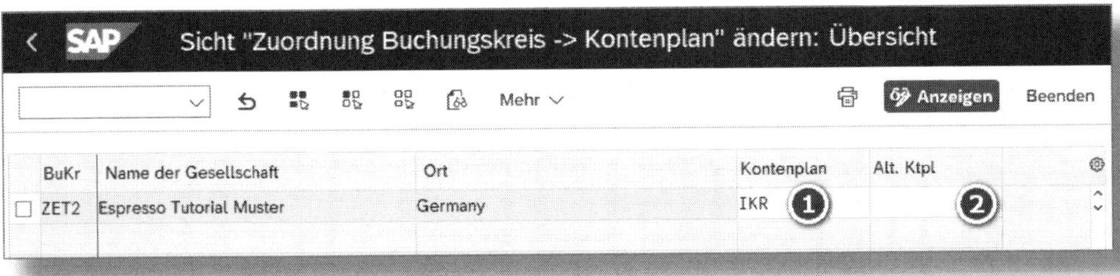


*Abbildung 1.8: Zuordnung Buchungskreis zu Kontenplan*

Auch hier ist dem Buchungskreis (BuKr) ZET2 der KONTENPLAN *IKR* ❶ zugeordnet. Ferner können Sie im Feld ALT. KTPL ❷ einen alternativen Kontenplan hinterlegen.

**Kontenpläne im SAP-System**

Neben dem operativen Kontenplan, über den das Tagesgeschäft eines Buchungskreises abgewickelt wird, können Sie einen *Konzernkontenplan* (siehe ❹ in Abbildung 1.7) hinterlegen. Dieser wird für ein übergreifendes Konzernreporting (Konsolidierung) mehrerer Tochterunternehmen genutzt. Hier können Sie einzelne Sachverhalte auf Konten Ihrer Buchungskreise zu einem gemeinsamen Konto zusammenfassen (konsolidieren). Der Konzernkontenplan enthält die Sachkonten, die von der gesamten Unternehmensgruppe verwendet werden. Sofern einzelne Konzerngesellschaften es für sinnvoll halten, eine weitergehende Untergliederung dieser Sachkonten vorzunehmen, lässt sich das im Kontenplan der Gesellschaft abbilden; diese »individuellen« Konten werden dann dem Hauptkonto im Konzernkontenplan zugeordnet.

Ein praktisches Beispiel hierfür wären Reisekosten im Konzernkontenplan und eine Untergliederung nach Bahn- und Hotelkosten in den verschiedenen Konzerngesellschaften. Dabei erfolgen die einzelnen Buchungen im operativen Kontenplan (siehe ❶ in Abbildung 1.8) und werden auf die Konten des Konzernkontenplans fortgeschrieben.

Aus rechtlichen Gründen benötigen Sie in bestimmten Ländern (z. B. Frankreich, Spanien oder China) einen *alternativen Kontenplan* oder auch *Landeskontenplan* ❷, um deren landesgesetzliche Vorgaben für eine Bilanz und GuV durch eigene Sachkonten darstellen zu können. Sofern Sie diese zusätzlichen Kontenpläne zugeordnet haben, pflegen Sie das Feld KONZERNKONTONUMMER (beim Konzernkontenplan) bzw. das Feld ALTERNATIVE KONTONUMMER (beim Landeskontenplan/alternativen Kontenplan) in den Stammdaten zum Sachkonto, etwa mit der Transaktion *FS00*.

### 1.1.3 Geschäftsjahresvariante

Damit Geschäftsvorgänge bestimmten Zeiträumen zugeordnet werden können, muss ein Geschäftsjahr in Buchungsperioden gegliedert sein. Dazu definieren Sie eine *Geschäftsjahresvariante* und ordnen diese ihrem Buchungskreis zu. Im Beispiel des Buchungskreises ZET2 ist dieses die Geschäftsjahresvariante *K4* (siehe ❷ in Abbildung 1.6).

Das Geschäftsjahr kann sich mit dem Kalenderjahr decken, muss es aber nicht. Zum Beispiel kann ein Geschäftsjahr von Oktober bis September dauern, damit die Jahresabschlussarbeiten nicht mit den Feiertagen Ende Dezember zusammenfallen.

Die Geschäftsjahresvarianten können jahresunabhängig oder -abhängig definiert werden. *Jahresunabhängig* bedeutet, dass in jedem Jahr die Periodenanzahl sowie das Start- und Enddatum der Perioden gleich sind.

Bei einer *jahresabhängigen* Geschäftsjahresvariante können die Perioden von Jahr zu Jahr unterschiedlich sein (z. B. finden Sie in britischen Unternehmen oft Geschäftsjahre, in denen die Perioden Kalenderwochen oder vier Kalenderwochen entsprechen). In der Regel empfiehlt es sich, jahresunabhängige Geschäftsjahresvarianten zu verwenden.

Die Einstellungen zu den Geschäftsjahresvarianten finden Sie unter FINANZWESEN • GRUNDEINSTELLUNGEN FINANZWESEN • BÜCHER • GESCHÄFTSJAHR UND BUCHUNGSPERIODEN • GESCHÄFTSJAHRESVARIANTE PFLEGEN (siehe Abbildung 1.9).

Die Geschäftsjahresvariante *K4* entspricht dem Kalenderjahr ❶ und hat insgesamt 12 Buchungsperioden ❷ zuzüglich 4 Sonderperioden ❸. Die zwölf Buchungsperioden entsprechen den Monaten Januar bis Dezember. Die Sonderperioden können Sie nutzen, um betriebswirtschaftliche Vorgänge des Jahresabschlusses, etwa Rückstellungen im Rahmen der Abschlussarbeiten, getrennt von den regulären Buchungen des Dezembers zu buchen. Ebenso lassen sich hier Abrechnungen in einer Sonderperiode abbilden.

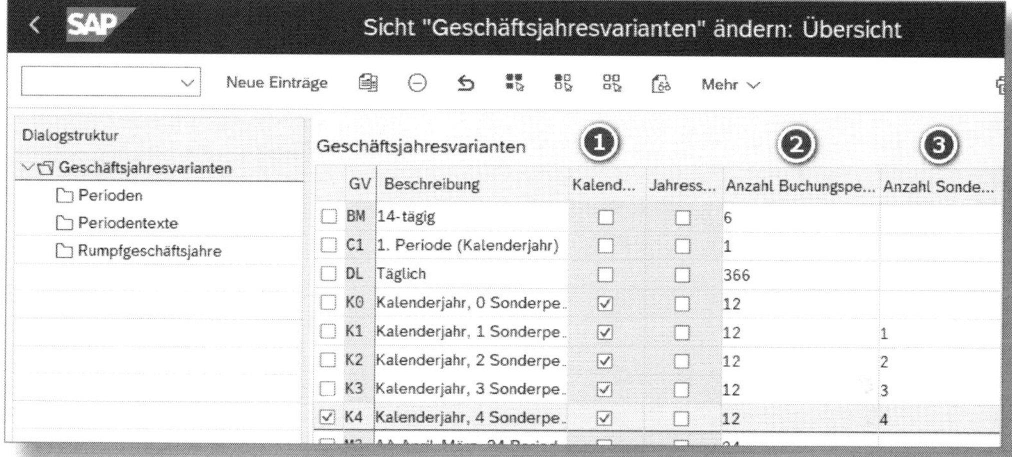


*Abbildung 1.9: Geschäftsjahresvariante*

## 1.2 Grundeinstellungen im Controlling

Außer den gerade besprochenen Vorgaben im externen Rechnungswesen müssen Sie weitere Einstellungen speziell für das interne Rechnungswesen bzw. das Controlling vornehmen. Darauf gehen wir in den folgenden Abschnitten näher ein.

### 1.2.1 Kostenrechnungskreis

Während der Buchungskreis (siehe Abschnitt 1.1.1) die zentrale Komponente des externen Rechnungswesens ist, stellt der *Kostenrechnungskreis* die zentrale Organisationseinheit im Controlling dar. Von ihm sind alle weiteren Stammdaten und Einstellungen abhängig.

Die Sachkonten können, wie am Anfang von Kapitel 1 erläutert, sowohl im Controlling als auch in der Finanzbuchhaltung genutzt werden. Über den Kostenrechnungskreis steuern Sie jedoch, welche CO-Teilkomponenten, in unserem Fall die Kostenstellenrechnung, verwendet werden sollen, und legen entsprechende Customizing-Einstellungen fest. Ein Kostenrechnungskreis ist aus Sicht des Controllings als Organisationseinheit definiert, für die eine vollständige, in sich geschlossene Kostenrechnung durchgeführt werden kann.

Sie erstellen einen Kostenrechnungskreis über folgenden Pfad im Customizing: CONTROLLING • CONTROLLING ALLGEMEIN • ORGANISATION • KOSTENRECHNUNGSKREIS PFLEGEN. In der sich öffnenden Sicht wählen Sie erneut KOSTENRECHNUNGSKREIS PFLEGEN und klicken in der ÜBERSICHT KOSTENRECHNUNGSKREISE ❶ (siehe Abbildung 1.10) auf die Schaltfläche [Neue Einträge] ❷.

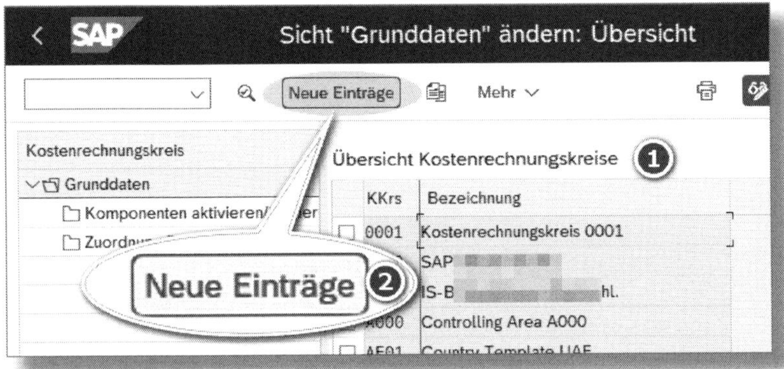


*Abbildung 1.10: Kostenrechnungskreis pflegen – Sicht »Grunddaten ändern«*

Im folgenden Fenster (siehe Abbildung 1.11) sehen Sie in der linken Spalte mehrere Ordner. Hier wählen Sie die einzelnen Sichten Ihres Kostenrechnungskreises aus. In unserem Beispiel sind in den GRUNDDATEN ❶ für den KOSTENRECHNUNGSKREIS ein Schlüssel *ZET0* ❷ und die BEZEICHNUNG *Espresso Tutorials Muster* ❸ festgelegt. Im Abschnitt für die Buchungskreiszuordnung (BUKRS->KOKRS) wählen wir die Option *2 Buchungskreisübergreifende Kostenrechnung* ❹. Hierdurch können unserem Kostenrechnungskreis mehrere Buchungskreise zugeordnet werden. Hätten wir uns für *1 Kostenrechnungskreis analog Buchungskreis* entschieden, müsste auch der Schlüssel ❷ identisch zum Buchungskreis sein.

Sofern Sie die Variante 1 wählen, können Sie über die Schaltfläche [Kokrs = Bukrs] alle im Buchungskreis bereits definierten Parameter wie Kontenplan oder Geschäftsjahresvariante in den Kostenrechnungskreis übertragen.

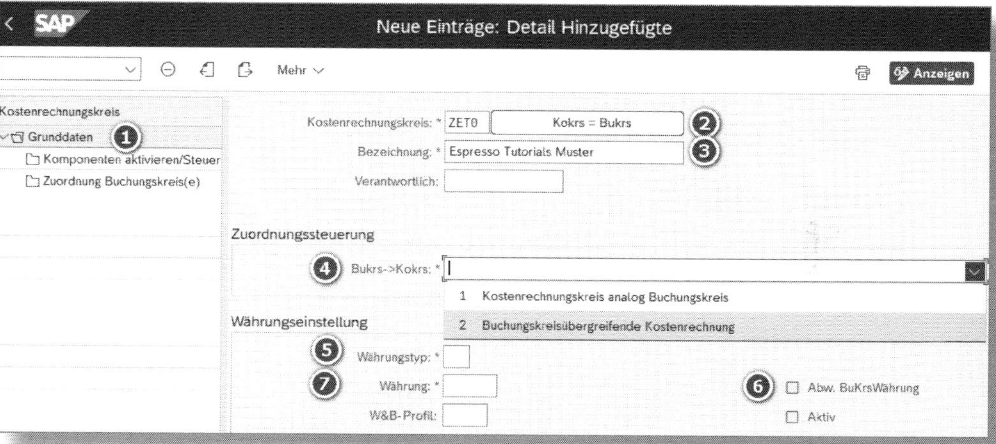


*Abbildung 1.11: Kostenrechnungskreis – Zuordnung und Währung*

Im Abschnitt WÄHRUNGSEINSTELLUNG legen Sie den WÄHRUNGSTYP ❺ und die WÄHRUNG ❼ fest. Abhängig vom gewählten WÄHRUNGSTYP wird gesteuert, welche Währung im Kostenrechnungskreis zulässig ist und ob sie von der des Buchungskreises abweichen darf. Neben dem Währungstyp *10 Buchungskreiswährung* haben Sie u. a. die Möglichkeit, mit *30 Konzernwährung* eine übergreifende Währung zu wählen. In diesem Fall würde auch das Kennzeichen ABW. BUKRSWÄHRUNG ❻ automatisch gesetzt.

In unserem Beispiel ist die Entscheidung für den WÄHRUNGSTYP *10 – Buchungskreiswährung* gefallen und für *EUR* als WÄHRUNG (siehe ❶ und ❷ in Abbildung 1.12).

### ! Abweichende Konzernwährung

Sollten Sie als Währungstyp *30 Konzernwährung* gewählt haben, wird die Übernahme der Konzernwährung auf Mandantenebene verlangt. Falls Ihr Unternehmen Niederlassungen außerhalb der europäischen Währungsunion hat, z. B. in den USA, könnten Sie hier eine zentrale Währung hinterlegen. Die Konzernwährung pflegen Sie im Anwendungsmenü über WERKZEUGE • ADMINISTRATION • VERWALTUNG • MANDANTENVERWALTUNG • MANDANTENPFLEGE (Transaktion *SCC4*). Durch Doppelklick auf Ihren Mandanten erscheint die Detailsicht, in der Sie über den Parameter STD.WÄHRUNG die Standardwährung für den gesamten Mandanten bestimmen.

Im Abschnitt WEITERE EINSTELLUNGEN weisen wir unseren Kostenrechnungskreis einen KONTENPLAN ❸ und eine Geschäftsjahresvariante (GESCH.JAHRESVARIANTE) ❹ zu.

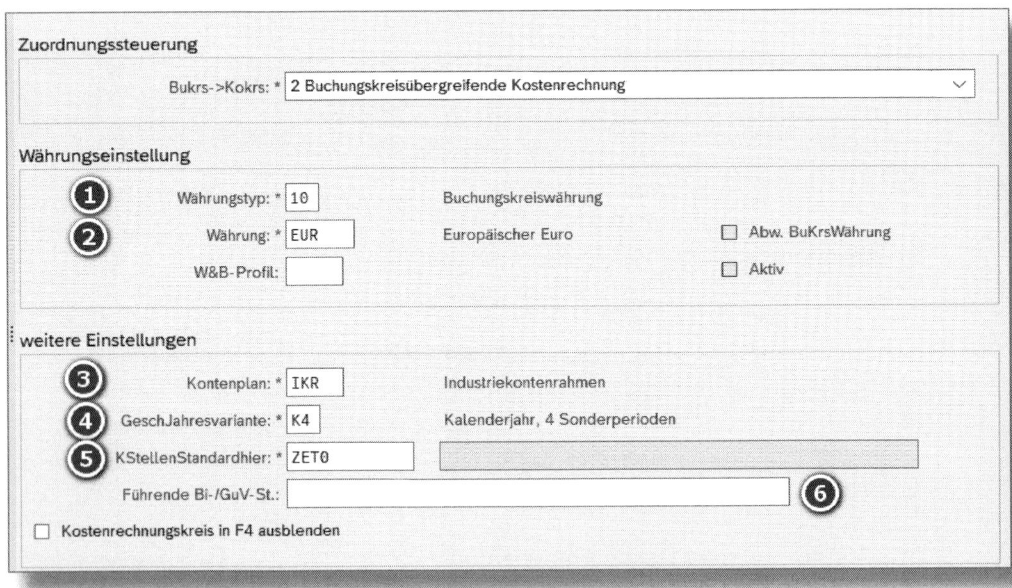


*Abbildung 1.12: Kostenrechnungskreis – weitere Einstellungen*

Bei der Zuweisung der Kostenstellen-Standardhierarchie (KSTELLENSTANDARDHIER) *ZET0* ❺ erhalten Sie die Meldung »Die Standardhierarchie ZET0 existiert nicht«, verbunden mit der Frage, ob diese angelegt werden soll; bestätigen Sie mit JA (siehe Abbildung 1.13).

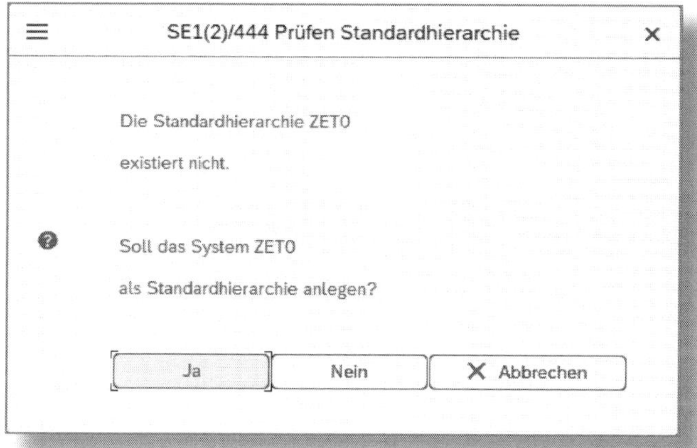


*Abbildung 1.13: Standardhierarchie prüfen*

Für das Anlegen von Kostenstellen benötigen Sie in der Stammdatenpflege eine Zuordnung zu einer Struktur der Kostenstellen, die man in der Kostenstellenrechnung als *Standardhierarchie* bezeichnet. Falls diese Struktur noch nicht vorhanden ist, wird sie unter der von Ihnen gewählten Bezeichnung als oberster Knoten angelegt. Später können Sie diese Standardhierarchie pflegen und ggf. weitere Hierarchieknoten (Gruppen oder Sets) ergänzen. Dazu kommen wir in Abschnitt 2.2.2. Der oberste Knoten der Standardhierarchie umfasst später alle Kostenstellen eines Kostenrechnungskreises.

Mit SAP S/4HANA können Sie in den WEITEREN EINSTELLUNGEN zum Kostenrechnungskreis eine führende Bilanz-und-GuV-Struktur (FÜHRENDE BI-/GUV-ST.; siehe ❻ in Abbildung 1.12) hinterlegen. Auch an dieser Stelle sind Finanzbuchhaltung und Controlling im Berichtswesen einander angenähert.

Nachdem Sie den Kostenrechnungskreis angelegt haben, müssen Sie ihm noch einen Buchungskreis zuordnen. Hierfür doppelklicken Sie in der linken Bildschirmhälfte auf die Sicht ZUORDNUNG BUCHUNGSKREIS(E) (siehe ❶ in Abbildung 1.14). Über die Schaltfläche [Neue Einträge] weisen Sie dann einen Buchungskreis, in unserem Beispiel *ZET2*, zu ❷. Sie haben außerdem die Möglichkeit, mehrere Buchungskreise zuzuordnen. Voraussetzung hierfür ist, dass die buchungskreisübergreifende Kostenrechnung eingestellt ist (siehe ❹ in Abbildung 1.11). Zudem müssen alle betroffenen Buchungskreise sowie der Kostenrechnungskreis denselben Kontenplan und dieselbe Geschäftsvariante verwenden. Unterschiedliche Währungen sind hingegen zulässig.

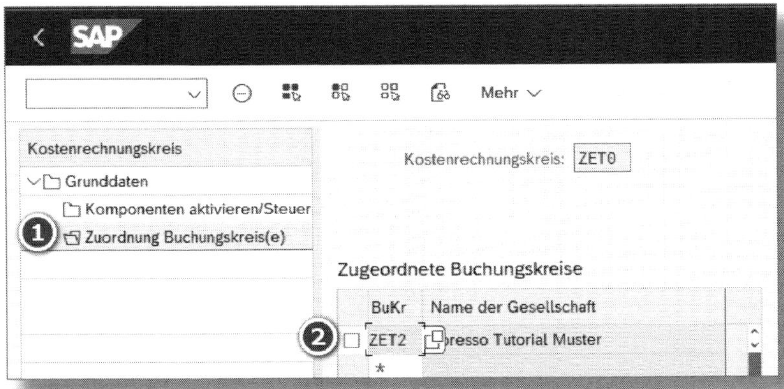


*Abbildung 1.14: Zuordnung Buchungskreise*

Sobald Buchungskreis und Kostenrechnungskreis angelegt sind, ist der grundlegende Aufbau Ihrer Organisationsstruktur bereits erledigt.

### Aufbau der Organisationsstruktur

Es gibt eine klare Empfehlung der SAP, für das gesamte Unternehmen nur einen Kostenrechnungskreis zu führen. Dies bedeutet, dass Sie alle Buchungskreise einem Kostenrechnungskreis zuordnen. Daraus leiten sich die folgenden hervorgehobenen Vorteile ab:

- Ein Buchungskreis darf einem Kostenrechnungskreis nur dann zugeordnet werden, wenn beide dieselbe Geschäftsjahresvariante und denselben Kontenplan verwenden. Damit können Sie gewährleisten, dass alle Buchungskreise denselben Kontenplan verwenden, und stellen auf diese Weise eine **grundlegende Standardisierung** sicher.
- Stammdaten wie Kostenstelle oder Profitcenter müssen für jeden Kostenrechnungskreis angelegt werden. Bei nur einem

Kostenrechnungskreis **verringern Sie den Aufwand für die Stammdatenpflege** erheblich. Gleiches gilt auch für die Pflege der Sachkonten.

- Sie können **buchungskreisübergreifende Auswertungen** im Controlling ausführen. Es ist nicht möglich, in einem Bericht unterschiedliche Kostenrechnungskreise anzuzeigen. Allerdings gestattet das Controlling, innerhalb Ihres Kostenrechnungskreises Buchungen aus mehreren Buchungskreisen zusammenzufassen und so in der Kostenrechnung auch mehrere Buchungskreise (bspw. Konzerngesellschaften) für ein übergreifendes Berichtswesen darzustellen. In diesem Fall bildet die Kostenrechnung quasi eine Klammer für die Finanzbuchhaltung.
- Grundlegende Funktionen im Controlling, etwa die **innerbetriebliche Verrechnung**, sind nur innerhalb eines Kostenrechnungskreises zulässig. Sie ermöglichen Ihnen die Abbildung von Kosten- und Leistungsbeziehungen im Rahmen Ihrer Kostenrechnung sowie umfangreiche Verrechnungen im Controlling, auf die wir in Kapitel 5 intensiver eingehen werden.

Während Sie auf der organisatorischen Ebene des Buchungskreises im externen Rechnungswesen eine Bilanz und GuV erstellen können, haben Sie innerhalb eines Kostenrechnungskreises die Option, auch über unterschiedliche Teilbereiche Ihres Unternehmens (bspw. Gesellschaften eines Konzerns) ein Berichtswesen und eine Gesamtsicht über alle Unternehmensbestandteile abzubilden.

Gerade im Konzernumfeld sollten Sie sich schon im Vorfeld Gedanken über zu hinterlegende Währungen und eventuelle Erweiterungen um weitere Buchungskreise sowie über die damit einhergehende Zuordnung zum Konzernkostenrechnungskreis machen. Ausschlaggebende Kriterien für oder gegen eine buchungsübergreifende Kostenrechnung sind die abzubildenden Geschäftsprozesse im Rechnungswesen sowie ihr organisatorisches Umfeld. Der Kostenrechnungskreis ist dabei die höchste Ebene für Ihr Unternehmensberichtswesen, auf der Berichte erstellt werden können. Wenn Sie Stammdaten innerhalb Ihres Kostenrechnungskreises angelegt haben, können Sie bereits zugeordnete Buchungskreise nicht mehr entfernen, aber noch weitere Buchungskreise hinzufügen.

**Anlage Kostenrechnungskreis**

In der Videosammlung »Controlling mit SAP S/4HANA – Customizing Kostenstellenrechnung«, die Sie über den frei zugänglichen Bereich unserer SAP-Lernplattform aufrufen, lernen Sie im Video »Kostenrechnungskreis« mehr zur Anlage des Kostenrechnungskreises ZET0. Wie Sie den Zugang zum Video erhalten, haben wir im Vorwort beschrieben.

Im späteren Verlauf können Sie im Kostenrechnungskreis unter dem Punkt KOMPONENTEN AKTIVIEREN/STEUERUNGSKENNZEICHEN (siehe Abbildung 1.14) noch einzelne Controlling-Komponenten aktivieren, wie im Kapitel 2 die Kostenstellenrechnung.

**Meldungen beim Sichern**

Im Video zur Anlage eines Kostenrechnungskreises sehen Sie unterschiedliche gelbe Warnungen, die nicht direkt mit dem angelegten Kostenrechnungskreis im Zusammenhang stehen. Das liegt daran, dass hier weitergehendes Customizing geprüft wird, wie bspw. nicht zugeordnete Buchungskreise oder Inkonsistenzen in anderen Kostenrechnungskreisen. Für unseren Kostenrechnungskreis ZET0 können diese ignoriert werden.

### 1.2.2 Nummernkreise

In der Buchhaltung gilt der Grundsatz: Keine Buchung ohne Beleg durchführen! So fallen im Controlling jede Menge Belege an, die entsprechend mit Belegnummern festzuhalten sind. Über *Nummernkreise* steuern Sie, wie die Nummern für Belege im Controlling vergeben werden. Seit SAP S/4HANA sind diese Belegnummern für das Controlling allerdings nur noch aus Kompatibilitätsgründen vorhanden und werden am FI-Beleg fortgeschrieben (siehe Hinweiskasten am Ende dieses Absatzes). Alle Belege im Controlling sind über den sogenannten *Vorgang* klassifiziert, der den betriebswirtschaftlichen Zweck des Belegs widerspiegelt. Beispiele für solche Vorgänge sind etwa CO-DURCHBUCHUNG AUS FI (COIN), ANZAHLUNGEN (KAZO), MANUELLE KOSTENVERRECHNUNG (KAMV) oder auch ABRECHNUNG PLAN (KOAP). Jeden der Vorgänge, die Sie in Ihrem System verwenden wollen, ordnen Sie einer Gruppe zu, die Sie wiederum mit einem Nummernintervall verknüpfen. Somit werden alle Vorgänge ein und derselben Gruppe Belegnummern aus demselben Intervall erhalten. Sie sind bei der Definition der Nummernkreise vollkommen frei – Sie können für jeden Vorgang eine eigene Gruppe mit Nummernkreisen anlegen oder alle Vorgänge derselben Gruppe zuordnen.

**☛ Belegnummern im Universal Journal**

Jeder im Controlling generierte Beleg wird zusätzlich mit einer Belegnummer aus der Finanzbuchhaltung festgehalten. Der CO-Beleg landet in der Spalte REFERENZBELEG in der ACDOCA. Das Speichern von FI- und CO-Belegen in einer gemeinsamen Tabelle unterscheidet SAP S/4HANA vom ECC. Da alle CO-Informationen nun zusätzlich im Universal Journal landen, werden hier auch alle Merkmale des Controllings wie unsere Kostenstellen gespeichert. Vorher waren Finanzbuchhaltungs- und Controlling-Sicht strikt getrennt, abgebildet durch Buchhaltungsbelege (z. B. Sachkontenbelege, Hauptbuchbelege oder einfache Belege) und CO-Belege von Geschäftsvorfällen, die jeweils in eigenen Tabellen gespeichert wurden. Ein direktes Navigieren zwischen einem Buchhaltungsbeleg und dem entsprechenden CO-Beleg war nicht möglich. Das Universal Journal umfasst nun alle buchhaltungsrelevanten Vorgänge der Finanzbuchhaltung und des Controllings im sogenannten *Buchungsbeleg*. Die Wahrheit steckt also sowohl für das Controlling als auch für die Finanzbuchhaltung im FI-Beleg.

Sie definieren Nummernkreise im Customizing über CONTROLLING • CONTROLLING ALLGEMEIN • ORGANISATION • NUMMERNKREIS FÜR CO-BE-

LEGE PFLEGEN (Transaktion *KANK*). Wählen Sie zunächst einen Kostenrechnungskreis (KOSTRECHKREIS) aus ❶ (siehe Abbildung 1.15).

*Abbildung 1.15: Nummernkreise – Einstieg*

Falls Sie mehrere Kostenrechnungskreise im Einsatz haben, können Sie über das Icon ❷ alle Nummernkreise inklusive Gruppen ganz einfach von einem anderen Kostenrechnungskreis kopieren. Wollen Sie jedoch eine neue Zuordnung vornehmen, klicken Sie auf ❸, um die Gruppen zu definieren. In unserem Fall haben wir die Gruppen und Nummernkreise von einem bestehenden Kostenrechnungskreis kopiert und wechseln nun über ❸ zur Bearbeitung der Nummernkreisgruppen.

Sie sehen in Abbildung 1.16 eine Übersicht über die bestehenden Gruppen inklusive der zugeordneten Vorgänge.

Als Beispiel ist in der Gruppe 01 PRIMÄRBUCHUNGEN ❶ der Vorgang COIN – CO-DURCHBUCHUNGEN AUS FIBU ❷ einem eigenen Nummernintervall zugeordnet. Eine übergeordnete Gruppe umfasst alle NICHT ZUGEORDNETEN ELEMENTE ❸, listet also alle Vorgänge auf, die noch keiner anderen Gruppe zugeordnet worden sind. Um eine neue Gruppe hinzuzufügen, klicken Sie auf den Button ❹.

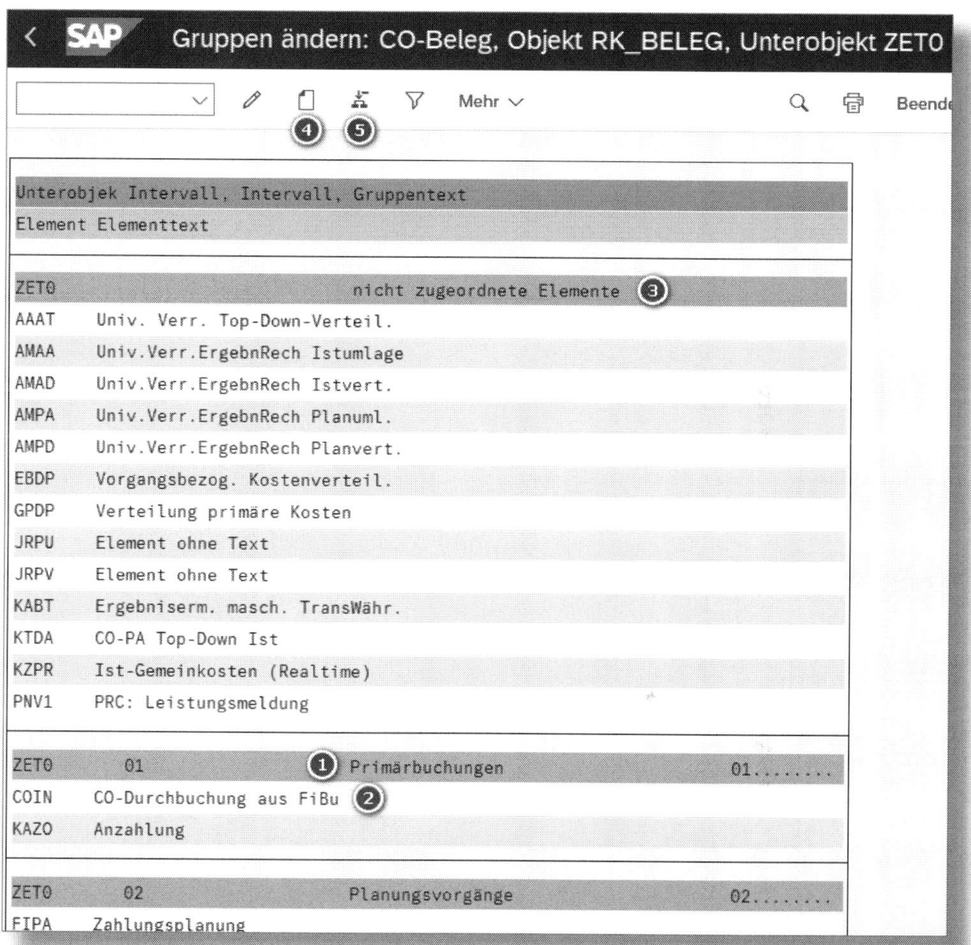


*Abbildung 1.16: Übersicht über alle Gruppen*

In Abbildung 1.17 tragen Sie zunächst einen Text für die Gruppe ein, hier die *Leistungsverrechnung* ❶, und geben dann das Nummerninterval (VON NUMMER ❷, BIS NUMMER ❸) an, in dem Belege zu dieser Gruppe gebucht werden können. Indem Sie den Parameter EXTERN ❹ aktivieren, legen Sie fest, dass die Nummern für das entsprechende Intervall vom Anwender manuell vergeben werden.

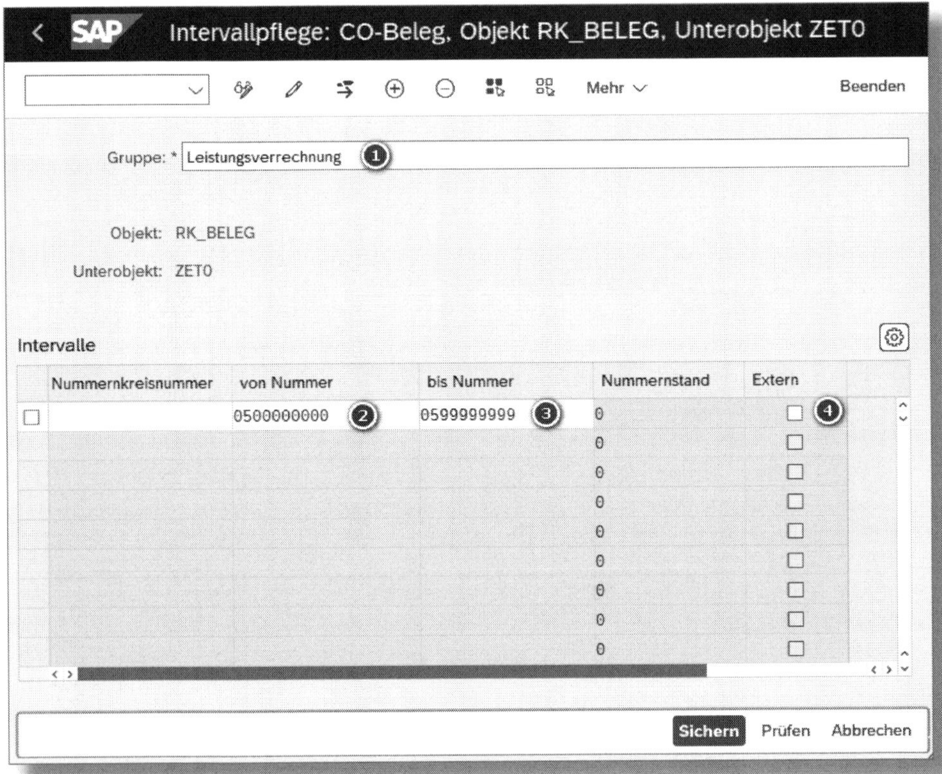


*Abbildung 1.17: Gruppe einfügen*

> **☛ Bezeichnung von Nummernkreisgruppen**
>
> Es kann sinnvoll sein, dass Sie ergänzend zum Text der Gruppe einen Platzhalter für das Nummernintervall eintragen. Dies ist vergleichbar mit ❶ in Abbildung 1.16, wo neben PRIMÄRBUCHUNGEN zusätzlich 01........ als Bezeichnung gewählt wurde. Damit ist auch das zugeordnete Nummernintervall als Muster in der Bezeichnung erkennbar. In Abbildung 1.18 ist dies für alle Gruppen umgesetzt, sodass anhand des GRUPPENTEXTES der einzelnen Gruppen auch das Nummernintervall (im Beispiel der Leistungsverrechnung 05.........) ersichtlich ist.

Nummernkreise werden nicht nur für Belege, sondern auch für Stammdaten wie z. B. Innenaufträge eingesetzt. Eine externe Nummernvergabe kann etwa dann sinnvoll sein, wenn Sie die Nummerierung Ihrer Aufträge nach einer bestimmten Logik vornehmen wollen. Bei Belegnummern sollten Sie die externe Vergabe nur dann einsetzen, wenn Sie die Nummern über eine Erweiterung nach Ihrer eigenen Logik definieren wollen.

Nachdem Sie Ihre Gruppe gespeichert haben, erscheint diese in der Auflistung Ihrer Gruppen. Wählen Sie nun ein Element aus der Gruppe der NICHT ZUGEORDNETEN ELEMENTE aus und ordnen Sie dieses über die Schaltfläche (siehe ❺ in Abbildung 1.16) einer Gruppe per Doppelklick zu. Das Ergebnis sehen Sie in Abbildung 1.18.

SE1(1)/444 Gruppenauswahl

| Unterobjekt | Intervall, intern | Intervall, extern | Gruppentext |
|---|---|---|---|
| ZET0 | 01 | | Primärbuchungen 01........ |
| ZET0 | 02 | | Planungsvorgänge 02........ |
| ZET0 | 03 | | Istbuchungen (ohne Primärbuchungen) 03........ |
| ZET0 | 04 | | Sonstige Vorgänge 04........ |
| ZET0 | 05 | | Leistungsverrechnung 05........ |
| ZET0 | | | nicht zugeordnete Elemente |

*Abbildung 1.18: Gruppenauswahl*

### Belegnummernkreispflege im Controlling

In der Videosammlung »Controlling mit SAP S/4HANA – Customizing Kostenstellenrechnung«, die Sie über den frei zugänglichen Bereich unserer SAP-Lernplattform aufrufen, erläutert das Video »Belegnummernkreis« die Anlage eines Nummernkreises sowie einer Gruppe. Wie Sie den Zugang zum Video erhalten, haben wir im Vorwort beschrieben.

### 1.2.3 Versionen

Im Controlling haben Sie die Möglichkeit, über *Versionen* verschiedene Datenbestände parallel zu führen. Bei der Planung setzen Sie Versionen ein, um unterschiedliche Planungsstände vorzuhalten; die Version 0 ist dabei immer die aktuelle Planung, die Sie z. B. auch für die Ermittlung von Tarifen in der Kostenstellenrechnung heranziehen.

**Versionen im Plan**

Sie führen eine Jahresplanung für das Geschäftsjahr 2024 durch. Ist das Jahr 2024 angebrochen, aktualisieren Sie Ihre Planung zu jedem Quartal. Um die jeweiligen Planungsstände vorzuhalten und auswerten zu können, gehen Sie wie folgt vor:

- Sie definieren die Versionen 0 (aktuelle Planung), 1 (Jahresplanung), 2 (erstes Quartal), 3 (zweites Quartal), 4 (drittes Quartal) und 5 (viertes Quartal).
- Zunächst hinterlegen Sie die Jahresplanung für 2024 in Version 0; damit ist diese Planung Ihre aktuelle Version. Außerdem kopieren Sie diese Planung in Version 1, um diesen Planungszustand »einzufrieren«.
- Zum Ende des ersten Quartals 2024 passen Sie Ihre aktuelle Planung in Version 0 an, um sie auf den neuesten Stand zu bringen. Die nun aktuelle Fassung kopieren Sie in Version 2, um die Plandaten später noch auswerten zu können.
- Zum Ende von Quartal 2, 3, und 4 verfahren Sie analog: Sie passen die Planung in Version 0 an und kopieren den jeweils aktuellen Stand in die entsprechende Planversion, die dem Quartal zugeordnet ist.

Sie legen Versionen im Customizing über CONTROLLING • CONTROLLING ALLGEMEIN • ORGANISATION • VERSIONEN PFLEGEN an (siehe Abbildung 1.19). In der Dialogstruktur navigieren Sie dabei zunächst zum Punkt ALLGEMEINE VERSIONSDEFINITION ❶.

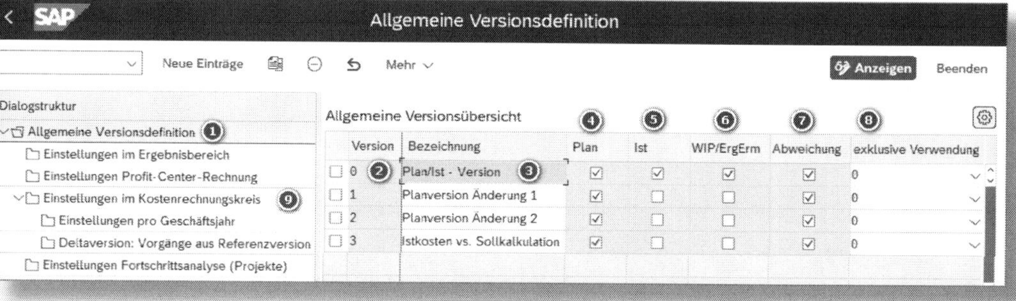


*Abbildung 1.19: Allgemeine Versionsdefinition*

Für jede VERSION vergeben Sie einen maximal dreistelligen alphanumerischen Namen ❷ sowie eine BEZEICHNUNG ❸ und aktivieren dann je nach Bedarf Kennzeichen:

- Das Kennzeichen PLAN ❹ steuert, ob die Version für die Planung verwendet werden darf.
- Entsprechend dürfen Sie für eine Version mit dem Kennzeichen IST ❺ Buchungen im Ist vornehmen.
- Die Kennzeichen WIP/ERGERM ❻ und ABWEICHUNGEN ❼ sind für das Produktkosten-Controlling (SAP CO-PC) relevant.
- In der Spalte EXKLUSIVE VERWENDUNG ❽ können Sie eine ausschließliche Nutzung für spezielle Anwendungen auswählen; keine dieser Anwendungen ist jedoch für die in diesem Buch behandelten Themen relevant. Diese können im Modul Projektsteuerung (SAP CO-PS) für bestimmte Versionen bedeutsam sein.

Neben der ALLGEMEINEN VERSIONSDEFINITION können Sie auch Einstellungen zu weiteren Bereichen wie der PROFIT-CENTER-RECHNUNG vornehmen.

Wir konzentrieren uns hier auf die notwendigen Einstellungen zum Kostenrechnungskreis. Markieren Sie dafür das Kästchen der für Sie relevanten Version ❷ (siehe hier die VERSION *0* in Abbildung 1.19), und klicken Sie dann auf EINSTELLUNGEN IM KOSTENRECHNUNGSKREIS ❾.

Sie erhalten nun ein Auswahlfeld zur Festlegung Ihres Arbeitsbereichs und können Ihren KOSTENRECHNUNGSKREIS, im Beispiel *ZETO*, hinterlegen (siehe Abbildung 1.20).

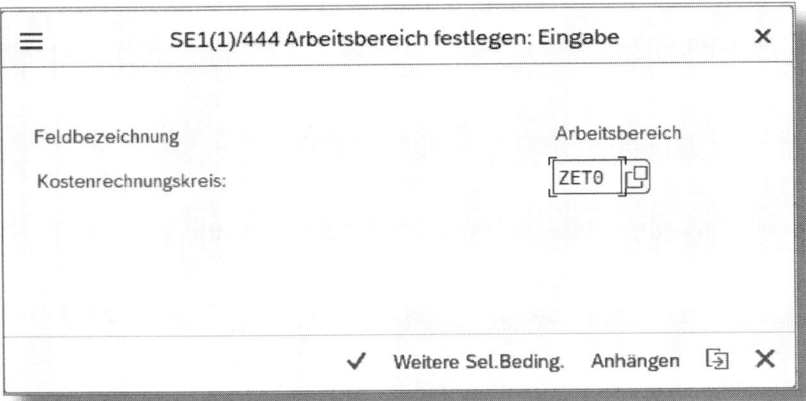


*Abbildung 1.20: Arbeitsbereich festlegen*

**Benutzerparameter**

Wenn Sie den Dialog zur Festlegung des Arbeitsbereichs nicht erhalten oder nur die Einstellungen Ihres Kostenrechnungskreises bearbeiten wollen, können Sie auch einen Benutzerparameter (Transaktion *SU2* oder im SAP-GUI-Anwendungsmenü unter MEHR • SYSTEM • BENUTZERVORGABEN • BENUTZERDATEN im Reiter PARAMETER) mit der Parameter-ID CAC sowie Ihrem Kostenrechnungskreis als Parameterwert setzen.

Bei Verwendung der Fiori-Oberfläche finden Sie diese Parameter in Ihrem Profil unter EINSTELLUNGEN • STANDARDWERTE und hier im Abschnitt CONTROLLING als KOSTRECHKREIS. Grundsätzlich erfolgt das Customizing bei einem On-Premise-SAP-S/4HANA-System aber in SAP GUI.

In unserem Fall haben wir die VERSION *0* markiert, und Sie können nun EINSTELLUNGEN IM KOSTENRECHNUNGSKREIS vornehmen (siehe Abbildung 1.21).

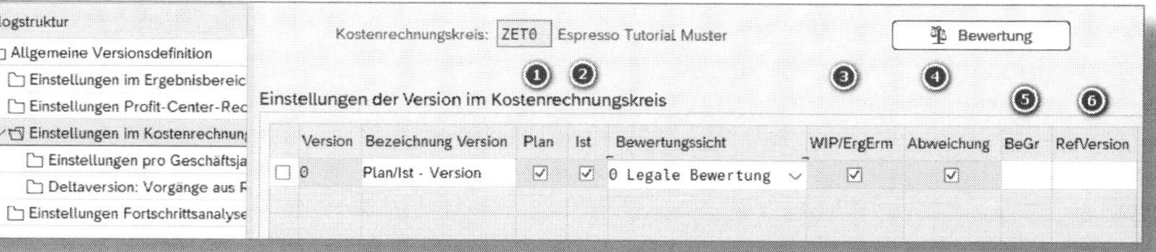


*Abbildung 1.21: Einstellungen zum Kostenrechnungskreis*

Anhand der Parameter PLAN ❶ und IST ❷ sowie WIP/ERGERM ❸ und ABWEICHUNG ❹ können Sie an dieser Stelle bei Bedarf Einstellungen widerrufen, die Sie zuvor in der allgemeinen Versionsdefinition vorgenommen haben.

**Einstellungen der allgemeinen Versionsdefinition widerrufen**

Sie haben in der allgemeinen Versionsdefinition festgelegt, dass VERSION *0* für Plan- und Istwerte zugelassen ist. Im Kostenrechnungskreis stellen Sie nun davon abweichend ein, dass Istwerte zwar erlaubt sind (indem Sie den Parameter IST aktiviert lassen), Planwerte aber nicht zugelassen sein sollen (durch Ausschalten des Parameters PLAN).

Umgekehrt ist dies nicht möglich: Ist das Führen von Plan- bzw. Istdaten in der allgemeinen Versionsdefinition nicht erlaubt, können Sie dies im Kostenrechnungskreis nicht davon abweichend zulassen.

Die Berechtigungsgruppe (BEGR) ❺ dient dazu, spezielle Berechtigungen für die Version zu definieren. So können Sie bspw. über das Berechtigungsobjekt K_KA09_KVS die Aktivitäten ANZEIGE (03) oder PLANEN (72) für einzelne Versionen über eine in der Tabelle V_TBRG gepflegte Berechtigungsgruppe zuordnen. Der Parameter REFVERSION ❻ ist notwendig, wenn Sie in der Prozesskostenrechnung (SAP CO-OM-ABC) mit Referenzversionen arbeiten.

Indem Sie in den Einstellungen zum Kostenrechnungskreis eine Version auswählen und dann links auf EINSTELLUNGEN PRO GESCHÄFTSJAHR (siehe ❶ in Abbildung 1.22) verzweigen, pflegen Sie die geschäftsjahresabhängigen Einstellungen zur Version.

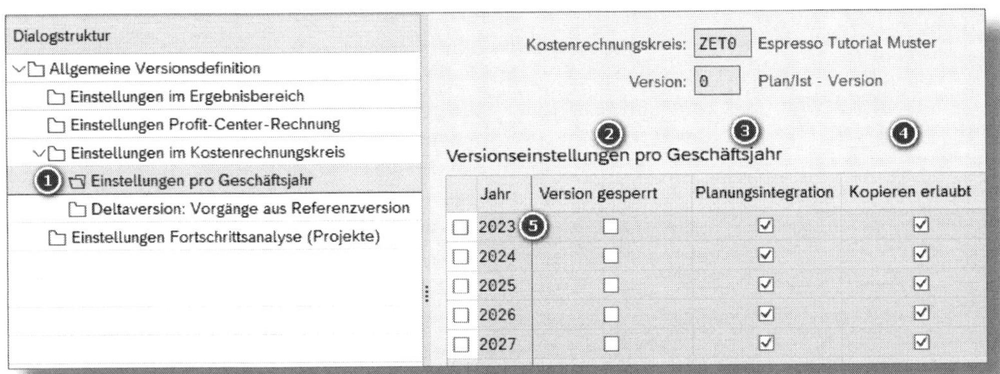


*Abbildung 1.22: Einstellungen pro Geschäftsjahr*

Zunächst nehmen Sie hier einen Eintrag für jedes Geschäftsjahr vor, in dem die Version eingesetzt werden soll. Über VERSION GESPERRT ❷ verhindern Sie, dass im entsprechenden Geschäftsjahr Planwerte verändert werden können. Indem Sie den Parameter PLANUNGSINTEGRATION ❸ aktivieren, erlauben Sie, dass Planwerte aus der Kostenstellenrechnung und der Prozesskostenrechnung in die Profitcenter-Rechnung übergeben und dabei Planbelege erzeugt werden. KOPIEREN ERLAUBT ❹ bedeutet, dass die Planwerte zu der entsprechenden Version kopiert werden dürfen. Über die Schaltfläche [Neue Einträge] können Sie weitere Geschäftsjahre hinzufügen.

Mit einem Doppelklick auf eine Zeile in der Spalte JAHR (z. B. *2023* ❺) gelangen Sie zu den Detaileinstellungen zum Geschäftsjahr (siehe Abbildung 1.23). Da Sie durch die Aktivierung des Parameters PLANUNGSINTEGRATION eine Änderung in der Version durchgeführt haben, erscheint zuvor eine Meldung, dass das System prüft, ob für diese Version innerhalb Ihres Kostenrechnungskreises bereits Bewegungsdaten vorliegen. Sollte das der Fall sein, ist eine Änderung nicht mehr möglich. Sofern Sie in Ihrem Kostenrechnungskreis noch keine Buchungen durchgeführt haben, können Sie die Frage Soll die Funktion »Version ändern« im Hintergrund ausgeführt werden? mit Ja beantworten.

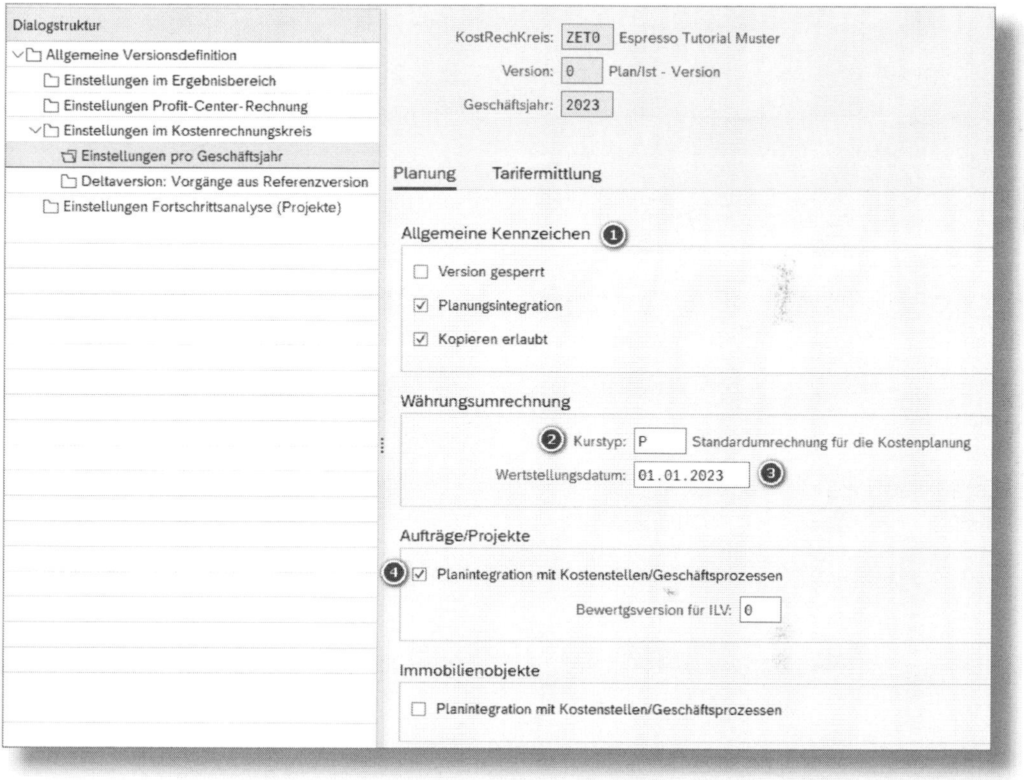

*Abbildung 1.23: Details zum Geschäftsjahr – Planung*

Im Abschnitt Allgemeine Kennzeichen ❶ finden Sie dieselben Parameter wieder, die wir bereits oben erläutert haben. Darüber hinaus steuern Sie über den Kurstyp ❷ für Belege in dieser Version, zu welchem Wechselkurs sie in Belege in Fremdwährung umgerechnet werden sollen. Sie können im System unterschiedliche Kurstypen hinterlegen und je Typ unterschiedliche Fremdwährungswechselkurse pflegen. So können Sie anhand des Kurstyps z. B. zwischen Geld-, Brief- und Mittelkurs unterscheiden. Beim Wertstellungsdatum ❸ geben Sie an, zu welchem Datum der Kurs ermittelt werden soll. Wenn Sie das Kennzeichen Planintegration mit Kostenstellen/Geschäftsprozessen ❹ aktivieren, bedeutet dies, dass geplante Leistungsaufnahmen auf Empfängern auch automatisch beim Sender fortgeschrieben werden.

Über die Registerkarte Tarifermittlung (siehe Abbildung 1.24) legen Sie die Verfahren fest, die zur Ermittlung des Tarifes einer Leistungsart herangezogen werden. Darauf gehen wir im Abschnitt 2.2.6 zur Leistungsartenrechnung näher ein.

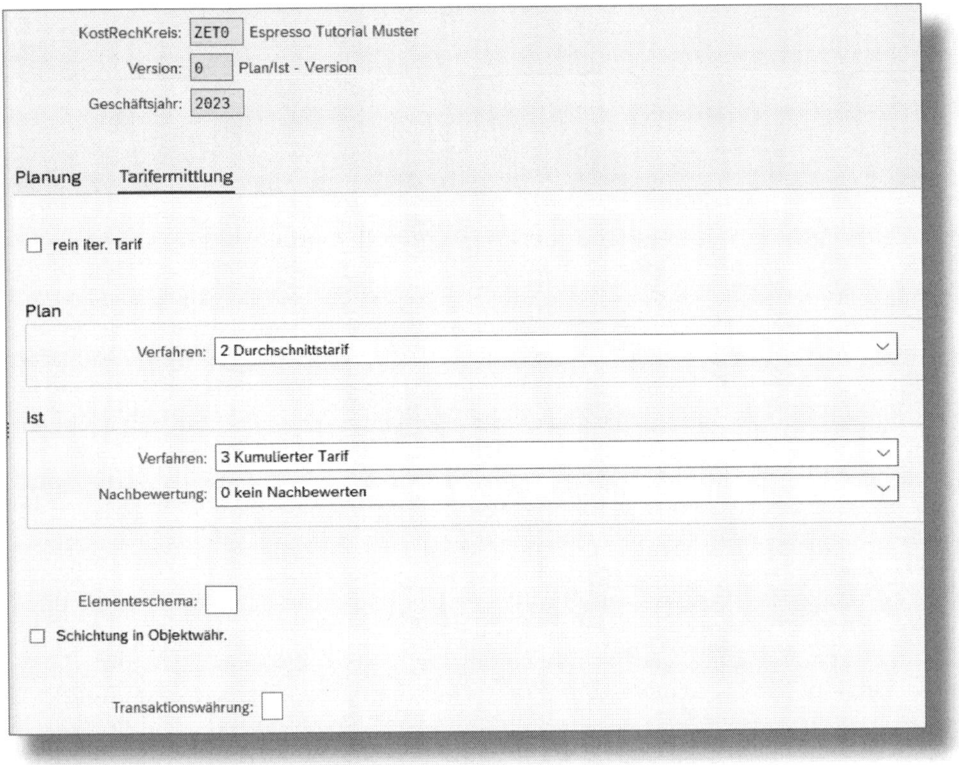

KostRechKreis: ZET0 Espresso Tutorial Muster
Version: 0 Plan/Ist - Version
Geschäftsjahr: 2023

Planung Tarifermittlung

☐ rein iter. Tarif

Plan
Verfahren: 2 Durchschnittstarif

Ist
Verfahren: 3 Kumulierter Tarif
Nachbewertung: 0 kein Nachbewerten

Elementeschema:
☐ Schichtung in Objektwähr.

Transaktionswährung:

*Abbildung 1.24: Details zum Geschäftsjahr – Tarifermittlung*

Wir schließen damit das Thema »Versionen« ab und wenden uns einer Besonderheit unter SAP S/4HANA zu.

**Versionen**

In der Videosammlung »Controlling mit SAP S/4HANA – Customizing Kostenstellenrechnung«, die Sie über den frei zugänglichen Bereich unserer SAP-Lernplattform aufrufen, legen wir im Video »Versionen« ergänzend zur Version 0 für unseren Kostenrechnungskreis noch die Versionen *Z1 Jahresplanung* sowie *Z2* bis *Z5* für die Quartalsplanungen an. Das Konzept dahinter haben wir im Kasten »Versionen im Plan« am Anfang von Abschnitt 1.2.3 erläutert. Wie Sie den Zugang zum Video erhalten, haben wir im Vorwort beschrieben.

## 1.2.4 Plankategorien

Bisher haben Sie sich mit der Anlage von Versionen beschäftigt, bei der auch entsprechende Plandaten hinterlegt werden. Mit der Einführung von SAP Fiori und der Zusammenführung aller Plandaten im Universal Journal (Tabelle ACDOCP) werden ergänzend *Kategorien* für die Planung verwendet. Allerdings können Sie Versionen nur noch innerhalb der SAP GUI weiterhin für Planungen einsetzen. Sofern Sie Plandaten über Fiori-Apps einspielen, werden diese direkt auf die ACDOCP geschrieben, und Sie haben innerhalb der Fiori-Oberfläche keine Möglichkeit mehr, über Versionen auszuwerten. An ihre Stelle treten die *Plankategorien*.

Diese können Sie im Customizing unter CONTROLLING • CONTROLLING ALLGEMEIN • PLANUNG • KATEGORIEN FÜR PLANUNG PFLEGEN anlegen. Eine Übersicht ist in Abbildung 1.25 zu sehen.

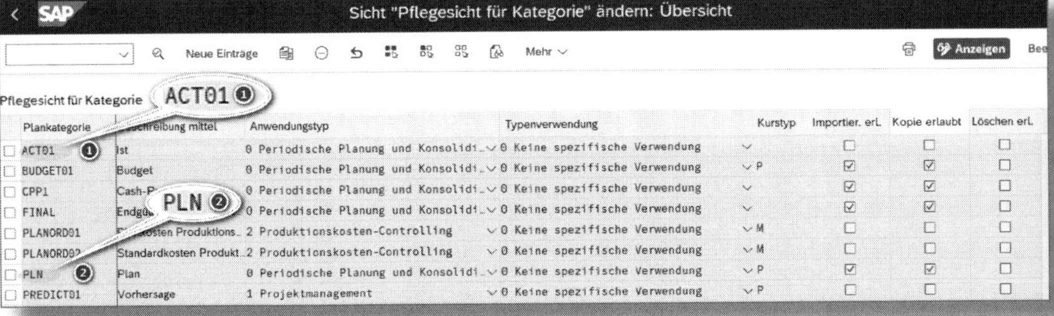


| Plankategorie | Beschreibung mittel | Anwendungstyp | Typenverwendung | Kurstyp | Importier. erl. | Kopie erlaubt | Löschen erl. |
|---|---|---|---|---|---|---|---|
| ACT01 ❶ | Ist | 0 Periodische Planung und Konsolidi… | 0 Keine spezifische Verwendung | | ☐ | ☐ | ☐ |
| BUDGET01 | Budget | 0 Periodische Planung und Konsolidi… | 0 Keine spezifische Verwendung | P | ☑ | ☑ | ☐ |
| CPP1 | Cash-P | 0 Periodische Planung und Konsolidi… | 0 Keine spezifische Verwendung | | ☑ | ☑ | ☐ |
| FINAL | Endgü | 0 Periodische Planung und Konsolidi… | 0 Keine spezifische Verwendung | | ☑ | ☑ | ☐ |
| PLANORD01 | …sten Produktions… | 2 Produktionskosten-Controlling | 0 Keine spezifische Verwendung | M | ☐ | ☐ | ☐ |
| PLANORD02 | Standardkosten Produkt… | 2 Produktionskosten-Controlling | 0 Keine spezifische Verwendung | M | ☐ | ☐ | ☐ |
| PLN ❷ | Plan | 0 Periodische Planung und Konsolidi… | 0 Keine spezifische Verwendung | P | ☑ | ☑ | ☐ |
| PREDICT01 | Vorhersage | 1 Projektmanagement | 0 Keine spezifische Verwendung | P | ☐ | ☐ | ☐ |

*Abbildung 1.25: Plankategorien*

Neben der PLANKATEGORIE *ACT01* ❶ für das Ist hat besonders die Plankategorie *PLN* ❷ für die im Abschnitt 3.3 vorgestellte Planung auf Plankategorien eine Bedeutung.

Außerdem sind Plankategorien durch die Option der Budgetierung von Kostenstellen über Fiori-Apps interessant. Hierdurch ist eine Budgetverfügbarkeitskontrolle für Kostenstellen unter SAP S/4HANA in der On-Premise-Version möglich. Wir gehen darauf in den Abschnitten 2.2.5, 3.7 und 3.8 näher ein. Der SAP-Hinweis 2952493 bietet Ihnen ergänzende Informationen.

Während Istdaten (sprich Ihre Buchungen) sowohl in den Fiori-Apps als auch in den Berichten innerhalb der SAP GUI auswertbar sind, sind Planungsdaten leider nicht in beiden Systemen verfügbar. In der SAP GUI werden die klassischen CO-Planungstabellen gelesen, während in SAP Fiori nur die Plandaten aus der ACDOCP extrahiert werden.

**Plandaten zwischen ACDOCP und CO-Tabellen übertragen**

Die SAP-Hinweise 2968212 und aktuell 3007760 (für etwaige Korrekturen) behandeln zwei releaseabhängige Hintergrundjobs, die die Plandaten zwischen klassischen Planungstabellen und der ACDOCP austauschen.

Um die Plandaten von SAP ERP (CO-Tabellen) nach SAP S/4HANA (ACDOCP) zu übertragen, starten Sie den Report R_FINS_PLAN_TRANS_CO_ERP_2_S4H mit der Transaktion *SA38*. Danach erhalten Sie Masken gemäß Abbildung 1.26.

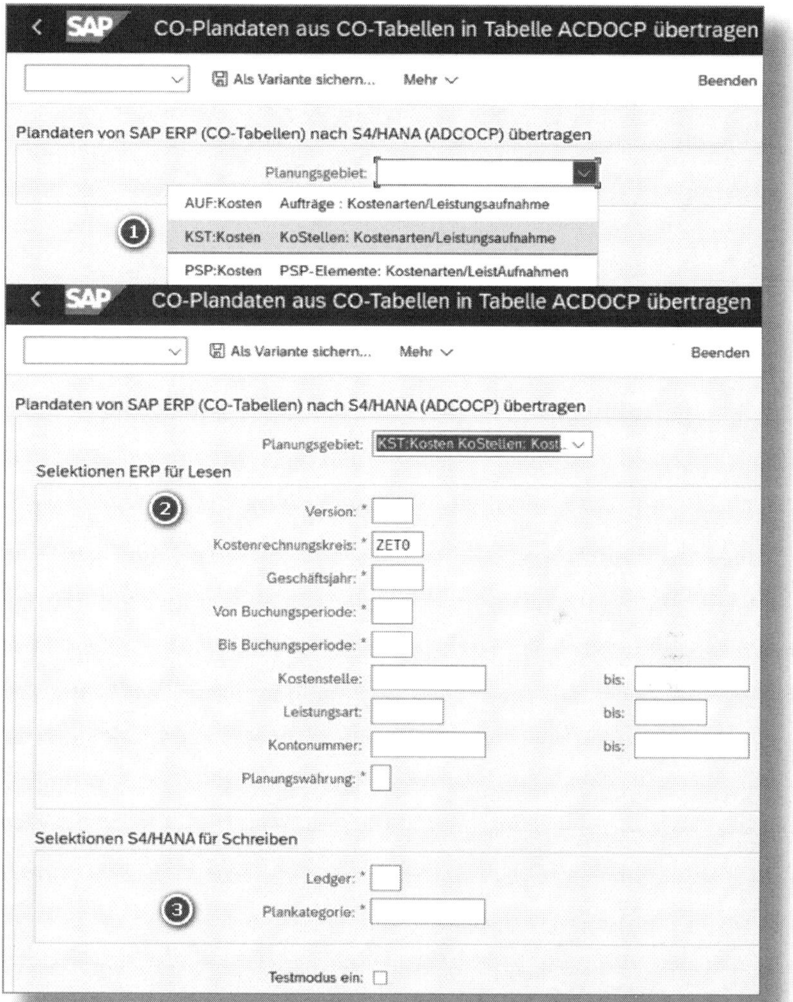

*Abbildung 1.26: Report R_FINS_PLAN_TRANS_CO_ERP_2_S4H*

In unserem Beispiel haben wir als PLANUNGSGEBIET *KST: Kosten – Kostellen: Kostenarten/Leistungsaufnahme* ❶ gewählt und können nun im Abschnitt SELEKTIONEN ERP FÜR LESEN eine VERSION ❷ sowie KOSTENRECHNUNGSKREIS, GESCHÄFTSJAHR, PERIODEN etc. auswählen und diese im Abschnitt SELEKTIONEN S/4HANA FÜR SCHREIBEN einer PLANKATEGORIE und dem entsprechenden LEDGER zuordnen ❸.

Umgekehrt können wir Daten aus der ACDOCP in eine passende Version durch den Report R_FINS_PLAN_TRANS_CO_S4H_2_ERP mit der Transaktion *SA38* übertragen. In Abbildung 1.27 wählen Sie erneut das PLANUNGSGEBIET ❶ aus und im darauffolgenden Bildschirm die PLANKATEGORIE ❷ sowie weitere erforderliche Daten im Abschnitt SELEKTIONEN S/4HANA FÜR LESEN, um diese dann im Abschnitt SELEKTIONEN ERP FÜR SCHREIBEN einer VERSION ❸ zuzuordnen.

Sie können beide Reports erst einmal im TESTMODUS ausführen oder alternativ in regelmäßigen Abständen durch Ihre SAP-Basis als Hintergrundjob abspielen lassen.

Im Ergebnis können Sie sowohl die Planungsfunktionen aus der Fiori-Welt, bspw. durch die Fiori-App »Finanzplandaten importieren«, als auch diejenigen der klassischen Planungstransaktionen in SAP GUI (auf die wir hier im Buch nicht näher eingehen werden) nutzen.

Damit haben wir die übergreifenden Einstellungen im Controlling als Grundlage für die Kostenstellenrechnung abgeschlossen und werden uns im folgenden Kapitel intensiver mit der Kostenstellenrechnung selbst beschäftigen.

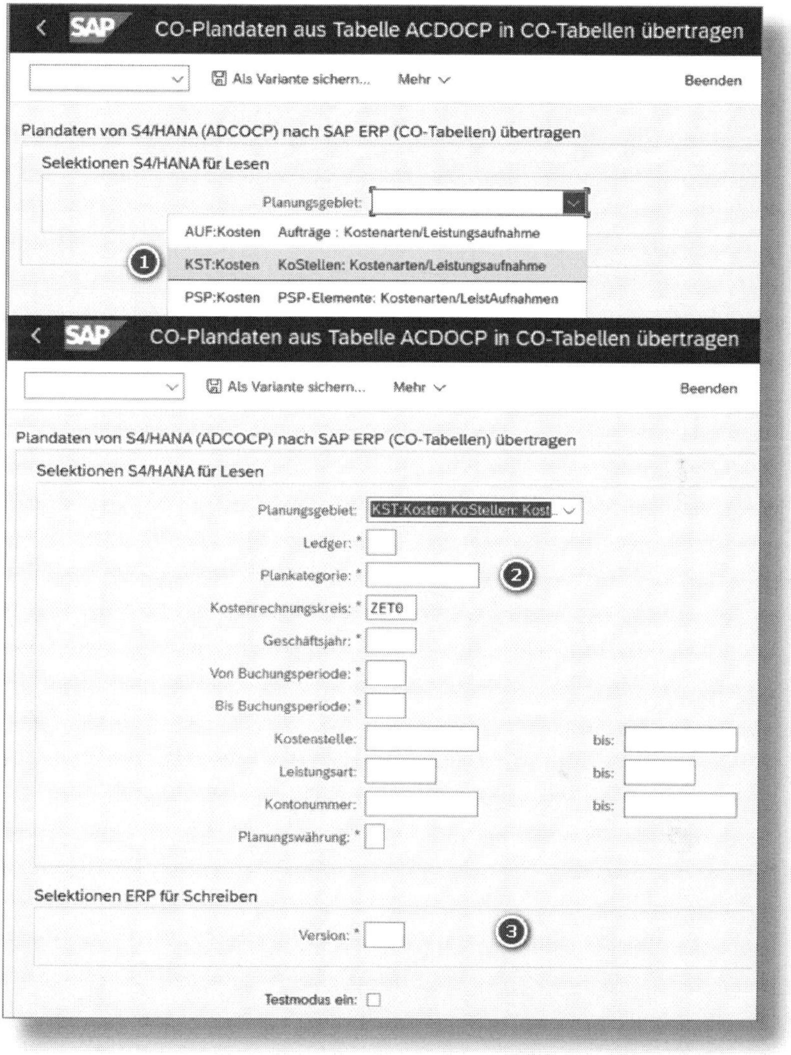

*Abbildung 1.27: Report R_FINS_PLAN_TRANS_CO_S4H_2_ERP*

# 2 Kostenstellenrechnung

**Die Kostenstellenrechnung hilft Ihnen dabei, die Struktur Ihres Unternehmens in Verantwortungsbereichen abzubilden. Im Gemeinkostencontrolling sind Kostenstellen als Ort der Kostenentstehung definiert. Wir möchten Ihnen in diesem Kapitel die Bedeutung der Kostenstellen ausführlicher vorstellen, damit Sie Ihre Gemeinkosten zukünftig besser planen, erfassen und verrechnen können.**

Die Kostenstellenrechnung sollte Ausgangspunkt Ihrer Reise ins Controlling sein, da sie Ihnen hilft, die Unternehmensstruktur im Sinne von Kostenverantwortung abzubilden. Jeder einzelne Verantwortungsbereich eines Unternehmens wird dabei durch eine Kostenstelle repräsentiert. Eine *Kostenstelle* ist eine organisatorische Einheit, die eine bestimmte Aufgabe ausführt (bspw. Finanzbuchhaltung, Controlling, Leitung oder Einkauf), der eine gewisse Anzahl von Personen zugeordnet ist (z. B. die Anzahl der Beschäftigten in der Finanzbuchhaltung) und die einen Verantwortlichen hat (den Kostenstellenleiter). Kostenstellen können hierarchisch gegliedert werden, um die gesamte Unternehmensstruktur abzubilden. Für Sie ist entscheidend, nach welchen Kriterien eine solche Strukturierung erfolgen soll.

Eine erste Orientierung bietet zumeist die Branche, der ein Unternehmen zuzurechnen ist. Ein Industrieunternehmen ist sicherlich anders organisiert als ein Dienstleister oder gar eine öffentliche Einrichtung. So erfolgt in vielen Firmen eine Strukturierung nach Funktionen (Rechnungswesen mit Buchhaltung und Controlling, Vertrieb, Logistik mit Einkauf und Produktion) und in anderen nach einzelnen Produktsparten. In international aufgestellten Unternehmen kann wiederum eine Gliederung nach geografischen Aspekten erfolgen. Sie sind nicht auf ein einzelnes Kriterium der Strukturierung beschränkt, sondern können auch gemischte Formen verwenden. Denkbar wäre z. B. eine Gliederung in drei Ebenen: in der obersten nach den verschiedenen Standorten (geografisch), dann nach einzelnen Abteilungen (Funktionen) und unten schließlich nach den einzelnen Produktgruppen (Sparten).

Über die *Kostenstellenstruktur* können sämtliche Gemeinkosten eindeutig einer Kostenstelle und damit einem Verantwortlichen zugeordnet werden.

**☛ Definition: Gemeinkosten**

Die Betriebswirtschaftslehre unterscheidet im Controlling zwischen *direkten Einzelkosten* und *indirekten Gemeinkosten*. Auch wenn Sie in der Regel direkte Kosten der Verwaltung (bspw. die Personalkosten der Finanzbuchhaltung) einer Kostenstelle zuordnen können (Kostenstelle der Finanzbuchhaltung), stellen diese doch gleichzeitig Gemeinkosten dar, da ihnen der direkte Zusammenhang mit einem Produkt des Unternehmens fehlt. Die Endkosten werden daher eher auf Objekten anderer Teilmodule wie CO-Innenaufträgen, Projektstrukturplan(PSP)-Elementen oder Ergebnisobjekten abgebildet.

Für die Verrechnung von Gemeinkosten auch auf andere Objekte, etwa auf die in der Definition erwähnten CO-Innenaufträge oder PSP-Elemente, gibt es verschiedene Möglichkeiten, auf die wir sowohl im Rahmen der manuellen Verrechnung und der Leistungsverrechnung per Leistungsartenrechnung als auch der Verrechnung per Umlage/Verteilung eingehen werden. Die Unterscheidung der einzelnen Kosten erfolgt, wie bereits im Abschnitt 1.1.2 erläutert, über das Sachkonto, differenziert nach unterschiedlichen Kostenarten. Somit ist die Kostenstelle als Ort der Kostenentstehung nun das zentrale Element, um das es in diesem Kapitel gehen soll.

**☛ Innenaufträge oder PSP-Elemente**

Während in SAP S/4HANA On-Premise im Controlling sowohl Innenaufträge als auch PSP-Elemente (als Objekte im Projektsystem, PS) genutzt werden können, stehen in der SAP S/4HANA Public Cloud nur noch PSP-Elemente zur Verfügung. Das ist nur eine Umstellungsfrage, da funktional betrachtet PSP-Elemente und Innenaufträge deckungsgleich sind. PSP-Elemente besitzen sogar zusätzliche Funktionen (z. B. eine Projektstruktur).

Hintergrund sind die verschiedenen Migrationswege: Für den Weg von SAP ERP in die Cloud ist nur der Greenfield-Ansatz möglich, d. h., das SAP-System muss neu aufgesetzt werden. Bei einer Brownfield-Migration auf On-Premise werden die zuvor genutzten Innenaufträge mit übertragen und stehen somit auch weiterhin zur Verfügung.

Sollten Sie sich für die Migration von SAP ERP nach SAP S/4HANA interessieren, empfehlen wir Ihnen von Andreas Unkelbach:

- das Buch »SAP S/4HANA Migration Cockpit – Datenmigration mit LTMC und LTMOM« (Espresso Tutorials, 2020) und
- das Video »Einführung SAP S/4HANA Datenmigration mit Migrationscockpit und Migrationsobjektmodellierer« (Bestandteil der SAP-Lernplattform *https://et.training*).

## 2.1 Voraussetzungen und Grundeinstellungen der Kostenstellenrechnung

Bevor Sie die Kostenstellenrechnung im Controlling aktivieren können, müssen Sie im Customizing die folgenden Einstellungen vorgenommen haben:

- Buchungskreis anlegen (siehe Abschnitt 1.1.1)
  - inklusive Kontenplan (siehe Abschnitt 1.1.2)
  - und Geschäftsjahresvariante (siehe Abschnitt 1.1.3)
- Kostenrechnungskreis anlegen und dem Buchungskreis zuordnen (siehe Abschnitt 1.2.1)
- Nummernkreise definieren (siehe Abschnitt 1.2.2)

Da wir dies alles bereits im vorherigen Kapitel erledigt haben, müssen Sie nun die Kostenstellenrechnung im Kostenrechnungskreis aktivieren, und zwar im Customizing über den Menüpfad CONTROLLING • KOSTENSTELLENRECHNUNG • KOSTENSTELLENRECHNUNG IM KOSTENRECH-

NUNGSKREIS AKTIVIEREN (Transaktion *OKKP*). Selektieren Sie dann den von Ihnen angelegten Kostenrechnungskreis (im Beispiel ZET0) und wählen Sie auf der linken Seite die Option KOMPONENTEN AKTIVIEREN/ STEUERUNGSKENNZEICHEN (siehe ❶ in Abbildung 2.1).

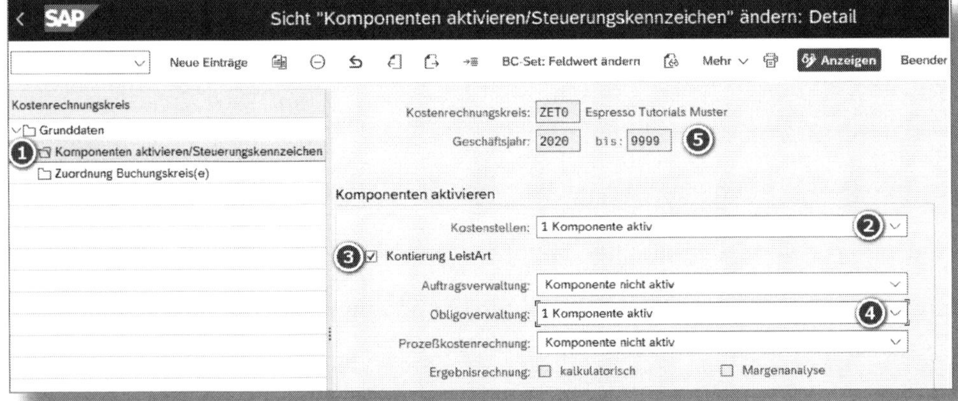


*Abbildung 2.1: Transaktion OKKP – Komponenten aktivieren/ Steuerungskennzeichen*

Stellen Sie im Abschnitt KOMPONENTEN AKTIVIEREN den Parameter KOSTENSTELLEN auf *Komponente aktiv* ❷. Daneben können Sie auch den Parameter KONTIERUNG LEISTART ❸ aktivieren. Dies ermöglicht Ihnen, die Leistungsart als Kontierungsobjekt zu verwenden und Primärkosten im Ist direkt auf die Leistungsart einer Kostenstelle zu kontieren. *Leistungsarten* bilden die erbrachte Leistung einer Kostenstelle ab und werden in Zeit- oder Mengeneinheiten gemessen sowie mit einem bestimmten Preis/Tarif bewertet. Näheres dazu erfahren Sie im Abschnitt 2.2.6 zur Leistungsartenrechnung.

Des Weiteren lässt sich hier die OBLIGOVERWALTUNG auf *Komponente aktiv* ❹ setzen. Mithilfe von *Obligos* erfassen Sie künftige Verpflichtungen, die buchhalterisch noch nicht erfasst sind, aber durch verschiedene Geschäftsvorfälle zu Istkosten führen. Ein klassisches Beispiel zum frühzeitigen Erfassen und Analysieren von Verpflichtungen aufgrund einer kosten- und finanzbezogenen Auswirkung stellen bspw. Bestellungen dar, die schon vor dem Waren- und Rechnungseingang im Controlling erfasst werden. Hintergrund: Die Kostenstellenrechnung wird (wie auch alle anderen Komponenten im CO) jahrweise aktiviert. Als Voreinstellung gibt das System einen Zeitraum vom aktuellen Geschäftsjahr (hier 2020) bis zum Jahr 9999 vor (siehe ❺ in Abbildung 2.1).

Ferner können Sie weitere Komponenten des Controllings (wie die Auftragsverwaltung) aktivieren, um später im Controlling auch Innenaufträge nutzen zu können. Auf diese Teilkomponente des Controllings gehen wir in diesem Buch jedoch nicht weiter ein.

Nachdem Sie die einzelnen Komponenten der Kostenstellenrechnung aktiviert haben, kehren Sie zum Einstiegsbild der Transaktion *OKKP* zurück und führen erneut einen Doppelklick auf Ihren Kostenrechnungskreis aus. Sie gelangen damit wieder zu dessen Grunddaten. An dieser Stelle tragen Sie ein, wie die *Kostenstellen-Standardhierarchie* für den Kostenrechnungskreis heißen soll (siehe ❶ in Abbildung 2.2).

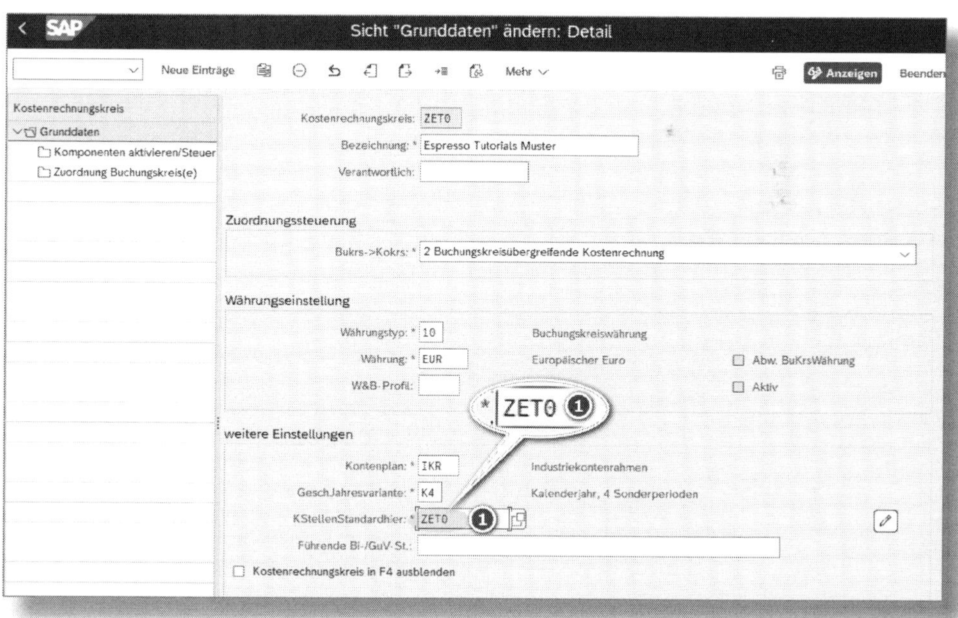


*Abbildung 2.2: Kostenrechnungskreis – Kostenstellen-Standardhierarchie eintragen*

Die Standardhierarchie bildet den obersten Knoten (Ursprungsknoten) für die gesamte Kostenstellenhierarchie des Kostenrechnungskreises ab. Von hier ausgehend können Sie Kostenstellengruppen und einzelne Kostenstellen zuordnen und somit die Kostenstellenstruktur Ihres Unternehmens abbilden.

**Einstellungen zum Kostenrechnungskreis**

In der Videosammlung »Controlling mit SAP S/4HANA – Customizing Kostenstellenrechnung«, die Sie über den frei zugänglichen Bereich unserer SAP-Lernplattform aufrufen, lernen Sie im Video «Komponenten Kostenrechnungskreis« mehr zur Aktivierung der einzelnen Komponenten und zur Hinterlegung der Standardhierarchie im Kostenrechnungskreis. Wie Sie den Zugang zum Video erhalten, haben wir im Vorwort beschrieben.

Jeder Kostenrechnungskreis muss eine eigene Standardhierarchie aufweisen, die jede in diesem Kostenrechnungskreis angelegte Kostenstelle beinhaltet. Dabei können Sie die einzelnen untergeordneten Kostenstellengruppen der Standardhierarchie auch in anderen Hierarchien verwenden. Damit ist es Ihnen möglich, zu Teilbereichen eigene Gruppen abweichend zur Standardhierarchie zu bilden. Solche *Alternativhierarchien* können eine Relevanz für Ihr eigenes Berichtswesen haben oder auch als Basis für Verrechnungen wie Umlage oder Verteilung dienen.

**Kostenstellengruppen und Kostenrechnungskreis**

Sollten Sie neben der Kostenstellenrechnung auch die Innenauftragsrechnung unter SAP S/4HANA On-Premise einsetzen, möchten wir noch auf eine Besonderheit bei den Kostenstellengruppen hinweisen. Ein *Innenauftrag* ist ein Objekt für die Überwachung von Kosten und in manchen Fällen von Erlösen eines Unternehmens. Während sich Kostenstellen oftmals an der organisatorischen Struktur des Unternehmens orientieren und damit dauerhaft erhalten bleiben, können Innenaufträge auch temporärer Natur und nicht unbedingt nach der Organisation des Unternehmens gegliedert sein. Ähnlich wie PSP-Elemente können Innenaufträge als projekthafte Kontierungsobjekte genutzt werden. Sowohl Kostenstellen als auch Innenaufträge können in Gruppen (Sets) gegliedert werden. Kostenstellengruppen sind, im Gegensatz zu Innenauftragsgruppen, immer einem Kostenrechnungskreis zugeordnet. Dies bedeutet, dass Sie die dieselben Gruppennamen für Kostenstellen in unterschiedlichen Kostenrechnungskreisen mit verschiedenen Kostenstellenzuordnungen verwenden können. Technisch werden diese in der Tabelle SETNODE unterhalb der Setklasse 0101 mit der ORGEINHEIT (Kostenrechnungskreis) gespeichert.

Die Zuordnung von Kostenstellen zur Standardhierarchie werden wir im folgenden Abschnitt erläutern.

**☛ Name des Ursprungsknotens in der Standardhierarchie**

Es hat sich als praktisch erwiesen, den obersten Knoten der Standardhierarchie identisch zum Kostenrechnungskreis zu gestalten. In unserem Fall haben wir daher als oberen Knoten ebenfalls ZET0 gewählt. Dies ist insbesondere dann praktisch, wenn Sie in einem anderen Kostenrechnungskreis die Standardhierarchie des dahinterliegenden Unternehmens betrachten möchten.

## 2.2 Stammdaten

Nachdem Sie die Standardhierarchie im Kostenrechnungskreis angelegt haben, können Sie Ihre Unternehmensstruktur anhand von Kostenstellengruppen und individuellen Kostenstellen in der Kostenstellenrechnung abbilden. Für die innerbetriebliche Leistungsverrechnung benötigen Sie außerdem Leistungsarten; statistische Kennzahlen helfen vor allem bei Verrechnungen wie Umlage und Verteilung.

**! Ressourcen/Ressourcenplanung**

Sollten Sie unter SAP ERP bisher Ressourcen (bspw. für die Ressourcenplanung) eingesetzt haben, werden Sie diese unter SAP S/4HANA nicht mehr im Customizing finden. Beim Aufruf der Transaktion *KPR2* (Ressourcen definieren) erhalten Sie die Fehlermeldung »SFIN_FI004 Funktion ist nicht verfügbar. Sie möchten eine Funktion verwenden, die im SAP S/4HANA Finance nicht zur Verfügung steht. Die Funktion kann nicht ausgeführt werden«. Der SAP-Hinweis »2869164 – Fehlermeldung SFIN_FI 004: Transaktionen KPR2 bis KPR7 können nicht aufgerufen werden« weist darauf hin, dass derzeit SAP Business Planning and Consolidation für SAP S/4HANA (SAP BPC) die Funktionen der Ressourcenplanung nicht vollständig ersetzt. Sie können mit der im Hinweis enthaltenen Korrekturanleitung die Ressourcenplanung reaktivieren. Dennoch werden wir in diesem Buch nicht auf die Funktion der Ressourcenplanung eingehen.

### 2.2.1 Kostenstellenarten

Bevor Sie mit der Anlage Ihrer Kostenstellenstruktur beginnen, sollten Sie zunächst die von der SAP im Standard ausgelieferten *Kostenstellenarten* überprüfen und ggf. an Ihre Anforderungen anpassen. Eine Kostenstellenart dient zum einen dazu, Vorschlagswerte für alle ihr zugehörigen Kostenstellen zu pflegen (diese Vorschlagswerte können jedoch in den Stammdaten der Kostenstellen überschrieben werden). Zum anderen ist es möglich, die Verwendung von Leistungsarten, auf die wir im Abschnitt 2.2.6 eingehen werden, auf eine bestimmte Kostenstellenart einzuschränken. Darüber hinaus kategorisieren Sie betriebswirtschaftlich, indem Sie die Kostenstellen nach den auf Ihnen gebuchten kostenbezogenen Vorgängen auf die einzelnen Kostenbereiche Ihres Unternehmens verteilen.

Sie definieren Kostenstellenarten im Customizing unter CONTROLLING • KOSTENSTELLENRECHNUNG • STAMMDATEN • KOSTENSTELLEN • KOSTENSTELLENARTEN DEFINIEREN (siehe Abbildung 2.3).

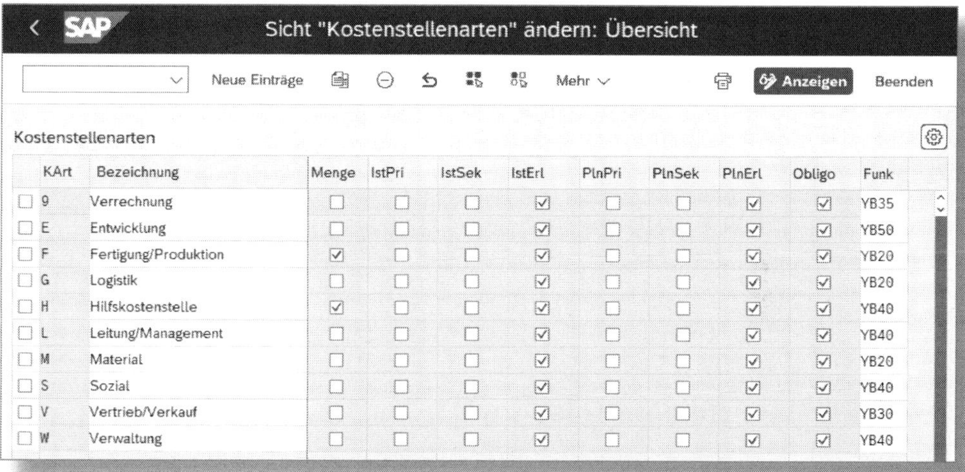


| KArt | Bezeichnung | Menge | IstPri | IstSek | IstErl | PlnPri | PlnSek | PlnErl | Obligo | Funk |
|---|---|---|---|---|---|---|---|---|---|---|
| 9 | Verrechnung | ☐ | ☐ | ☐ | ☑ | ☐ | ☐ | ☑ | ☑ | YB35 |
| E | Entwicklung | ☐ | ☐ | ☐ | ☑ | ☐ | ☐ | ☑ | ☑ | YB50 |
| F | Fertigung/Produktion | ☑ | ☐ | ☐ | ☑ | ☐ | ☐ | ☑ | ☑ | YB20 |
| G | Logistik | ☐ | ☐ | ☐ | ☑ | ☐ | ☐ | ☑ | ☑ | YB20 |
| H | Hilfskostenstelle | ☑ | ☐ | ☐ | ☑ | ☐ | ☐ | ☑ | ☑ | YB40 |
| L | Leitung/Management | ☐ | ☐ | ☐ | ☑ | ☐ | ☐ | ☑ | ☑ | YB40 |
| M | Material | ☐ | ☐ | ☐ | ☑ | ☐ | ☐ | ☑ | ☑ | YB20 |
| S | Sozial | ☐ | ☐ | ☐ | ☑ | ☐ | ☐ | ☑ | ☑ | YB40 |
| V | Vertrieb/Verkauf | ☐ | ☐ | ☐ | ☑ | ☐ | ☐ | ☑ | ☑ | YB30 |
| W | Verwaltung | ☐ | ☐ | ☐ | ☑ | ☐ | ☐ | ☑ | ☑ | YB40 |

*Abbildung 2.3: Kostenstellenarten definieren*

In der Auflistung sehen Sie u. a. Kostenstellenarten zur VERRECHNUNG, FERTIGUNG/PRODUKTION oder auch VERWALTUNG. Dabei erhält jede Kostenstellenart einen Schlüssel (Spalte KART) und eine BEZEICHNUNG. Bei der Anlage einer Kostenstellen weisen Sie dieser dann unter ART DER KOSTENSTELLE in den GRUNDDATEN eine Kostenstellenart über diesen Schlüssel zu. Die weiteren Spalten sind die Vorschlagswerte, die bei der Anlage einer Kostenstelle abhängig von der Kostenstellenart gefüllt werden. Die Spalten MENGE bis OBLIGO finden Sie auch später im Stammsatz der Kostenstelle unter dem Reiter STEUERUNG.

Ein Haken in der Spalte MENGE (Menge führen) bewirkt, dass das System eine Meldung ausgibt, sobald bei einem Obligo oder bei Istbuchungen keine Menge (z. B. Verbrauchsmenge eines Materials oder eine Menge von Einheiten einer Leistungsart) mitgegeben wird. In den weiteren Spalten legen Sie fest, welche Geschäftsvorgänge erlaubt oder gesperrt werden sollen. Mit gesetztem Haken sind die jeweils dahinter liegenden Geschäftsvorgänge gesperrt. Im Einzelnen betrifft dies Primärkostenbuchungen im Ist (ISTPRI), Sekundärbuchungen im Ist (IST-

Sek), Istbuchungen-Erlöse (IstErl), Primär- bzw. Sekundärkosten und Erlöse im Plan (PlnPri, PlnSek, PlnErl) sowie die Obligofortschreibung (Obligo). In der Spalte Funk können Sie einen Funktionsbereich vorschlagen. Dieser stellt ein Gliederungskriterium nach funktionalen Gesichtspunkten dar und wird z. B. in der Finanzbuchhaltung benötigt, um eine GuV nach dem Umsatzkostenverfahren zu erstellen. In der öffentlichen Verwaltung (Haushaltsmanagement) wird der Funktionsbereich verwendet, um gesetzliche Anforderungen an ein Reporting nach funktionalen Gesichtspunkten zu erfüllen.

Wir zeigen Ihnen nun, wie Sie Kostenstellenstammdaten anlegen. Dazu stehen Ihnen sowohl in SAP GUI als auch unter SAP Fiori verschiedene Transaktionen und Apps zur Verfügung.

### 2.2.2 Standardhierarchie

Im SAP-GUI-Menü unter Rechnungswesen • Controlling • Kostenstellenrechnung • Stammdaten • Standardhierarchie • Ändern (Transaktion *OKEON*) können Sie die gesamte Kostenstellenstruktur zentral pflegen. Oberster Knoten ist dabei die im Abschnitt 1.2.1 in den Grunddaten zum Kostenrechnungskreis unter weitere Einstellungen hinterlegte Standardhierarchie für Kostenstellen (siehe KStellenStandardhier ❺ in Abbildung 1.12).

Das Beispiel aus Abbildung 2.4 zeigt den obersten Knoten *ZETO*.

Über den Button [⎕ ⌄] ❶ können Sie zum oberen Knoten eine Untergeordnete Gruppe ❷ oder eine Kostenstelle ❸ anlegen.

Kostenstellen und -gruppen lassen sich über die Pfeile oberhalb von ❹ nach oben oder nach unten verschieben und damit in eine andere Reihenfolge bringen, oder unter ❺ eine Hierarchiestufe nach oben oder unten bewegen und so anderen Gruppen unter- oder überzuordnen. Alternativ können Sie diese Verschiebungen auch mit der Maus per Drag-and-drop vornehmen.

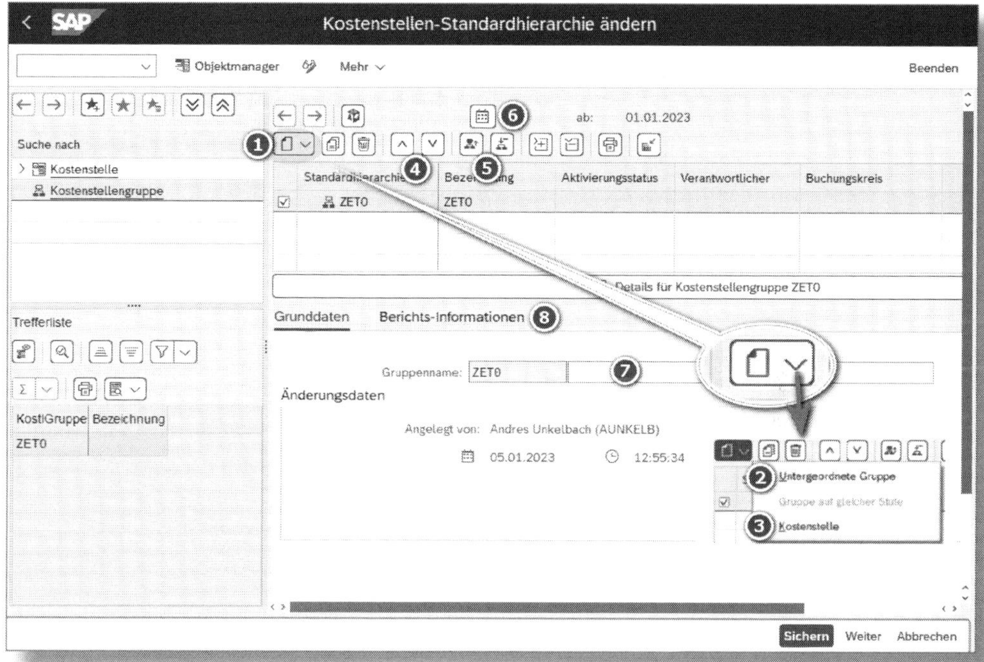


*Abbildung 2.4: Pflege der Kostenstellen-Standardhierarchie*

### Reihenfolge und Struktur einer Standardhierarchie

Die Sortierung von Gruppen und Kostenstellen innerhalb der Standardhierarchie hat u. a. Auswirkungen auf das Berichtswesen. Sofern Sie einen Bericht über Kostenstellen aufrufen (z. B. im SAP GUI per Transaktion *S_ALR_87013611* [Kostenstellen: Ist/Plan/Abweichung]), erhalten Sie im Bericht eine Auswahl der einzelnen Gruppen. In der Spalte VARIATION können Sie zwischen den einzelnen Gruppen wechseln und so die Auswertung im Detailbereich dieses Berichtes anpassen, sodass Ihnen die Gruppe VERWALTUNG oberhalb von PRODUKTION als Knoten angezeigt wird und Sie quasi zwischen den einzelnen Abteilungen wechseln können. Eine Veränderung der Anordnung von Kostenstellen und Gruppen kann auch sinnvoll sein, wenn Sie eine Umstellung innerhalb Ihrer Organisation vornehmen wollen. Anstelle der Standardhierarchie können Sie aber auch alternative Gruppen (siehe Abschnitt 2.2.3) oder unter SAP Fiori globale Hierarchien (siehe Abschnitt 2.2.4) verwenden.

Eine besondere Bedeutung hat die Schaltfläche [Kalender] ❻. Über sie können DATUM und VORSCHAUZEITRAUM für die Darstellung der Stammdaten innerhalb der Standardhierarchie festgelegt werden. In der Regel sind das aktuelle Systemdatum (im Beispiel ab *01.01.2023*) und ein Vorschauzeitraum bis VOLLSTÄNDIG in die Zukunft (A) hinterlegt. Damit werden die Stammdaten bis zum *31.12.9999* dargestellt. Alternativ können Sie, wie in Abbildung 2.5 zu sehen, auch einen ZEITRAUM ❶ (TAGE, MONATE, WOCHEN, JAHRE) oder ein konkretes ENDEDATUM ❷ zur Anzeige auswählen.

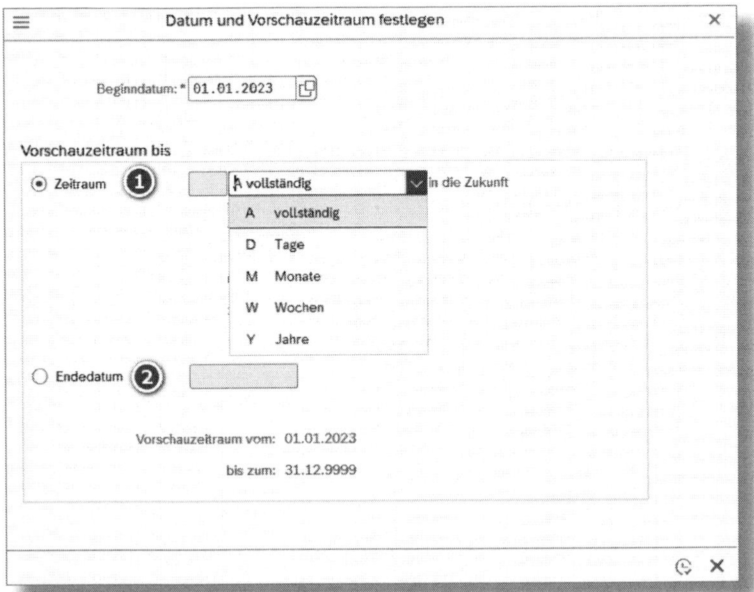


*Abbildung 2.5: Datum und Vorschauzeitraum festlegen*

Hintergrund dieser Einstellungen ist, dass für Kostenstellen unterschiedliche Betrachtungszeiträume gepflegt werden können und sich somit die Bezeichnung einer Kostenstelle in Zukunft ändern kann.

> **Betrachtungszeiträume in der Kostenstellenrechnung**
>
> Auf die Zeitabhängigkeit von Kostenstellen gehen wir noch im Abschnitt 2.2.5 näher ein. Ein Beispiel für die Veränderung der Bezeichnung von Kostenstellen könnte die Aufteilung der Abteilung Liegenschaften (Gebäudeverwaltung) in Bauunterhaltung und Gebäudebewirtschaftung sein. Hier würde die ehemalige Kostenstelle Liegenschaften (Gebäudeverwaltung) ab 2024 in Bauunterhaltung umbenannt und eine neue Kostenstelle ab 2024 für Gebäudebewirtschaftung angelegt werden. Durch den Betrachtungszeitraum würden Sie auch diese Veränderungen in der Standardhierarchie sehen.

Im unteren Bereich von Abbildung 2.4 sehen Sie das aktuell zu pflegende Objekt. In unserem Beispiel ist dies der oberste Knoten der Kostenstellenhierarchie, unter dem Sie Kostenstellen und weitere Kostenstellengruppen anlegen können. Im Beispiel können Sie der Gruppe eine Kurzbeschreibung zuweisen ❼ und im Abschnitt BERICHTS-INFORMATIONEN für die Gruppe weitere Angaben festlegen ❽.

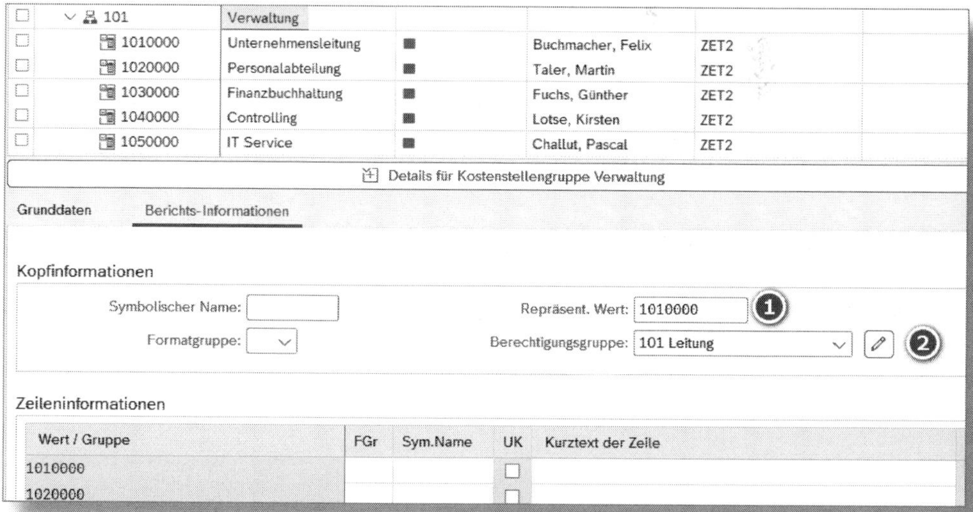

*Abbildung 2.6: Berichts-Informationen für Kostenstellengruppe*

Abbildung 2.6 zeigt eine Gruppe 101 für die VERWALTUNG. Unter den BERICHTS-INFORMATIONEN wurden sowohl ein repräsentativer Wert für die Gruppe, hier die Kostenstelle der Unternehmensleitung *1010000* ❶, als auch eine BERECHTIGUNGSGRUPPE *101 Leitung* ❷ angelegt.

**Berichts-Informationen für Gruppen**

Dieser Abschnitt hat eine besondere Bedeutung für das Berichtswesen, aber auch für die Steuerung von Berechtigungen auf Gruppenebene. Auf zwei der hier pflegbaren Werte möchten wir Sie kurz hinweisen:

- Unter REPRÄSENT. WERT können Sie eine Kostenstelle als Stellvertreter für eine Gruppe von Werten verwenden. Wenn Sie Ihre Standardhierarchie nach organisatorischen Gesichtspunkten aufgebaut haben, könnten Sie stellvertretend für die Kostenstellengruppe einer Abteilung die Kostenstelle der Abteilungsleitung wählen. In entsprechenden Berichten würden dann im Berichtskopf Verantwortliche oder sonstige Informationen aus den Stammdaten der stellvertretenden Kostenstelle für die Gruppe ausgegeben, obgleich diese Daten in der Gruppe selbst nicht erfasst sind, da eine Gruppe nur Gruppenname und Bezeichnung umfasst.
- Über das Feld BERECHTIGUNGSGRUPPE können Sie einer Gruppe (Set) eine Berechtigungsgruppe zuweisen. Berechtigungsgruppen können entweder über das Symbol oder die Transaktion *OK18* gepflegt werden. Die Berechtigungsgruppe ermöglicht einen erweiterten Berechtigungsschutz. Die Berechtigung lässt sich über das Berechtigungsobjekt G_800S_GSE steuern. In Kombination mit der Aktivität (z. B. 03 Anzeigen) können Sie im Berichtswesen auch eine Berechtigungsvergabe über Gruppen ermöglichen. Diese Prüfung erfolgt jedoch nur bei der Auswertung von Gruppen und nicht von einzelnen Kostenstellen.

Neben der Pflege von Gruppen ist in der Standardhierarchie auch die Anlage von Kostenstellen möglich (siehe ❸ in Abbildung 2.4). Dazu erscheint unterhalb der Position des markierten Knotens der Standardhierarchie (im Beispiel *ZETO*) eine neue Maske, in der Sie eine Kostenstelle auf der Position anlegen. In Abbildung 2.7 sehen Sie an dieser Stelle ❶ die Kostenstelle *$TMP000001*, für die Sie im Feld KOSTENSTELLE eine eigene Kostenstellennummer eintragen können ❷.

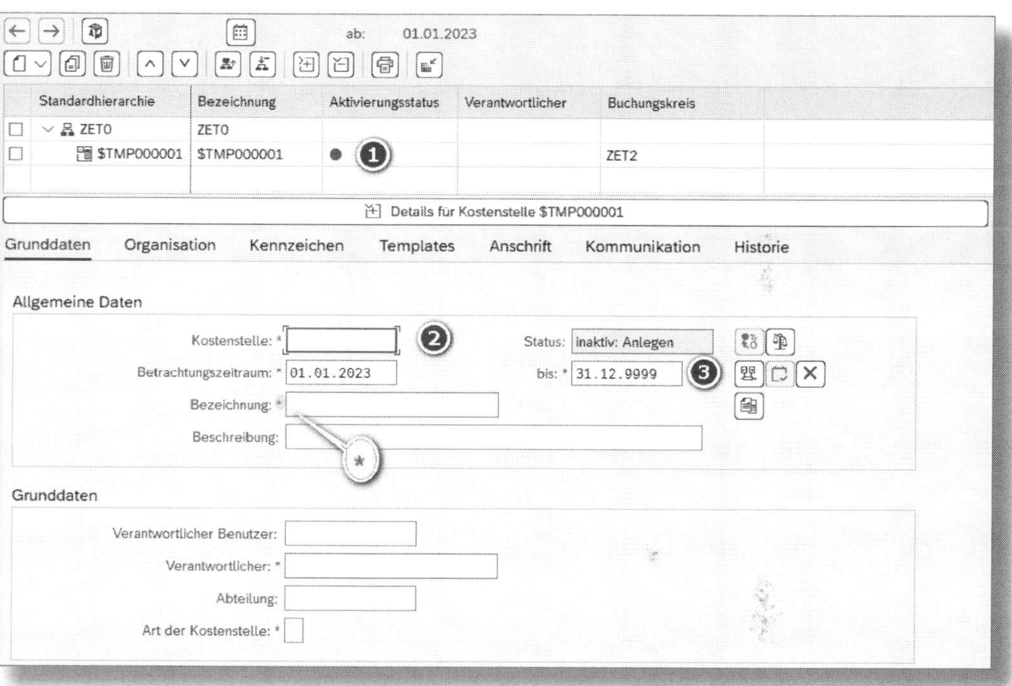


*Abbildung 2.7: Kostenstelle in Standardhierarchie anlegen*

In den GRUNDDATEN sind alle Pflichtfelder mit * markiert (etwa die BEZEICHNUNG oder VERANTWORTLICHER). Der BETRACHTUNGSZEITRAUM wird vom Beginn des laufenden Kalenderjahres bis zum *31.12.9999* ❸ gesetzt. Später können Sie weitere Betrachtungszeiträume einer Kostenstelle hinzufügen. In der Darstellung der Standardhierarchie sind einzelne Knoten (Kostenstellengruppen) mit 品 gekennzeichnet (im Beispiel *ZETO*) und die Kostenstellen mit ▤ (im Beispiel *$TMP000001*). Welche Felder bei der Stammdatenpflege zur Verfügung stehen, beschreiben wir im Abschnitt 2.2.5.

### 2.2.3 Kostenstellengruppen

Alternativ zur Pflege der Standardhierarchie können Sie in SAP GUI auch Kostenstellengruppen direkt pflegen. Dies ist im SAP-Menü unter RECHNUNGSWESEN • CONTROLLING • KOSTENSTELLENRECHNUNG • STAMMDATEN • KOSTENSTELLENGRUPPEN möglich. Neben dem ANZEIGEN (Transaktion *KSH3*) und ÄNDERN (Transaktion *KSH2*) bestehender Kostenstellengruppen lassen sich neue ANLEGEN (Transaktion *KSH1*). Im Beispiel ändern wir über die Transaktion *KSH2* die Gruppe der Standardhierarchie ZETO (siehe Abbildung 2.8).

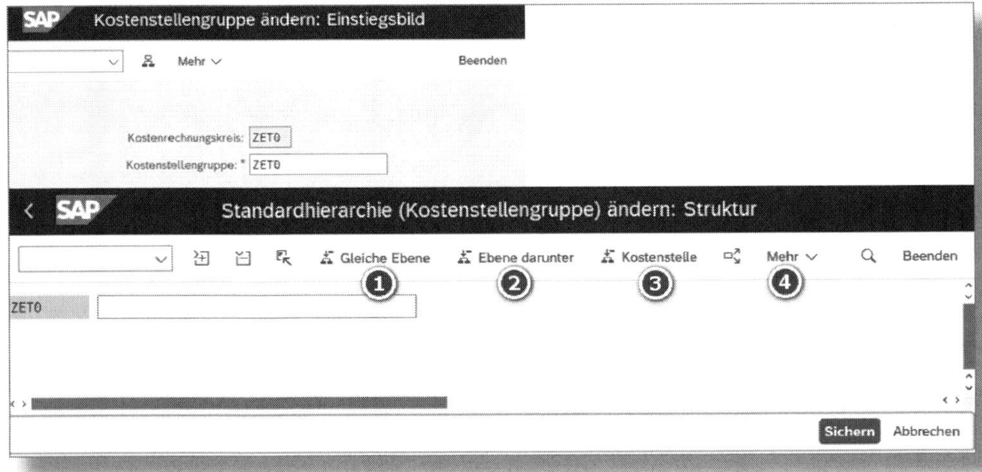


*Abbildung 2.8: Kostenstellengruppe pflegen*

Diese Pflege ist vergleichbar mit der vorgestellten Pflege der Standardhierarchie. Über die Schaltflächen ❶ und ❷ ist es Ihnen möglich, weitere Gruppen als Ebene hinzuzufügen, während Sie über ❸ Intervalle von bestehenden Kostenstellen unterhalb einer Gruppe einfügen. Über MEHR ❹ • ZUSÄTZE haben Sie ebenfalls die im Hinweiskasten »Berichts-Informationen für Gruppen« erwähnte Möglichkeit der Pflege einer Berechtigungsgruppe für diese Kostenstellengruppe. Ferner stehen Ihnen verschiedene Prüf- und Hilfsfunktionen (z. B. prüfen auf Vollständigkeit und Eindeutigkeit) zur Verfügung.

Neben der Pflege der gesamten Standardhierarchie können Sie von ihr nur einen Unterabschnitt (bspw. die Abteilung Vertrieb) aufrufen und somit nur einen Teil der Hierarchie oder auch gänzlich unabhängig von der Standardhierarchie Gruppen pflegen (siehe Kasten »Alternative Hierarchien/Gruppen«).

**☛ Hierarchieteilbereiche mit Transaktion KSH2 pflegen**

Falls Ihr Unternehmen eine sehr große Kostenstellenhierarchie besitzt, kann die Pflege der Standardhierarchie mitunter recht aufwendig sein, und es kann auch nur ein Benutzer zur selben Zeit daran arbeiten, da er die Tabelle für alle anderen sperrt. Ein weiterer Aspekt sind die Berechtigungen – möglicherweise wollen Sie nur einigen Benutzern die Berechtigung erteilen, bestimmte Teilbereiche der Standardhierarchie zu pflegen. Über die Transaktion *KSH2* können die Benutzer dann ihren jeweiligen Bereich bearbeiten (die Pflege der gesamten Standardhierarchie wäre ihnen nicht erlaubt).

**☛ Alternative Hierarchien/Gruppen**

Neben der Standardhierarchie lassen sich über Kostenstellengruppen auch Alternativgruppen nach verschiedensten Gesichtspunkten erstellen. Das hat den Vorteil, dass Sie einzelne Kostenstellen unter bestimmten Aspekten (z. B. abteilungsübergreifende Verantwortungsbereiche) zusammenfassen, ohne dabei die Standardhierarchie anpassen zu müssen. Daraus ergibt sich für Ihr internes Berichtswesen weiterer Gestaltungsspielraum.

### 2.2.4 Globale Hierarchien verwalten

Sowohl Gruppen innerhalb der Standardhierarchie als auch alternative Kostenstellengruppen lassen sich, im Gegensatz zu den Stammdaten der Kostenstellen, im Standard nicht zeitabhängig pflegen. Sobald Sie Ihre Standardhierarchie nach neuen Gesichtspunkten ändern, können

Sie die Ergebnisse des Vorjahres nicht mehr nach der alten Hierarchie auswerten.

Betrachten wir dazu das Beispiel einer Umstrukturierung von einer geografischen Organisation im Geschäftsjahr 2023 in eine thematische Organisation für das Geschäftsjahr 2024. Diese haben wir in Abbildung 2.9 dargestellt. Danach ist es im Geschäftsjahr 2024 nicht mehr möglich, das Ergebnis für 2023 nach der alten Struktur (Hierarchie) auszuwerten. Sie müssten sich also für die alte Hierarchie eine separate Kostenstellengruppe bspw. mit dem Topknoten 2023 anlegen und bei jeder strukturellen Änderung der Hierarchien diese in den einzelnen Untergruppen der alternativen Hierarchie nachpflegen.

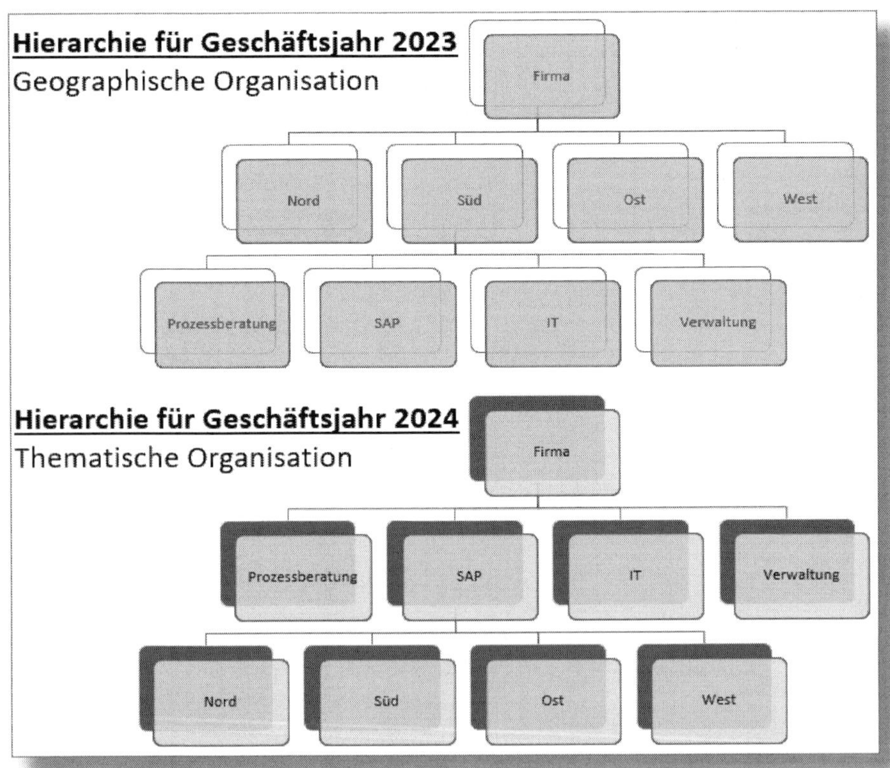


*Abbildung 2.9: Wechsel der Organisation in Hierarchie*

Insbesondere, wenn Sie auch noch einzelne Namen beibehalten (z. B. die geografischen Gruppen Nord, Süd etc. oder die thematischen Gruppen Prozessberatung, SAP etc.), wird es bei einer Umstrukturierung schnell unübersichtlich.

**Namenseinschränkung für Gruppen**

Da der Gruppenname maximal zehn Zeichen, gefolgt von einem Punkt und einem maximal vier Zeichen langen Suffix umfassen darf, wäre eine zeitabhängige Struktur für 2023 nach geografischen Gesichtspunkten wie folgt darstellbar:

- NORD.2023 mit den Untergruppen
- N-PROZSSB.2023
- N-SAP.2023
- ...

Eine thematische Strukturierung ab 2024 könnte dann wie folgt abgebildet werden:

- PBPROZESS.2024 mit den Untergruppen
- PB-NORD.2024
- PB-SÜD.2024

Dies würde hinsichtlich Bezeichnung und Struktur in der Nachpflege recht kompliziert.

Sofern Sie Ihre Auswertungen in der Fiori-Oberfläche durchführen, ist die Fiori-App »Globale Hierarchie verwalten« (App-ID: F9218) an dieser Stelle eine gute Lösung (siehe Abbildung 2.10).

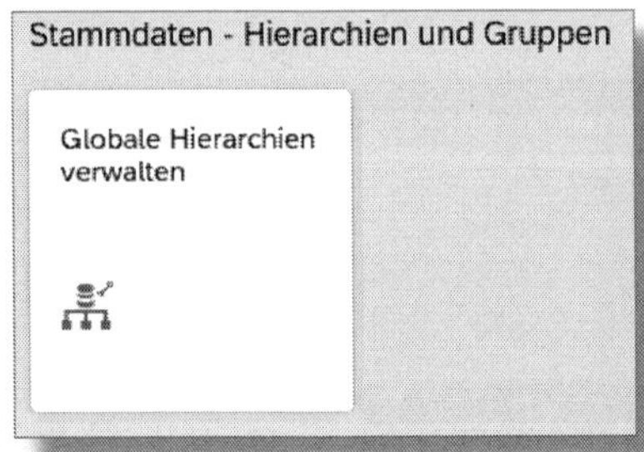


*Abbildung 2.10: Fiori-App »Globale Hierarchien verwalten«*

Mit ihrer Hilfe können unterschiedliche Arten von Hierarchien (bspw. Bilanz/GuV Struktur, PSP-Elementhierarchie oder Profitcenter-Hierarchie) angelegt werden. Wir legen eine z. B. aus Abbildung 2.9 passende Hierarchie an (siehe Abbildung 2.11).

*Abbildung 2.11: Neue Hierarchie anlegen*

Als ART ❶ wählen wir *Kostenstellenhierarchie* und tragen die HIERARCHIE-ID ❷ *ZET* ein. Ferner sind unter KOSTENRECHNUNGSKREIS ❸ der Ihnen schon bekannte *ZET0* und eine passende HIERARCHIEBESCHREIBUNG gewählt worden ❹.

Der für unser Anwendungsbeispiel relevante Punkt ist nun der Gültigkeitszeitraum der Hierarchie (siehe ❺ und ❻). Auch wenn Sie hier einen konkreten Zeitraum auswählen, lässt er sich später noch anpassen. Die so gepflegten Hierarchien können später in Fiori-Apps wie Kostenstellen-Istdaten verwendet werden. Die Hierarchien sind dabei in den definierten Periodenbereichen gültig. Durch Aktivierung von IN KOMPATIBLER GRUPPE FÜR KOSTENSTELLEN VERWENDEN ❼ können die gepflegten Hierarchien auch in Gruppen, etwa bei Verrechnungen, zum Einsatz kommen.

Dabei wird das Sonderzeichen ~ der Hierarchie-ID als Gruppen-ID angehängt. Eine Untergruppen-ID besteht somit aus der Hierarchie-ID, dem Sonderzeichen ~ und der Unterknoten-ID. Die Gesamtlänge von Hierarchie- und Knoten-ID darf 14 Zeichen nicht überschreiten. In Tabelle 2.1 sind die generierten Gruppen für die Hierarchie ZET mit den Unterknoten VERWALTUNG, PRODUKTION und VERTRIEB dargestellt.

| Ursprüngliche Hierarchie-ID/Knoten-ID | Generierte Gruppen-ID |
|---|---|
| ZET | ZET~ |
| --\| VERWALTUNG | ZET~VERWALTUNG |
| --\| PRODUKTION | ZET~PRODUKTION |
| --\| VERTRIEB | ZET~VERTRIEB |

*Tabelle 2.1: Kompatible Gruppen anlegen*

Mit Klick auf die Schaltfläche Anlegen wird die neue Hierarchie in die Hierarchieliste übertragen. Wenn Sie eine der angelegten Hierarchien pflegen möchten, klicken Sie einmal auf die Hierarchie und dann auf die Schaltfläche Bearbeiten.

*Abbildung 2.12: Globale Kostenstellenhierarchie bearbeiten*

In Abbildung 2.12 können Sie den Gültigkeitszeitraum anpassen ❶ und mit Klick auf das Pluszeichen ❷ einen weiteren Knoten hinzufügen. Dieser Knoten kann dann sowohl ein weiterer Unterknoten mit ID und Beschreibung als auch eine Kostenstelle als Einzelwert oder Intervall sein.

**Globale Hierarchie – Kostenstellenhierarchie**

In der Videosammlung »Controlling mit SAP S/4HANA – Customizing Kostenstellenrechnung«, die Sie über den frei zugänglichen Bereich unserer SAP-Lernplattform aufrufen, zeigen wir Ihnen im Video »Globale Hierarchie« die Anlage einer globalen Hierarchie für Kostenstellen und wie Sie mit der App umgehen können. Wie Sie den Zugang zum Video erhalten, haben wir im Vorwort beschrieben.

Gepflegte Hierarchien müssen aktiviert werden, um in Analyseberichten zum Einsatz zu kommen. Durch das Kennzeichen SIMULIEREN ❸ kann die Hierarchieversion in Reporting-Apps zu Simulationszwecken verwendet werden, ohne dass die Hierarchie tatsächlich aktiviert wurde. Die generierte Version der simulierten Hierarchie hat dann in der ID das Suffix _DRAFT.

**☛ Flache Hierarchien und Gruppen**

Gerade in Unternehmen, die ihre Struktur regelmäßig anpassen, kann es sinnvoll sein, eine Standardhierarchie (siehe Abschnitt 2.2.2) möglichst flach zu halten und für das Reporting eher Kostenstellengruppen (siehe Abschnitt 2.2.3) oder die globalen zeitabhängigen Hierarchien zu verwenden. Damit können Sie die einzelnen Kostenstellen entsprechend den allgemeinen Erfordernissen in ggf. anzupassenden Knoten neu anlegen und sortieren. Sofern die Grundstruktur Ihres Unternehmens aber auf Dauer ausgerichtet ist, spricht nichts gegen eine Anordnung von Gruppen und Knoten innerhalb der Standardhierarchie.

## 2.2.5 Kostenstellen

### Einzelbearbeitung von Kostenstellen

Bisher haben wir Kostenstellengruppen ebenso wie Kostenstellen innerhalb der Standardhierarchie in der Transaktion *OKEON* gepflegt (siehe Abschnitt 2.2.2). Darüber hinaus können Sie bestehende Kostenstellen auch direkt über die Transaktion *KS02* (Ändern) bearbeiten. Die Anlage erfolgt alternativ im SAP-Menü unter RECHNUNGSWESEN • CONTROLLING • KOSTENSTELLENRECHNUNG • STAMMDATEN • KOSTENSTELLE • EINZELBEARBEITUNG • ANLEGEN (Transaktion *KS01*).

Für die Anlage einer Kostenstelle (siehe Abbildung 2.13) bestimmen Sie deren Gültigkeitsdauer (GÜLTIG AB und BIS) und geben ihr eine Nummer (Kostenstellenschlüssel). Der Kostenrechnungskreis ZET0 ist bereits vorbelegt, kann aber über das Anwendungsmenü MEHR • ZUSÄTZE • KOSTENRECHNUNGSKREIS SETZEN [F6] geändert werden.

In unserem Fall haben wir zu unserem KOSTENRECHNUNGSKREIS die KOSTENSTELLE 1010000 sowie den Zeitraum vom 01.01.2023 bis

31.12.9999 angegeben. Diese Angaben sind auch im Kopf der Kostenstelle zu sehen.

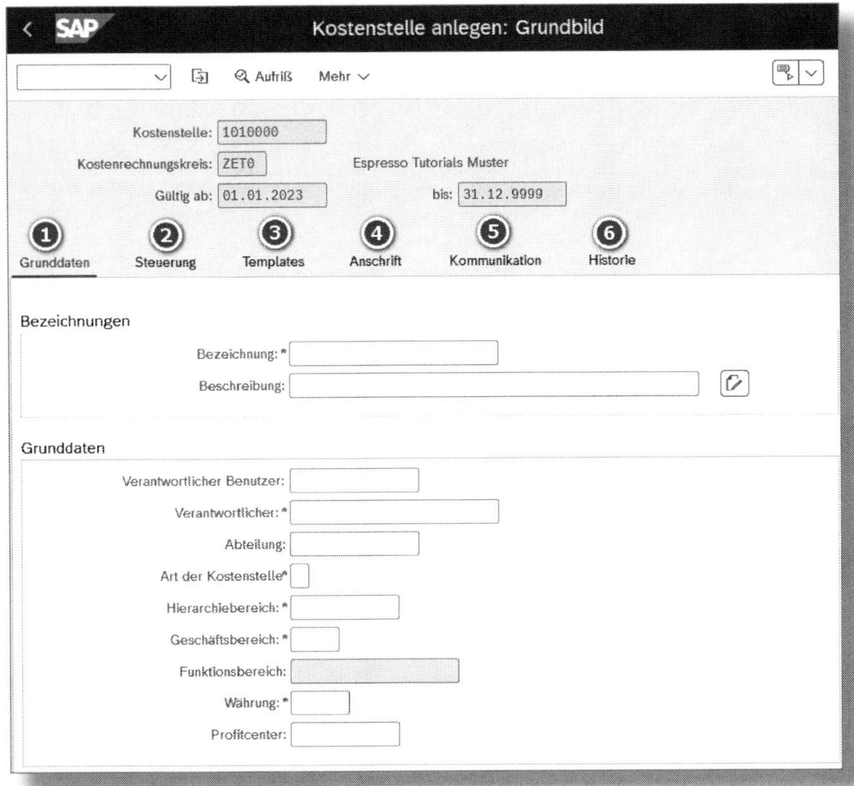


*Abbildung 2.13: Kostenstelle über Einzelbearbeitung anlegen*

Die Stammdaten einer Kostenstelle in den sechs Reitern erläutern wir nachfolgend.

### Kostenstellenparameter

In den GRUNDDATEN ❶ pflegen Sie eine Kurz- und Langbezeichnung sowie weitere Stammdaten wie einen Verantwortlichen und die Kostenstellenart (siehe Abschnitt 2.2.1). Falls Sie mit Geschäftsbereichen, Profitcentern oder den Umsatzkostenverfahren arbeiten, können Sie an dieser Stelle eine Zuordnung zu einem GESCHÄFTSBEREICH, PROFITCENTER oder FUNKTIONSBEREICH treffen. Außerdem lässt sich unter WÄHRUNG eine eigene Objektwährung einstellen, die von der Kostenrechnungskreiswährung abweichen kann. Damit bewirken Sie, dass unter dieser Kostenstelle alle Werte parallel sowohl in der Kostenrechnungskreiswährung als auch in der Objektwährung fortgeschrieben werden. Eine abweichende Objektwährung darf nur hinterlegt werden, wenn die Kostenrechnungskreiswährung mit der bzw. den Buchungskreiswährungen übereinstimmt (siehe Abbildung 1.12).

Im Feld HIERARCHIEBEREICH hinterlegen Sie einen Knoten der Standardhierarchie. Hierdurch erhält die Kostenstelle eine direkte Zuordnung in der Struktur der Standardhierarchie, die damit stets alle Kostenstellen innerhalb Ihres Kostenrechnungskreises beinhaltet. Bei der Anlage einer Kostenstelle über die Standardhierarchie mit der Transaktion *OKEON* wird dieses Feld automatisch über den aktiven Knoten in der Standardhierarchie, unter dem Sie die Kostenstelle angelegt haben, gepflegt.

**☛ Pflichtfeld »Hierarchiebereich«**

Das Feld HIERARCHIEBEREICH ist ebenso wie alle mit * markierten Felder ein Pflichtfeld. Hierdurch ist, eine Zuordnung aller angelegten Kostenstellen innerhalb der Standardhierarchie sichergestellt. Sie können aber, wie im Abschnitt 2.2.3 beschrieben, für Teile der Kostenstellen außerdem ergänzende Gruppen anlegen. Sofern bestimmte Kostenstellen nicht im Tagesgeschäft relevant sind und bspw. nur als interne Verrechnungskostenstellen genutzt werden sollen, kann es hilfreich sein, hierfür einen Knoten innerhalb der Standardhierarchie als »nicht relevant« anzulegen. Als Gruppenname bieten sich »99« oder »NR« an. Die Auswertung solcher Kostenstellen erfolgt dann nur in der Verwaltung und bewegt sich außerhalb der Organisationsstruktur des Unternehmens.

Im Hochschulumfeld können solche Verrechnungskostenstellen etwa dafür genutzt werden, die Personalkosten im Ist zu buchen und die einzelnen Abteilungen mit eigener Kostenstelle aus Datenschutzgründen mit Durchschnittspersonalkosten zu belasten.

Im Feld ART DER KOSTENSTELLE tragen Sie den Schlüssel der Kostenstellenart ein. Unter 2.2.1 hatten wir schon erwähnt, dass hierüber Vorschlagswerte für das Register STEUERUNG abgeleitet werden.

### Zeitabhängigkeit von Kostenstellen

Die meisten Stammdatenfelder einer Kostenstelle sind zeitabhängig und gelten damit immer für einen bestimmten Zeitraum. Für unser Beispiel hatten wir bei der Anlage den Zeitraum 01.01.2023 bis 31.12.9999 gewählt. Bei der Pflege einer bestehenden Kostenstelle (Transaktion *KS02*) können Sie über das Menü MEHR • BEARBEITEN • BETRACHT.ZEITRAUM diesen Betrachtungszeitraum ändern. Hat sich z. B. durch einen Personalwechsel eine andere Verantwortung für eine Kostenstelle ergeben, so können Sie für den entsprechenden Zeitraum eine alternative Kostenstellenleitung eintragen.

**! Verantwortliche Kostenstelle**

Das Pflichtfeld VERANTWORTLICHER ist ein Freitextfeld, in dem der Name der für die Kostenstelle verantwortlichen Person eingetragen wird. Dabei erfolgt keine weitere Prüfung, ob diese Person existiert. Im optionalen Feld VERANTWORTLICHER BENUTZER kann eine Benutzer-ID eines SAP-Benutzerstamms hinterlegt werden. Hier erfolgt tatsächlich eine Überprüfung, ob der entsprechende Benutzername im SAP-System existiert. Dieses Feld kann auch für Automatisierungen bspw. im Rahmen eines Workflows genutzt werden.

Leider lässt sich in den Stammdaten einer Kostenstelle immer nur eine verantwortliche Person hinterlegen. Eine dauerhafte oder auch Urlaubsvertretung einer kostenverantwortlichen Person ist in diesem Fall über das Berechtigungskonzept Ihres Unternehmens umzusetzen. Hier können dann einzelne Personen auch für Kostenstellen berechtigt werden, für die sie nicht als verantwortliche Person in den Stammdaten eingetragen sind. Passende Berechtigungsobjekte sind K_CCA und K_REPO_CCA, in denen Sie Berechtigungen für die Kostenstellennummer vergeben. Gerade beim Aufbau eines Berichtswesens sollten Sie das Thema Berechtigungsvergabe immer mit im Blick haben.

Im Customizing ist es möglich, unter CONTROLLING • KOSTENSTELLENRECHNUNG • STAMMDATEN • KOSTENSTELLEN • ZEITABHÄNGIGE FELDER FÜR KOSTENSTELLEN FESTLEGEN (Transaktion *OKEG*) einzelne Stammdatenfelder so umzustellen, dass sie nicht mehr zeitabhängig sind.

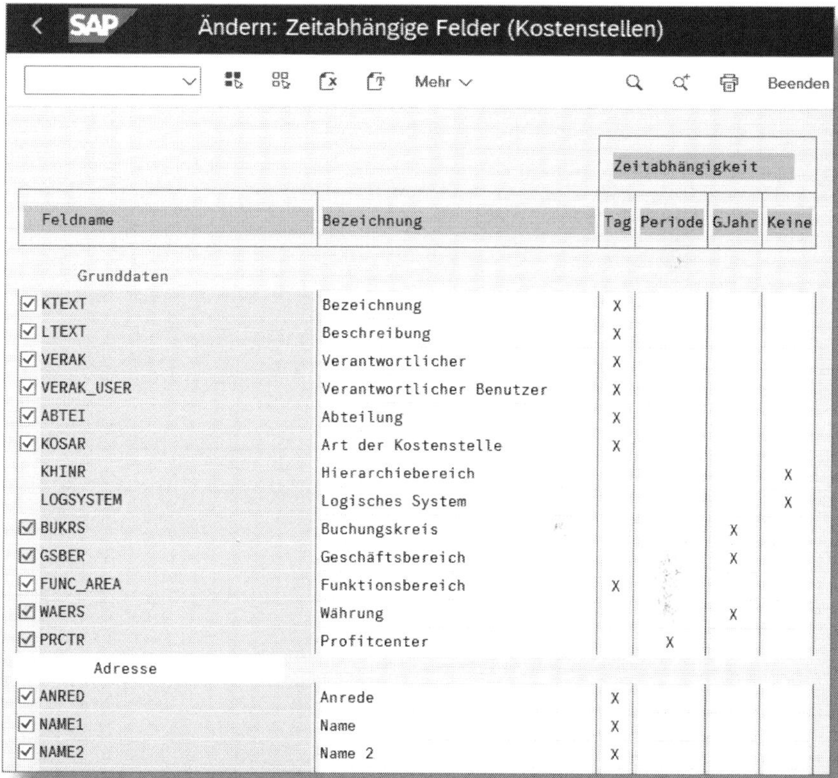

Ändern: Zeitabhängige Felder (Kostenstellen)

Mehr Beenden

| Feldname | Bezeichnung | Zeitabhängigkeit | | | |
|---|---|---|---|---|---|
| | | Tag | Periode | GJahr | Keine |
| Grunddaten | | | | | |
| ☑ KTEXT | Bezeichnung | X | | | |
| ☑ LTEXT | Beschreibung | X | | | |
| ☑ VERAK | Verantwortlicher | X | | | |
| ☑ VERAK_USER | Verantwortlicher Benutzer | X | | | |
| ☑ ABTEI | Abteilung | X | | | |
| ☑ KOSAR | Art der Kostenstelle | X | | | |
| KHINR | Hierarchiebereich | | | | X |
| LOGSYSTEM | Logisches System | | | | X |
| ☑ BUKRS | Buchungskreis | | | X | |
| ☑ GSBER | Geschäftsbereich | | | X | |
| ☑ FUNC_AREA | Funktionsbereich | X | | | |
| ☑ WAERS | Währung | | | X | |
| ☑ PRCTR | Profitcenter | | X | | |
| Adresse | | | | | |
| ☑ ANRED | Anrede | X | | | |
| ☑ NAME1 | Name | X | | | |
| ☑ NAME2 | Name 2 | X | | | |

*Abbildung 2.14: Einstellen der zeitabhängigen Felder*

In Abbildung 2.14 sehen Sie auf der rechten Seite, ob die jeweiligen Felder tages-, perioden- oder geschäftsjahresgenau geführt werden. Diese Einstellungen sind von SAP fest vorgegeben und können nicht geändert werden. Jedoch ist es möglich, für ein Feld das Häkchen ganz links zu deaktivieren, sodass die Zeitabhängigkeit des Feldes komplett aufgegeben wird. Beachten Sie dabei jedoch, dass diese Einstellung mandantenweit gilt.

### Kostenstellen sperren

Im Abschnitt STEUERUNG ❷ in Abbildung 2.13 können Sie die Kostenstellen für bestimmte Buchungen sperren, wie etwa für Primär- bzw. Sekundärkostenbuchungen im Plan/Ist oder für Erlöse. Ferner kann hier festgelegt werden, ob Mengen geführt oder Obligos fortgeschrieben werden sollen. Beachten Sie außerdem, dass diese Kennzeichen bereits in Abhängigkeit von der Kostenstellenart vorgeschlagen wurden (siehe Abschnitt 2.2.1).

**Steuerungskennzeichen**

Die Steuerkennzeichen können Sie dazu verwenden, eine Kostenstelle zu sperren, wenn Sie sie nicht mehr benötigen. Darüber hinaus bewirkt ein vorangestelltes Sonderzeichen wie # in der Kurzbezeichnung einer Kostenstelle, dass anhand der Bezeichnung leicht feststellbar ist, ob diese Kostenstelle nicht mehr genutzt werden soll.

**! Löschen einer Kostenstelle**

Beachten Sie, dass Sie Kostenstellen zwar über die Transaktion *KS04* im Anwendungsmenü löschen können, dieses jedoch nur so lange möglich ist, wie noch nicht auf die Kostenstelle gebucht oder geplant worden ist. Auch das Löschen für bestimmte Zeiträume ist nicht mehr möglich, sobald Plandaten im entsprechenden Zeitraum erfasst worden sind.

Weitere Einstellungen etwa zur Formelplanung, Template-Verrechnung oder für Gemeinkostenzuschläge können Sie im Abschnitt TEMPLATES ❸ aus Abbildung 2.13 vornehmen. In den Abschnitten ANSCHRIFT ❹ und KOMMUNIKATION ❺ hinterlegen Sie, falls nötig, Adressdaten zur Kostenstelle. In der HISTORIE ❻ finden Sie Änderungsbelege zum Stammsatz.

### Pflege von Kostenstellen unter SAP Fiori

In SAP Fiori können Sie mit der App »Kostenstellen verwalten« (App-ID: F1443A) ebenfalls Kostenstellen bearbeiten (siehe Abbildung 2.15 )

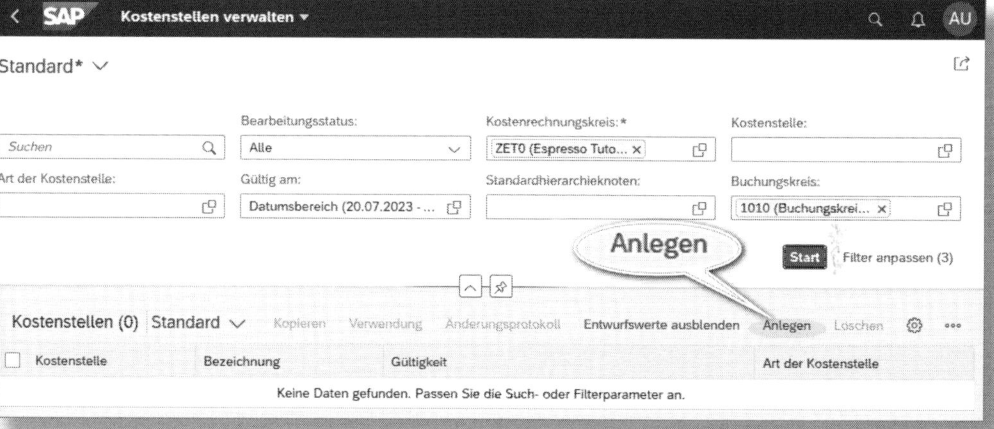


*Abbildung 2.15: Fiori-App »Kostenstellen verwalten«*

Diese App bietet im oberen Bereich Filter für die Suche nach vorhandenen Kostenstellen, um diese anzusehen oder zu bearbeiten, bzw. die Schaltfläche Anlegen zur Anlage einer neuen Kostenstelle (siehe Abbildung 2.16).

Die Stammdatenfelder sind nun nicht mehr in verschiedenen Registerkarten angeordnet, sondern in Blöcken untereinander. Die Menüzeile ❶ erleichtert Ihnen das Wechseln zwischen den einzelnen Blöcken, etwa den Sprung zur ORGANISATIONSEINHEIT ❷. Besonders hervorzuheben ist die neue Möglichkeit, Stammdatenfelder in unterschiedlichen Sprachen zu pflegen (siehe Abbildung 2.17).

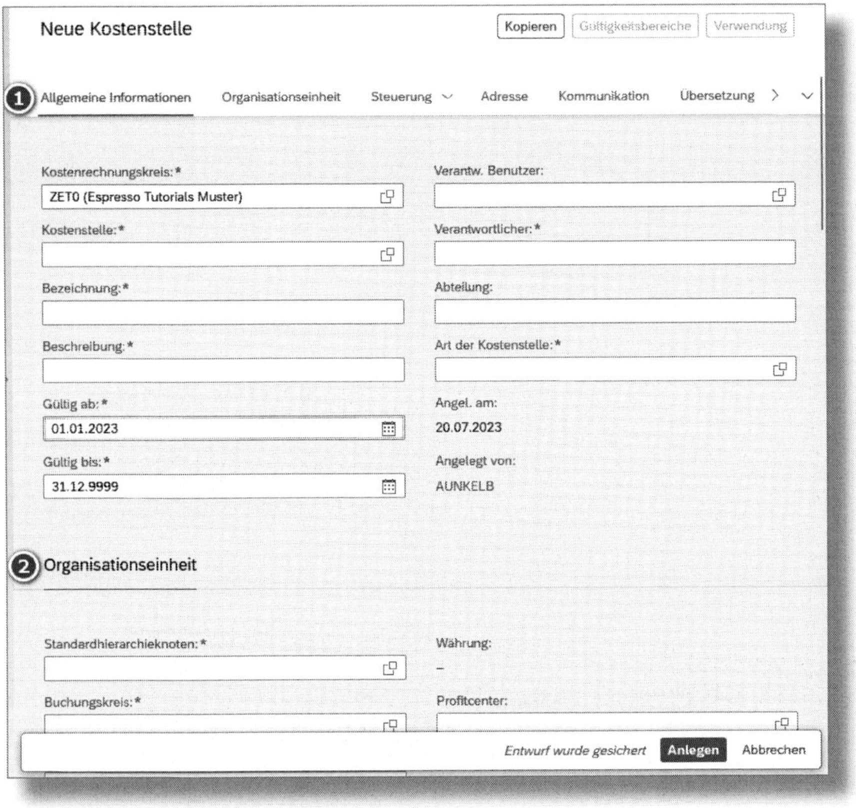

Neue Kostenstelle
Kopieren | Gültigkeitsbereiche | Verwendung
1 Allgemeine Informationen | Organisationseinheit | Steuerung | Adresse | Kommunikation | Übersetzung
Kostenrechnungskreis: * ZET0 (Espresso Tutorials Muster)
Verantw. Benutzer:
Kostenstelle: *
Verantwortlicher: *
Bezeichnung: *
Abteilung:
Beschreibung: *
Art der Kostenstelle: *
Gültig ab: * 01.01.2023
Angel. am: 20.07.2023
Gültig bis: * 31.12.9999
Angelegt von: AUNKELB
2 Organisationseinheit
Standardhierarchieknoten: *
Währung: –
Buchungskreis: *
Profitcenter:
Entwurf wurde gesichert | Anlegen | Abbrechen

*Abbildung 2.16: Neue Kostenstelle anlegen mit Fiori-App*

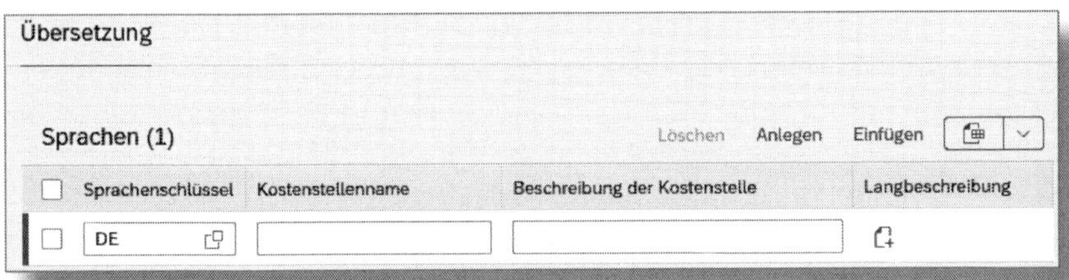


*Abbildung 2.17: Kostenstellen pflegen – Übersetzung*

Im SAP GUI ist diese Pflege nur möglich, wenn Sie sich am SAP-System mit einer anderen Sprache (Anmeldesprache) einwählen. Das ist nicht nur umständlich, sondern kann auch eine gewisse Herausforderung darstellen, wenn sich ein Benutzer (etwa ein Gastwissenschaftler) in Mandarin oder Japanisch anmelden muss und die Bedeutung der Menüeinträge nicht einmal mehr erahnen kann.

**Mehrsprachigkeit im SAP-System**

Während SAP für einzelne Sprachpakete (Transaktion *SMLT*) für die Oberfläche eine Mehrsprachigkeit anbietet, sind Sie für die Pflege der Stammdatenfelder stets selbst verantwortlich. Soll z. B. Ihre Kostenstelle 1030000 neben der deutschsprachigen Bezeichnung »Finanzbuchhaltung« in der englischen Oberfläche die Bezeichnung »Financial Accounting« erhalten, müssten Sie anstelle von *DE* als Anmeldesprache *EN* wählen und würden in der übersetzten Oberfläche für die Anmeldesprache die Stammdaten im aktiven Sprachschlüssel pflegen. Anderenfalls wären bspw. bei Sachkonten und Kostenstellen nur der Schlüssel (Nummer), aber nicht die Bezeichnung zu sehen. Die Kostenstelle 1030000 etwa würde, bei fehlender Pflege einer englischsprachigen Bezeichnung, ohne Wert »« (keine Bezeichnung der Stammdaten) ausgegeben werden. Daher ist die Unterstützung der Mehrsprachigkeit insbesondere bei Unternehmen mit internationalen Standorten sehr hilfreich.

Eine weitere Besonderheit unter SAP Fiori ist die Möglichkeit der Pflege einer BUDGETVERFÜGBARKEITSKONTROLLE für Kostenstellen (siehe Abbildung 2.18).

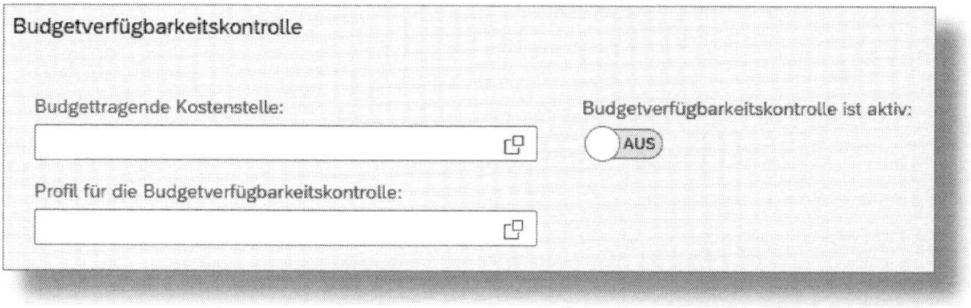

*Abbildung 2.18: Kostenstellen pflegen – Budgetverfügbarkeitskontrolle*

Auf diese neue Funktion gehen wir in den Abschnitten 3.7 und 3.8 näher ein.

### Sammelbearbeitung von Kostenstellen

Eine Massenpflege von Kostenstellen ist ebenfalls in SAP GUI möglich, und zwar unter dem Pfad RECHNUNGSWESEN • CONTROLLING • KOSTENSTELLENRECHNUNG • STAMMDATEN • KOSTENSTELLEN • SAMMELBEARBEITUNG • ÄNDERN (Transaktion *KS12N*). Dort können Sie mehrere Kostenstellen auswählen und die Stammdaten diverser Kostenstellen zugleich bearbeiten (siehe Abbildung 2.19).

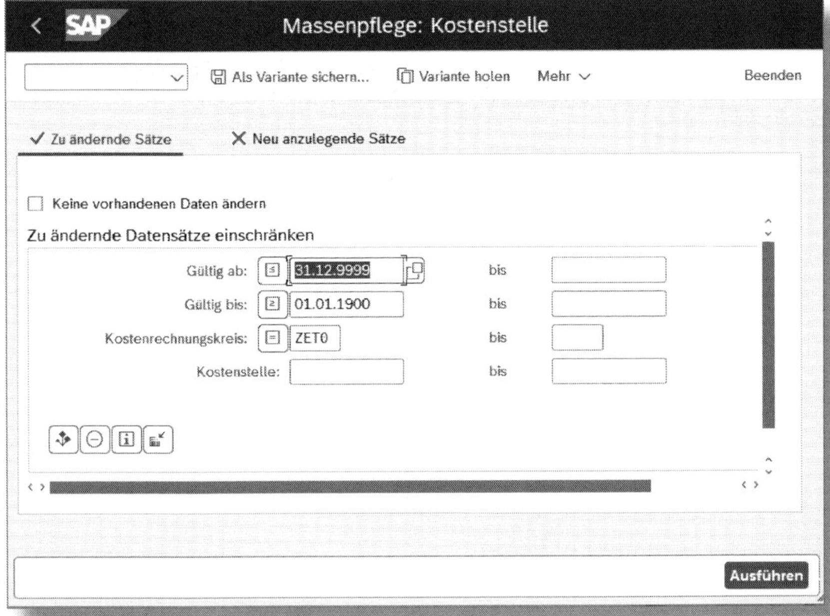


*Abbildung 2.19: Transaktion KS12N – Selektion*

Nach der Selektion erscheint eine Liste mit einer Auswahl der verfügbaren Stammdatenfelder und der Option, auch für mehrere Kostenrechnungskreise Kostenstellen zu bearbeiten.

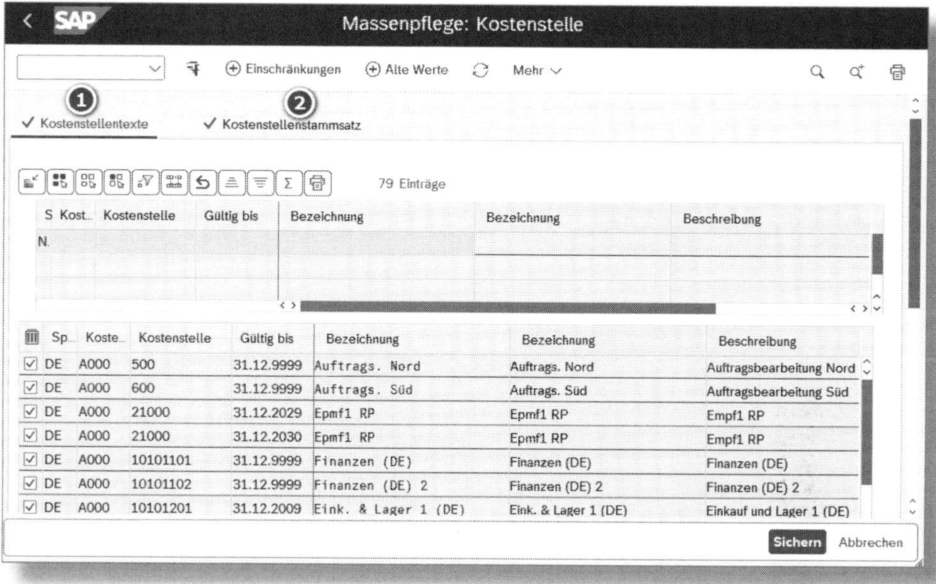


*Abbildung 2.20: Transaktion KS12N – Massenpflege Kostenstelle*

In Abbildung 2.20 können Sie unter KOSTENSTELLENTEXTE ❶ die BEZEICHNUNG und BESCHREIBUNG und unter KOSTENSTELLENSTAMMSATZ ❷ weitere Stammdatenfelder bearbeiten. Sollten Sie in der Liste Stammdatenfelder vermissen, können Sie im Menü unter MEHR • SICHT • FELDER AUSWÄHLEN weitere Felder zur Stammdatenpflege aufnehmen.

In Abbildung 2.21 sehen Sie die zur Pflege bereits ausgewählten Felder ❶ und einen VORRAT ❷ an weiteren Stammdatenfeldern, die Sie markieren und per Schaltfläche [<] übernehmen können. Interessant ist, dass Sie in der Liste ebenfalls die in SAP Fiori zu pflegenden Felder zur BUDGETVERFÜGBARKEITSKONTROLLE (siehe Abbildung 2.18) ❸ und ❹ aus dem Vorrat mit auswählen und pflegen können.

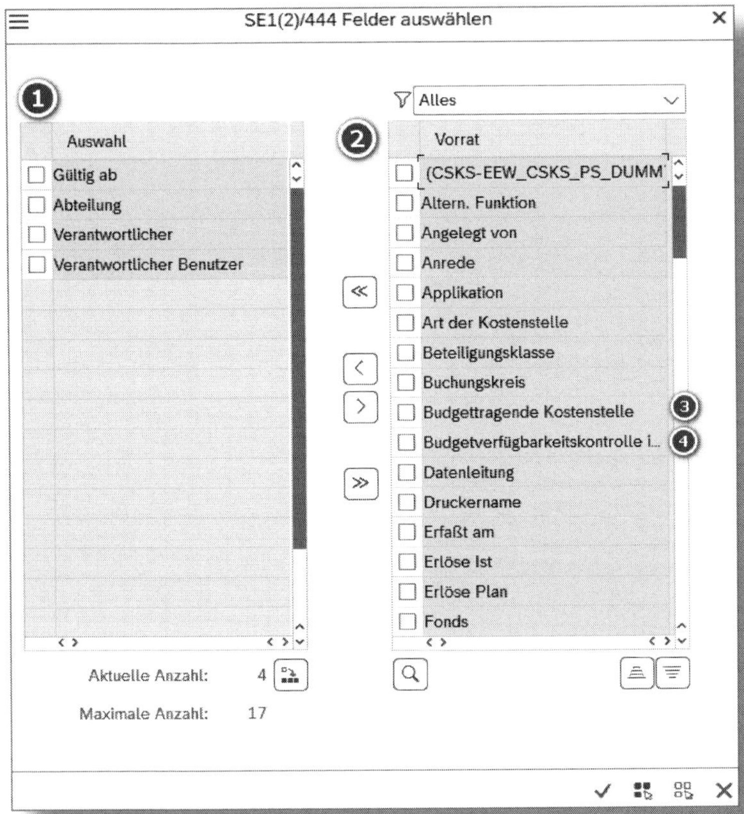


*Abbildung 2.21: Transaktion KS12N – Felder auswählen*

## Alternativen zur Sammelbearbeitung

Bei der Transaktion *KS12N* handelt es sich um eine Parametertransaktion der Transaktion *MASS* zur Massenpflege von Stammdaten, mit der direkt das Objekt BUS0012 (Kostenstelle) gepflegt wird. In den meisten Fällen bietet sie für die schnelle Pflege von Objekten eine gute Übersicht. Wenn es aber um die Massenanlage von Kostenstellen geht, möchten wir an dieser Stelle auf andere Möglichkeiten hinweisen.

Neben der Datenübernahme mithilfe der Legacy System Migration Workbench (LSMW) steht Ihnen unter SAP S/4HANA das *Migrationscockpit* zur Verfügung. Beide Optionen sind für eine Datenübernahme aus Nicht-SAP-Systemen gedacht und ermöglichen Ihnen insbesondere das Einspielen von Stammdaten aus einer Excel-Arbeitsmappe (CSV, XML). Interessieren Sie sich im Detail für das Thema Datenmigration, empfehlen wir Ihnen das Buch »SAP S/4HANA Migration Cockpit – Datenmigration mit LTMC und LTMOM« (Unkelbach, Espresso Tutorials, 2020) und das Online-Training »Grundlagen Datenmigration in SAP S/4HANA mit Migrationscockpit und Migrationsobjektmodellierer« (Unkelbach, Espresso Tutorials).

### 2.2.6 Leistungsarten

*Leistungsarten* bieten Ihnen die Möglichkeit, im Betrieb erbrachte Leistungen zu klassifizieren, anhand bestimmter Dimensionen wie Zeit oder Menge zu messen und mithilfe des hinterlegten Tarifs zu bewerten.

#### Verknüpfung von Leistungsarten mit Sachkonten

Jede Leistungsart muss einem sekundären Sachkonto (Sachkontoart »Sekundärkosten«) vom Kostenartentyp »43 (Verrechnung Leistungen/Prozesse)« zugeordnet sein. Für unser Beispiel nutzen wir das Sachkonto *940200* – INTERNE LEISTUNGSVERRG. STUNDEN ❶ bzw. INT. LV STUNDEN ❷ in Abbildung 2.22.

In Abbildung 2.23 sehen Sie die beiden relevanten Punkte zum SACHKONTO *940200* INTERNE LEISTUNGSVERRG. STUNDEN in der Transaktion *FS00* in den Abschnitten TYP/BEZEICHNUNG ❶ und STEUERUNGSDATEN ❷.

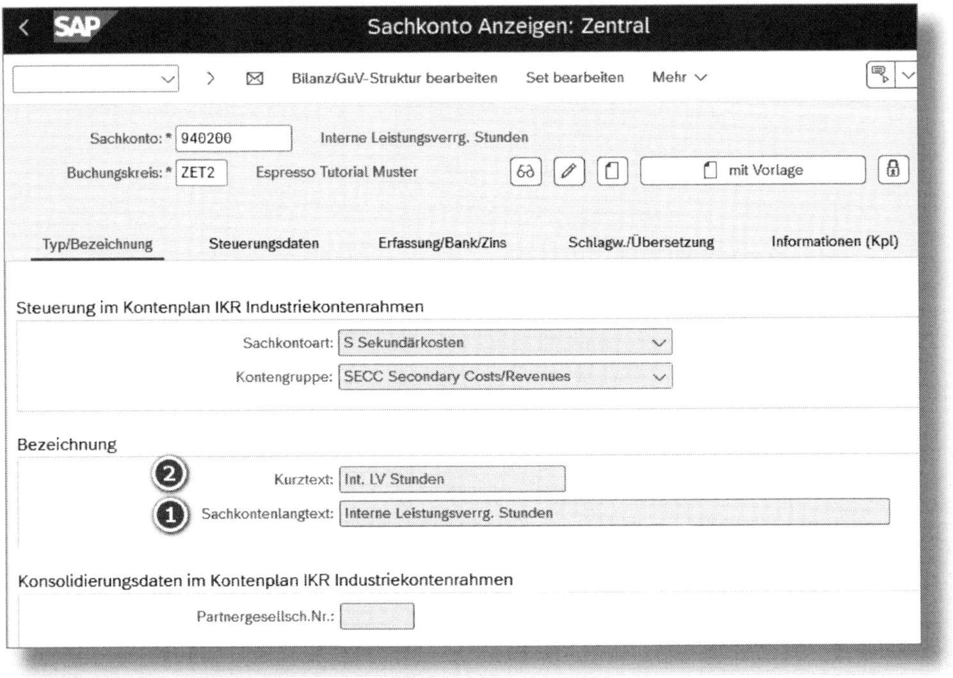

Sachkonto Anzeigen: Zentral
Bilanz/GuV-Struktur bearbeiten
Set bearbeiten
Mehr
Sachkonto: * 940200
Interne Leistungsverrg. Stunden
Buchungskreis: * ZET2
Espresso Tutorial Muster
mit Vorlage
Typ/Bezeichnung
Steuerungsdaten
Erfassung/Bank/Zins
Schlagw./Übersetzung
Informationen (Kpl)
Steuerung im Kontenplan IKR Industriekontenrahmen
Sachkontoart: S Sekundärkosten
Kontengruppe: SECC Secondary Costs/Revenues
Bezeichnung
2
Kurztext: Int. LV Stunden
1
Sachkontenlangtext: Interne Leistungsverrg. Stunden
Konsolidierungsdaten im Kontenplan IKR Industriekontenrahmen
Partnergesellsch.Nr.:

*Abbildung 2.22: Sachkonto 940200*

Sachkonto Anlegen: Zentral
Bilanz/GuV-Struktur bearbeiten
Mehr
Beenden
Sachkonto: * 940200
Buchungskreis: * ZET2
Espresso Tutorial Muster
mit Vorlage
1
Typ/Bezeichnung
2
Steuerungsdaten
Kostenartentyp: * 43
Steuerung im Kontenplan IKR Industriekontenrahmen
Sachkontoart: * S Sekundärkosten
Kontengruppe:
Kontosteuerung im Buchungskreis
Alternative Kontonummer:
Bezeichnung
Sachkontoart: * S Sekundärkosten
Sachkontenlangtext:
Kostenartentyp: * 43
Verrechnung Leistungen/Prozesse
Menge führen:
Interne Maßeinheit:

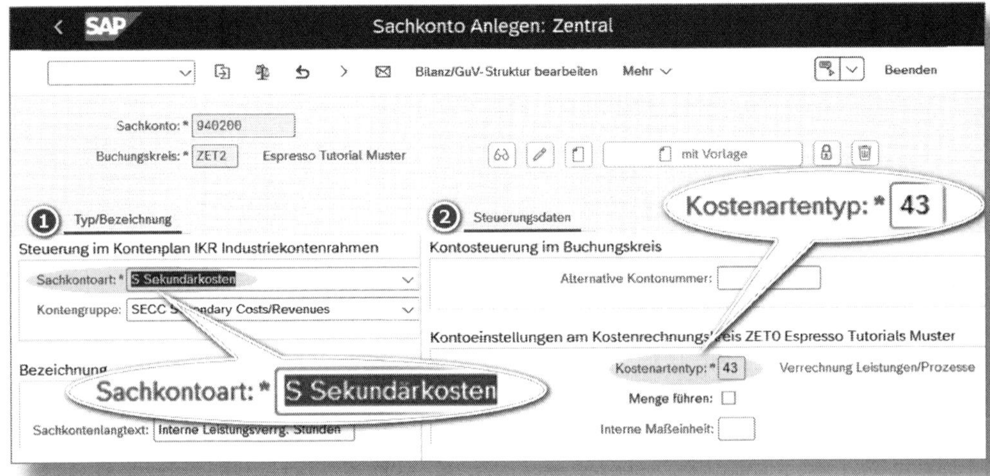

*Abbildung 2.23: Transaktion FS00 – Sachkonto anlegen*

Es ist durchaus auch möglich, mehrere oder alle Leistungsarten demselben Sachkonto zuzuordnen.

**Zuordnung von Leistungsarten zum Sachkonto**

Wägen Sie sorgfältig ab, ob Sie für jede Leistungsart ein eigenes Sachkonto definieren wollen, insbesondere, wenn Sie eine größere Zahl an Leistungsarten benötigen. Sachkonten, die Sie einmal angelegt haben, können Sie nicht mehr löschen, sobald Sie einmal darauf gebucht oder geplant haben – sie bleiben Ihrem Kontenplan also so lange erhalten, bis Sie alle Datensätze dazu archiviert haben.

Ob Sie tatsächlich mehrere Konten für die Leistungsverrechnung benötigen, hängt im Wesentlichen von Ihren Reporting-Anforderungen ab. Fassen Sie alle Leistungsarten unter einer Kostenart zusammen, werden Sie in Kostenstellenberichten in aggregierter Form keine Details zu Leistungsarten abrufen können. Es ist jedoch möglich, in Einzelpostenberichte zu verzweigen, die die Detailinformationen für jede Leistungsart darstellen können.

### Leistungsarten anlegen

Die Anlage einer Leistungsart kann im SAP GUI unter RECHNUNGSWESEN • CONTROLLING • KOSTENSTELLENRECHNUNG • STAMMDATEN • LEISTUNGSART • EINZELBEARBEITUNG • ANLEGEN (Transaktion *KL01*) erfolgen. Vergleichbar zu den Kostenstellen geben Sie hier einen Namen für die LEISTUNGSART an und wählen einen Gültigkeitszeitraum aus. Anschließend pflegen Sie die Stammdaten für die Leistungsart (siehe Abbildung 2.24).

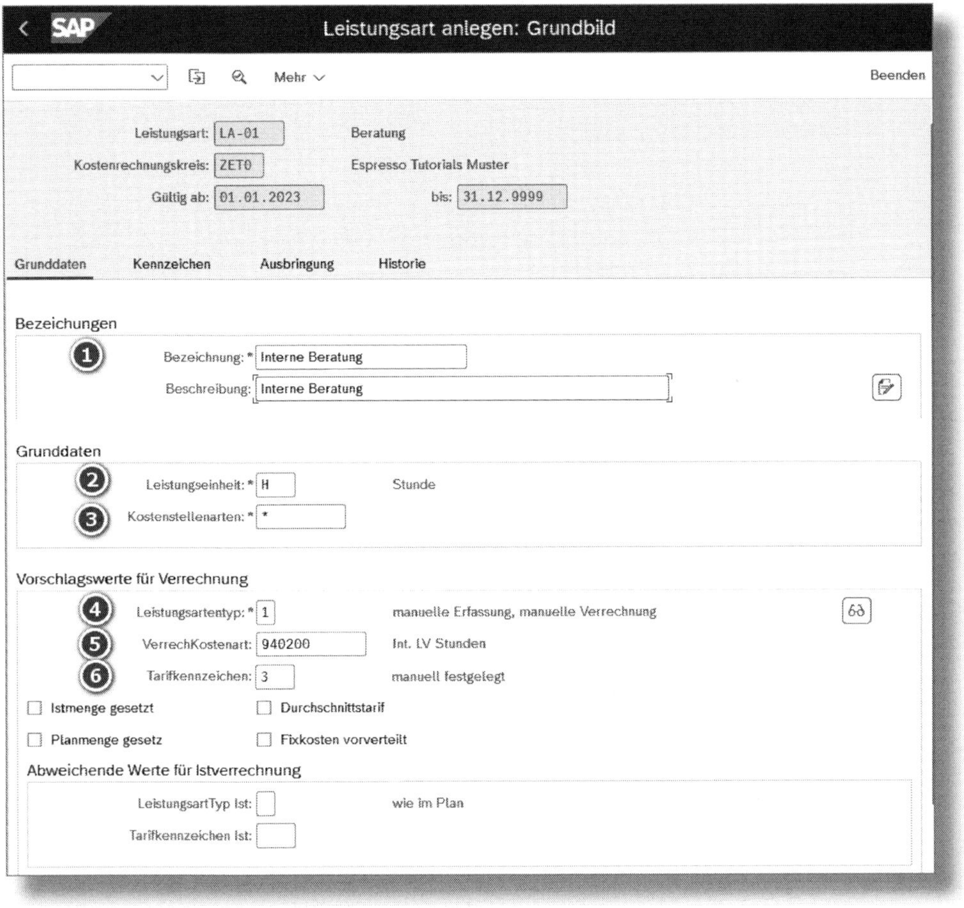

Abbildung 2.24: Transaktion KL01 – Leistungsart anlegen

Im Abschnitt GRUNDDATEN vergeben Sie eine Kurz- und eine Langbezeichnung ❶. Die Leistungsartenbezeichnung (20 Zeichen) wird als Pflichtfeld in Auswertungen verwendet, die nicht ausreichend Platz für die sonst üblicherweise 40 Zeichen umfassende Leistungsartenbeschreibung bieten. In unserem Beispiel reicht der Platz für *Interne Beratung* aber in beiden Feldern aus. Im Bereich GRUNDDATEN legen Sie als LEISTUNGSEINHEIT ❷ fest, mit welcher Maßeinheit die Leistung der Leistungsart gemessen wird. In unserem Beispiel ist dies *H* für STUNDE.

Über KOSTENSTELLENARTEN ❸ können Sie festlegen, für welche Kostenstellenarten (siehe Abschnitt 2.2.1) eine Leistungsart zur Planung und als Sender der über die Leistungsart erfassten Leistungsmenge in der innerbetrieblichen Leistungsverrechnung zugelassen ist. Auch mehrere Kostenarten lassen sich hier auswählen. Tragen Sie z. B. *FH* ein, so wird diese Leistungsart nur auf Kostenstellen mit den Kostenstellenarten F (Fertigungskostenstellen) und H (Hilfskostenstellen) geplant und nur diese werden im Ist zur Leistungsverrechnung herangezogen. Mit einem * lassen Sie alle Kostenstellenarten zu.

**Zusammenhang zwischen Kostenstellenart und Leistungsart**

Betrachten wir beispielhaft die Verknüpfung von Kostenstellenart und Leistungsart im Bereich der Fertigung. Definieren Sie die Kostenstellenart »Fertigung« für alle Kostenstellen in der Fertigung. Als Vorschlagswerte legen Sie fest, dass auf allen Fertigungskostenstellen Mengen geführt werden sollen, und geben außerdem einen Funktionsbereich vor.

Danach stellen Sie die Leistungsart »Fertigungsstunden« so ein, dass diese nur zur Planung auf Fertigungskostenstellen verwendet werden darf. Es ist damit nicht möglich, diese Leistungsart zur Planung auf Kostenstellen anderer Art zu benutzen.

### Leistungsartentyp

Im Bereich VORSCHLAGSWERTE FÜR VERRECHNUNG ❹ legen Sie einen passenden LEISTUNGSARTENTYP für die Leistungsart fest. Er bestimmt, auf welche Weise die Leistungserfassung und -verrechnung für diese Leistungsart erfolgen soll. Mit der Leistungserfassung ist die Leistungsmenge gemeint, die von einer Kostenstelle zu der betreffenden Leistungsart im Plan oder Ist erbracht wird. Im Rahmen der Leistungsverrechnung wird ermittelt, welche Empfänger (z. B. Kostenstellen, Innenaufträge oder Geschäftsprozesse) welche Leistung unter dieser

Leistungsart in Anspruch genommen haben. Folgende Optionen bestehen:

- 1 – MANUELLE ERFASSUNG, MANUELLE VERRECHNUNG: In diesem einfachsten Fall erfolgen sowohl die Leistungserfassung als auch die Leistungsverrechnung manuell über die direkte Leistungsverrechnung (im Anwendungsmenü über CONTROLLING • KOSTENSTELLENRECHNUNG • ISTBUCHUNGEN • LEISTUNGSVERRECHNUNG • ERFASSEN bzw. Transaktion *KB21N*).
- 2 – INDIREKTE ERMITTLUNG, INDIREKTE VERRECHNUNG: Hierbei handelt es sich um Leistungen, die schwer oder überhaupt nicht mess- bzw. erfassbar sind. Es ist daher nicht möglich oder nicht zumutbar, die geleistete Sendermenge oder die empfangene Menge zu ermitteln und einzugeben. Stattdessen werden bei der indirekten Leistungsverrechnung Sender-Empfänger-Beziehungen sowie Bezugsbasen eingetragen, anhand derer das System die erbrachte Leistung und die Verrechnung automatisch ermittelt.
- 3 – MANUELLE ERFASSUNG, INDIREKTE ERMITTLUNG: Dieser Leistungsartentyp ist eine Mischform der zuvor beschriebenen Typen 1 und 2. In diesem Fall ist es möglich, die Leistungsmenge des Senders genau zu bestimmen, jedoch nicht die vom Empfänger erhaltenen Mengen. Auch hier können Sie eine indirekte Leistungsverrechnung aufgrund von Sender-Empfänger-Beziehungen und Bezugsbasen durchführen.
- 4 – MANUELLE ERFASSUNG, KEINE VERRECHNUNG: Für Leistungsarten von diesem Typ können Sie lediglich erfassen, wie viel Leistung von einer Kostenstelle zu dieser Leistungsart erbracht wurde; diese wird aber nicht weiterverrechnet. Dazu steht Ihnen im Anwendungsmenü eine eigene Transaktion zur Verfügung (CONTROLLING • KOSTENSTELLENRECHNUNG • ISTBUCHUNGEN • SENDERLEISTUNGEN • ERFASSEN bzw. Transaktion *KB51N*).

Wenn Sie als Leistungsartentyp 1, 2 oder 3 gewählt haben, müssen Sie unter VERRECHKOSTENART ❺ ein Sachkonto (Sachkontoart »Sekundärkosten«) vom Kostenartentyp »43« angeben, das zur Verrechnung der Leistungsart dienen soll.

### Tarifkennzeichen

Über den Parameter TARIFKENNZEICHEN ❻ steuern Sie, wie die Tarife je Kostenstelle für die Leistungsart ermittelt werden sollen. Das Kennzeichen *1* (AUTOMATISCH AUF BASIS DER PLANLEISTUNG ERMITTELT) bedeutet, dass das System die gesamten auf der Kostenstelle geplanten Kosten heranzieht und durch die geplante Leistung dividiert. Kennzeichen *2* (AUTOMATISCH AUF BASIS DER KAPAZITÄT ERMITTELT) funktioniert ähnlich wie Ersteres, es werden aber die Plankosten durch die Kapazität der Kostenstelle anstelle der Planleistung dividiert. Haben Sie Tarifkennzeichen *1* oder *2* gesetzt, können Sie im Anwendungsmenü über CONTROLLING • KOSTENSTELLENRECHNUNG • PLANUNG • VERRECHNUNGEN • TARIFERMITTLUNG (Transaktion *KSPI*) Plantarife automatisch ermitteln lassen.

Wählen Sie das Tarifkennzeichen *3* (MANUELL FESTGELEGT), geben Sie die Plantarife im Anwendungsmenü über CONTROLLING • KOSTENSTELLENRECHNUNG • PLANUNG • LEISTUNGSERBRINGUNG/TARIFE • ÄNDERN (Transaktion *KP26*) manuell ein.

Der Parameter ISTMENGE GESETZT bewirkt, dass Sie bei der indirekten Leistungsverrechnung in jedem Fall manuell eine Istmenge für den Sender erfassen müssen, auch wenn die Leistungsempfänger retrograd ermittelt werden.

Wenn Sie den DURCHSCHNITTSTARIF aktivieren, bleibt der Tarif der Leistungsart das ganze Geschäftsjahr über konstant, unterliegt also z. B. keinen periodischen Schwankungen.

Über PLANMENGE GESETZT stellen Sie ein, dass die manuell geplante Leistungsmenge der Leistungsart nicht durch die automatische Planabstimmung überschrieben werden kann.

Mittels des Parameters FIXKOSTEN VORVERTEILT legen Sie fest, dass die Leistungsart bei der Fixkostenvorverteilung berücksichtigt wird. Bei dieser Funktionalität verteilen Sie die Fixkosten der Kostenstelle an alle Kostenstellen und Geschäftsprozesse, die Leistungsaufnahmen derselben Kostenstelle geplant haben. Die Aufteilung erfolgt proportional zum fixen Anteil der geplanten Leistungsaufnahme.

Im Block ABWEICHENDE WERTE FÜR ISTVERRECHNUNG können Sie für den Leistungsartentyp und das Tarifkennzeichen andere Verfahrensweisen wählen als im Plan.

#### Leistungsarten sperren

Im Abschnitt KENNZEICHEN der Stammdatenpflege finden Sie lediglich einen Parameter – das Sperrkennzeichen. Aktivieren Sie dieses, können Sie die Leistungsart nicht mehr für die Planung von Leistungsaufnahmen verwenden. Beachten Sie bitte: Dieses Sperrkennzeichen verhindert nicht, dass Istbuchungen mit dieser Leistungsart durchführbar sind.

#### Ausbringungseinheit für Leistungsarten

Im Abschnitt AUSBRINGUNG können Sie eine Ausbringungseinheit und einen Ausbringungsfaktor pflegen. Damit bilden Sie ab, dass die Leistung von einer Einheit der Leistungsart die Ausbringung eines Gutes in einer anderen Einheit zur Folge hat, multipliziert mit dem Ausbringungsfaktor.

> **Ausbringeinheit und Ausbringungsfaktor**
>
> In der Kommissionierung einer Firma werden in einer Stunde 20 Produkte verpackt. Die Leistungsart »Kommissionierung« mit der Leistungseinheit »Stunde« hätte damit die Ausbringungseinheit »Stück« mit dem Ausbringungsfaktor 20.

Wie bei Kostenstellen sind auch bei Leistungsarten die Stammdatenfelder zeitabhängig, d. h., Sie können sie jeweils für einen bestimmten Zeitraum pflegen und ggf. die Zeitabhängigkeit bestimmter Felder ändern (siehe dazu die ausführlichen Erläuterungen zur Zeitabhängigkeit von Kostenstellen im Abschnitt 2.2.5). Sie stellen die Zeitabhängigkeit für Leistungsarten im Customizing unter CONTROLLING • KOSTENSTELLENRECHNUNG • STAMMDATEN • LEISTUNGSARTEN • ZEITABHÄNGIGE FELDER FÜR LEISTUNGSARTEN FESTLEGEN (Transaktion *OKEI*) ein.

### Leistungsartengruppen

Auch Leistungsarten können Sie in Gruppen zusammenfassen. Dies ist im SAP-Menü unter RECHNUNGSWESEN • CONTROLLING • KOSTENSTELLENRECHNUNG • STAMMDATEN • LEISTUNGSARTENGRUPPE • ANLEGEN (Transaktion *KLH1*) möglich. Die Pflege der Gruppen ist vergleichbar mit der Pflege der Kostenstellengruppen im Abschnitt 2.2.3.

### Leistungsarten unter SAP Fiori verwalten

In der Fiori-Oberfläche können Sie über die App »Leistungsarten verwalten« (App-ID: F1605A) Ihre Leistungsarten anlegen (siehe Abbildung 2.25) – entsprechend der Pflege von Kostenstellen in der App »Kostenstellen verwalten«.

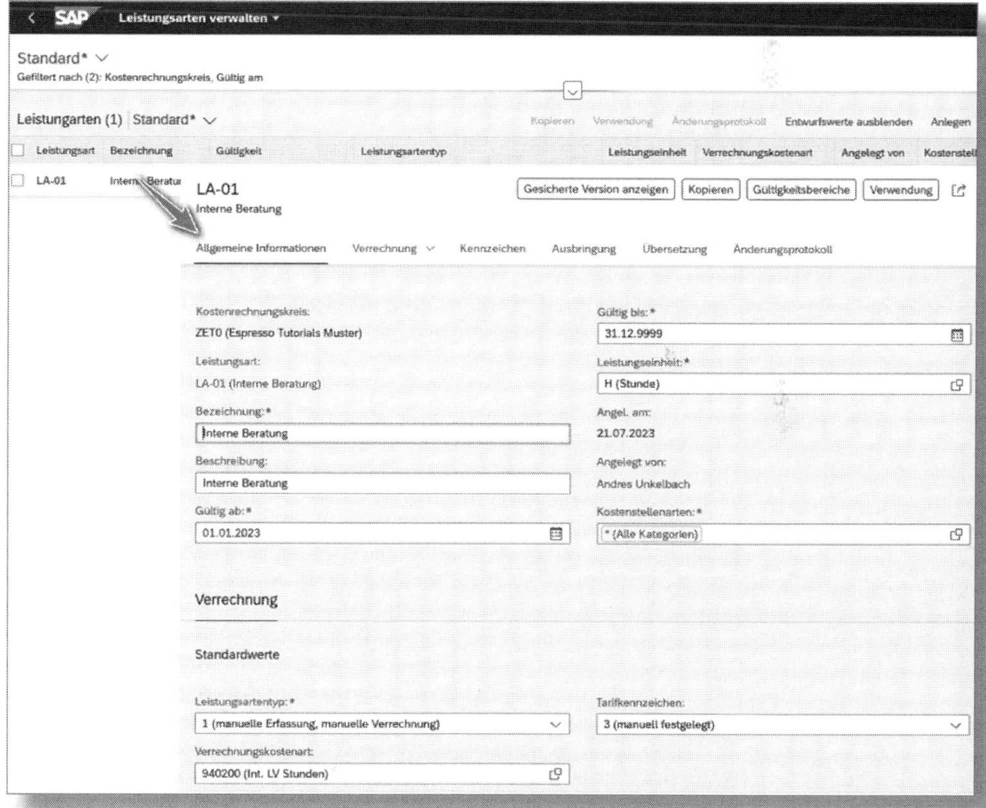


*Abbildung 2.25: Fiori-App »Leistungsarten verwalten«*

Daneben bietet ihnen die Fiori-App »Tarife für Leistungsarten bearbeiten« eine Umsetzung der Transaktion *KP26*. Hier können Sie die SAP-GUI-for-HTML-Anwendungen »Planungen Leistungen« und »Tarif ändern« zur Erfassung der geplanten Leistungsmenge oder der zu setzenden Tarife nutzen.

### 2.2.7 Statistische Kennzahlen

Statistische Kennzahlen helfen Ihnen, Kosten nach Kriterien zu verrechnen, die nicht monetär messbar sind, wie z. B. Quadratmeter oder Anzahl Personen.

#### Statistische Kennzahlen anlegen

Statistische Kennzahlen können im Customizing unter CONTROLLING • KOSTENSTELLENRECHNUNG • STAMMDATEN • STATISTISCHE KENNZAHLEN • STATISTISCHE KENNZAHLEN PFLEGEN über den Punkt STATISTISCHE KENNZAHLEN ANLEGEN (Transaktion *KK01*) angelegt werden. Im Einstiegsbild geben Sie zum Kostenrechnungskreis einen Namen für die Kennzahl ein und bestätigen diesen, um dann die weiteren GRUNDDATEN zu pflegen (siehe Abbildung 2.26).

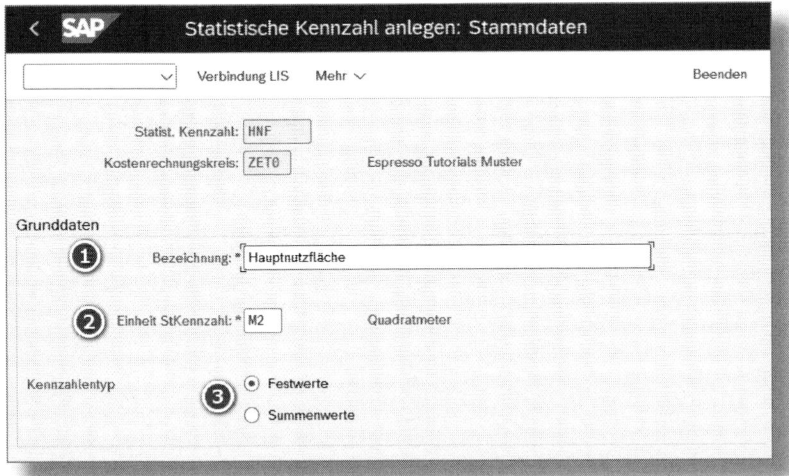


*Abbildung 2.26: Statische Kennzahl anlegen*

**Statistischer Kennzahlentyp**

Vergeben Sie eine BEZEICHNUNG ❶ und eine EINHEIT ❷, in der die statistische Kennzahl erfasst werden soll. Danach müssen Sie noch den KENNZAHLENTYP ❸ wählen. Beim Typ FESTWERTE erfassen Sie für jede Kostenstelle einen Wert, der für den Rest des Jahres konstant bleibt, bis Sie einen neuen Wert hinterlegen. Die Option SUMMENWERTE hingegen bedeutet, dass Sie jeden Monat einen anderen Wert eingeben können; der Wert der Vorperiode wird dabei nicht vorgetragen. Bei Summenwerten kann also der Wert einer Periode auch einmal 0 sein, und über das Jahr wird die Summe aller Werte gebildet.

**Statistischer Kennzahlentyp**

Ein klassisches Beispiel für einen Festwert sind in Quadratmetern erfasste Flächen für Räume, die als Hauptnutzfläche dienen. Diese Werte sind in der Regel unveränderlich, sodass Sie hier einen Festwert erfassen würden. Beabsichtigen Sie jedoch, für eine Umlage der Betriebskantine die Zahl der verzehrten Menüs je Kostenstelle zu erfassen, wählen Sie für die Kennzahl »Verzehrte Menüs« den Typ SUMMENWERTE, da sich dieser Wert jeden Monat ändern kann.

Auf die Verwendung der statistischen Kennzahlen für eine Verrechnung per Umlage oder Verteilung gehen wir im Abschnitt 5.4 ein.

Auch für statistische Kennzahlen können Sie eigene Gruppen pflegen. Im Customizing finden Sie diese Möglichkeit unter CONTROLLING • KOSTENSTELLENRECHNUNG • STAMMDATEN • STATISCHE KENNZAHLEN • STATISTISCHE KENNZAHLENGRUPPEN PFLEGEN und hier über den Punkt STATISTISCHE KENNZAHLENGRUPPEN ANLEGEN (Transaktion *KBH1*).

**Video Statistische Kennzahlen**

In der Videosammlung »Controlling mit SAP S/4HANA – Customizing Kostenstellenrechnung«, die Sie über den frei zugänglichen Bereich unserer SAP-Lernplattform aufrufen, gehen wir im Video »Statistische Kennzahl« noch einmal ausführlicher auf die Wahl von geeigneten Kennzahlen ein und beschreiben, wie diese zusammengesetzt sein können. Wie Sie den Zugang zum Video erhalten, haben wir im Vorwort beschrieben.

# 3 Planung, Etatverwaltung und Budgetierung

**Nachdem wir Ihnen die Stammdaten und grundlegende Einstellungen für die Kostenstellenrechnung dargestellt haben, möchten wir Ihnen in diesem Kapitel die unterschiedlichen Möglichkeiten der Planung und Budgetierung vorstellen.**

Für die Kostenstellenrechnung stehen Ihnen verschiedene Planungsfunktionen zur Verfügung. So können Sie etwa über die *manuelle Planung* Plankosten je Kostenstelle erfassen sowie die Aufnahme von Leistungen anderer Kostenstellen mittels Leistungsarten planen. Damit verbunden sind Planungslayouts und -profile, auf die wir im Einzelnen eingehen werden. Sie dienen u. a. dazu, die Stammdaten von Kostenstellen und Leistungsarten, Plankosten und -leistungen auch anderer Kostenstellen sowie statistische Kennzahlen heranzuziehen.

Neben der Etatplanung für Kostenstellen bietet Ihnen SAP Fiori die Möglichkeit, Budget auf Kostenstellen zu buchen. Auf beide Optionen gehen wir ebenfalls noch näher ein.

**! Ressourcen-, Formel- und Template-Planung**

Wie im Kasten in Abschnitt 2.2 erwähnt, gehen wir in diesem Buch nicht auf die Ressourcenplanung ein, da diese nicht mehr im Standard unterstützt wird. Ferner werden wir auch die Formelplanung und die Template-Planung, die als universelle Werkzeuge insbesondere im Prozesskosten-Controlling vorkommen, für die Kostenstellenrechnung nicht beschreiben.

## 3.1 Grundeinstellungen

Wenn Ihre Firma in unterschiedlichen Ländern mit verschiedenen Währungen tätig ist, werden Sie wahrscheinlich die Anforderung haben, dass alle Planwerte, die in einer anderen Währung als der Konzernwährung erfasst werden, zu einem festen Kurs in die Konzernwährung umzurechnen sind. Indem Sie anschließend die Istwerte zum selben Wechselkurs mit den Planzahlen vergleichen, können Sie die Einflüsse von Wechselkursschwankungen aus Ihrem Ergebnis herausfiltern.

Um mit Wechselkursen arbeiten zu können, müssen Sie zunächst sogenannte *Kurstypen* anlegen. Mit dem Kurstyp legen Sie fest, wie die Werte umgerechnet werden sollen; Der Buchstabe M steht z. B. für die Standardumrechnung zum Mittelkurs. Sie erstellen Kurstypen im Customizing über CONTROLLING • KOSTENSTELLENRECHNUNG • PLANUNG • GRUNDEINSTELLUNGEN ZUR PLANUNG • KURSTYPEN DEFINIEREN (Transaktion *OB07*). Prüfen Sie hier, ob der Kurstyp M für Ihre Zwecke ausreicht oder ob Sie weitere Typen benötigen. Seitens SAP werden außerdem die Kurstypen B (Standardumrechnung zum Briefkurs), G (Standardumrechnung zum Geldkurs) oder P (Standardumrechnung für die Kostenplanung) zur Verfügung gestellt. Bevor Sie eigene Kurstypen anlegen, sollten Sie die von SAP ausgelieferten prüfen und ggf. nutzen.

Im nächsten Schritt legen Sie über CONTROLLING • KOSTENSTELLENRECHNUNG • PLANUNG • GRUNDEINSTELLUNGEN ZUR PLANUNG • UMRECHNUNGSKURSE DEFINIEREN (Transaktion *OB08*) je Kurstyp die Wechselkurse zwischen den verschiedenen Währungen an.

Zur Planung innerhalb von SAP GUI (klassische Planung) benötigen Sie außerdem Versionen. Diese haben wir in Abschnitt 1.2.3 näher beschrieben. Sofern Sie eine Planung in SAP Fiori nutzen wollen, benötigen Sie darüber hinaus die in Abschnitt 1.2.4 beschriebenen Plankategorien.

## 3.2 Klassische Planung – manuelle Planung

Wir stellen Ihnen die manuelle Planung (klassische Planung) über die Transaktion *KP06* vor. Diese Transaktion ist nicht mehr im SAP-Menü zu finden, kann jedoch direkt aufgerufen werden. Diese Form der Planung erfolgt über Planwerte auf entsprechenden Versionen. Die Plandaten werden dabei in den schon unter SAP ERP ECC bekannten

Planungstabellen COSP und COSS fortgeschrieben. Im Beispiel wollen wir uns die Planung der Personalkosten für die Kostenstelle der Unternehmensleitung ansehen.

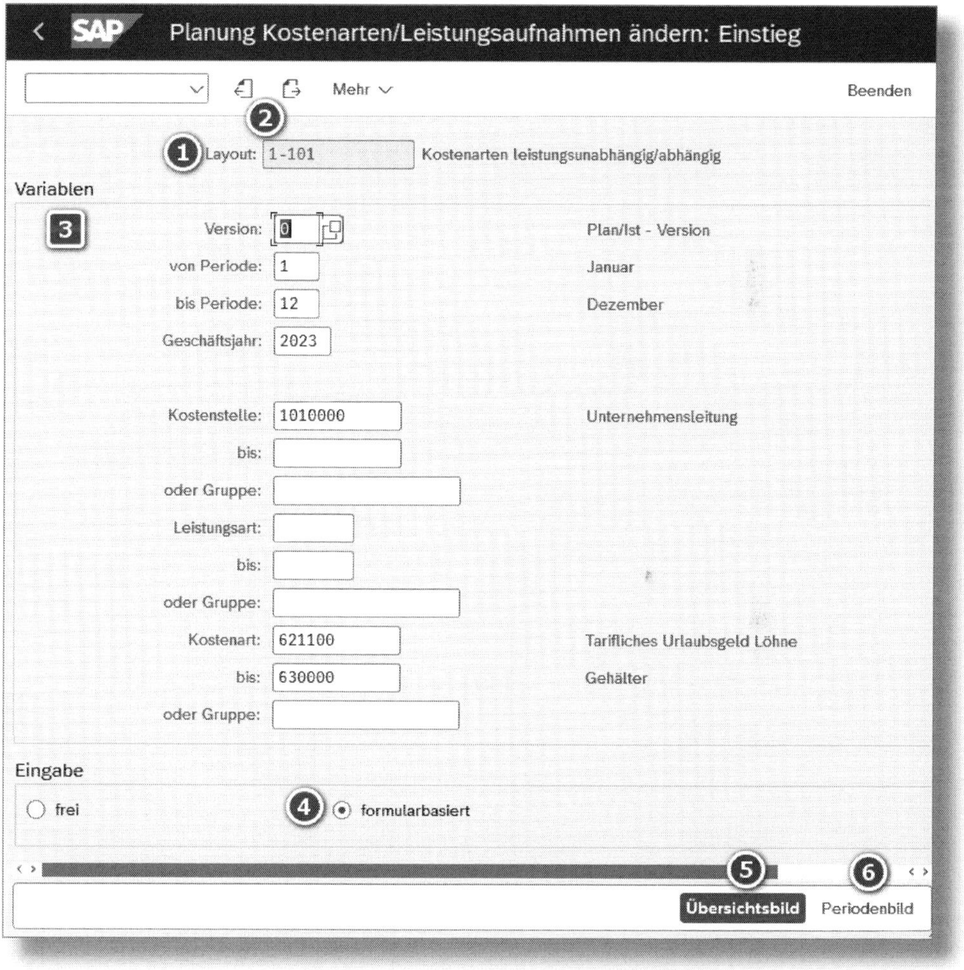

*Abbildung 3.1: Transaktion KP06 – Einstieg manuelle Kostenstellenplanung*

Im Einstiegsbild der Transaktion *KP06* (siehe Abbildung 3.1) können Sie zwischen unterschiedlichen *Planungslayouts* wechseln, die Ihnen zu jedem Planungszweck die dafür benötigten Informationen anbieten. Unter ❶ sehen Sie, welches LAYOUT Sie aktuell ausgewählt haben (hier: KOSTENARTEN LEISTUNGSUNABHÄNGIG/ABHÄNGIG). Über die Pfeiltasten ❷ können Sie zwischen den verfügbaren Layouts hin- und herschalten. Die zur Verfügung stehenden Planungslayouts sind mit Planerprofilen verknüpft, auf die wir in Abschnitt 3.2.2 noch eingehen werden.

**! Reaktivierung klassischer Planungstransaktionen**

In aktuellen SAP-S/4HANA-Releases sind die Transaktionen der klassischen Planung wie *KP06* (Ändern) und *KP07* (Anzeige) durch Support Packages reaktiviert und können direkt als Transaktionscode aufgerufen werden. In älteren Releases oder auch nach einer System Conversion (Brownfield) bzw. dem Wechsel von SAP ERP zu SAP S/4HANA kann es erforderlich sein, die alten Transaktionen manuell zu reaktivieren. An dieser Stelle möchten wir auf diesbezügliche SAP-Hinweise zu unterschiedlichen klassischen Planungstransaktionen verweisen.

Innerhalb der Kostenstellenplanung fehlen die Transaktionen *KP06* und *KP07* im SAP-Menü, sie können jedoch im SAP GUI direkt per Transaktionscode aufgerufen werden. Für das Reaktivieren in älteren Releases von SAP S/4HANA finden Sie nähere Informationen im SAP-Hinweis »2142447 – Fehlermeldung SFIN_FI 005: Transaktionen KP06 und KP07 nicht verwendbar«.

Entsprechendes gilt für die folgenden Transaktionen:

- Planung auf Innenaufträgen (Transaktionscodes *KPF6* und *KPF7*): SAP-Hinweis »2148356 – Fehlermeldung SFIN_FI 005: Transaktion KPF6, KPF7 nicht verwendbar«.
- Planung auf Projekten mit den Transaktionscodes *CJR2* und *CJR3* oder *CJ42* und *CJ43* (SAP CO-PS): SAP-Hinweis »2142732 – Fehlermeldung SFIN_FI 005 und 004: Transaktion CJ40, CJ42 nicht aufrufbar«.

- Klassische Profitcenter-Rechnung: SAP-Hinweise »2345118 – Reaktivierung von alten Planungsfunktionen in der Profitcenter-Rechnung« und »2313341 – Reaktivierung der Transaktion 1KE0«.
- GL-Planung: SAP-Hinweise »2253067 – Objektänderungen zur Reaktivierung der GL-Planung« sowie »2474069 – Reaktivieren der GL-Planung«.

Auf die einzelnen klassischen Planungstransaktionen wird außerdem im Dokument »Simplification List for SAP S/4HANA 2022« (siehe Abschnitt 12.9: S4TWL – PROFIT AND LOSS PLANNING AND PROFIT CENTER PLANNING) hingewiesen. Die aktuelle Simplification List zum jeweiligen SAP-S/4HANA-Release finden Sie in der SAP-Hilfe. Ein Übertrag der klassischen Plandaten aus der Version nach der Plankategorie ist im Abschnitt 1.2.4 beschrieben.

### 3.2.1 Merkmale und Kennzahlen im Planungslayout

Durch das gewählte Planungslayout legen Sie fest, welche Merkmale und Kennzahlen Sie zur Planung nutzen können. Anhand der *Merkmale* geben Sie genauer an, wofür Sie Plandaten erfassen. Im Abschnitt VARIABLEN ❸ in Abbildung 3.1 sind dafür die Merkmale PLAN/IST-VERSION, Perioden (VON PERIODE, BIS PERIODE), GESCHÄFTSJAHR, KOSTENSTELLE, LEISTUNGSART und KOSTENART verfügbar. Über die *Kennzahlen* unterscheiden Sie, ob Plan- oder Istdaten, Mengen oder Beträge etc. erfasst werden sollen.

Über die FORMULARBASIERTE EINGABE ❹ rufen Sie mittels Klick auf die Schaltfläche [Übersichtsbild] ❺ ein Beispiellayout für die Kostenartenplanung auf. Daneben können Sie über [Periodenbild] ❻ direkt in eine Periodensicht wechseln, auf die wir in Abbildung 3.3 eingehen werden. Die einzelnen Bestandteile des Planungslayout zeigt Abbildung 3.2.

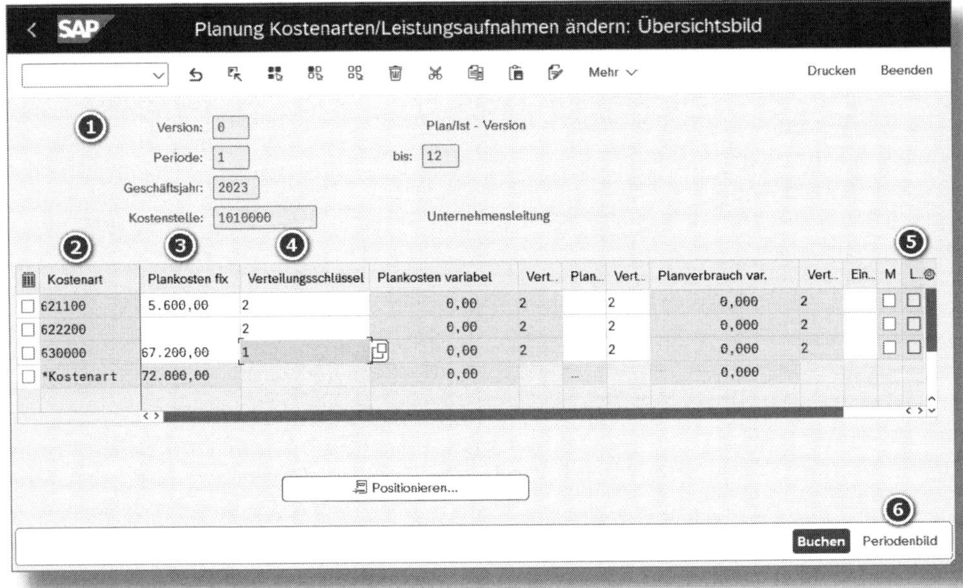


*Abbildung 3.2: Bestandteile des Planungslayouts*

Im Kopf ❶ sehen Sie diejenigen Merkmale, die für alle Eingabezeilen gelten, wie etwa die VERSION, das GESCHÄFTSJAHR, die PERIODEN und die KOSTENSTELLE.

Im unteren Bereich sind die einzelnen Eingabezeilen Ihrer Planung aufgelistet. Das Merkmal KOSTENART steht in der Schlüsselspalte ❷, und die unterschiedlichen Kennzahlen befinden sich in den *Wertspalten* (z. B. PLANKOSTEN FIX ❸). Ferner sind hier noch weitere Attribute mitangegeben. Beim VERTEILUNGSSCHLÜSSEL ❹ handelt es sich um ein Attribut, das sich direkt auf die benachbarte Wertspalte bezieht. In der Spalte L... (Langtext vorhanden) ❺ sehen Sie ein Attribut, das unabhängig von Wertspalten ist und sich auf den gesamten Plandatensatz bezieht.

Im Beispiel rufen Sie mit dem Button Periodenbild ❻ die unterjährige Verteilung der fixen Plankosten gemäß Verteilungsschlüssel auf. Durch die gleichmäßige Verteilung (VERTEILUNGSSCHLÜSSEL *1*) ist hier der Betrag zu gleichen Teilen auf die einzelnen Perioden verteilt ❸.

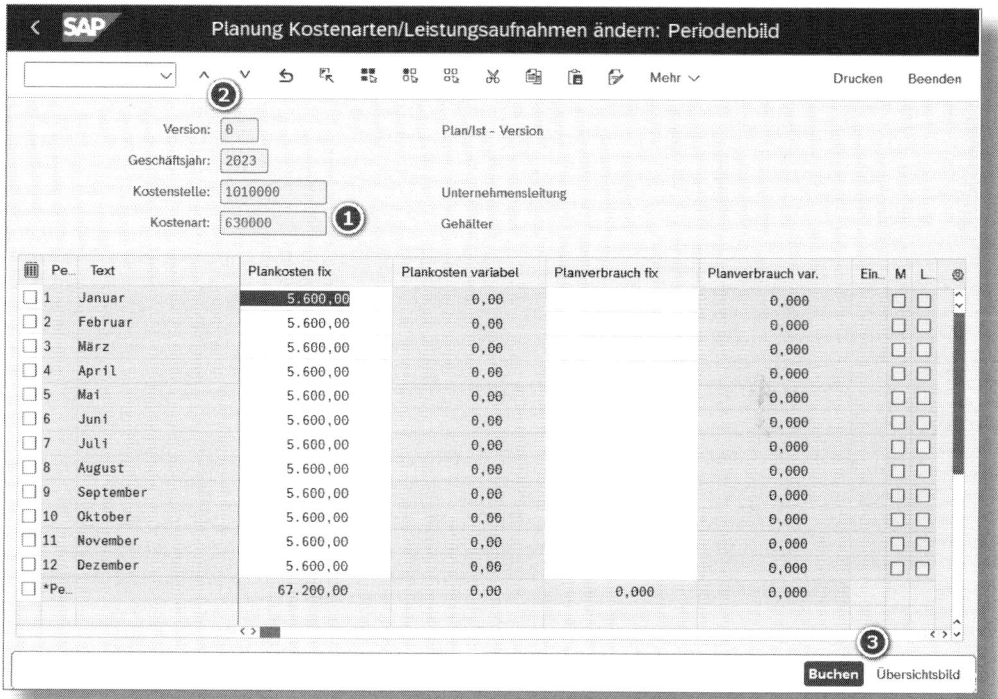


*Abbildung 3.3: Transaktion KP06 – Periodenbild*

In Abbildung 3.3 sehen Sie für die Kostenart 630000 die verteilten Werte über die Periode ❶. Wieder wechseln Sie über die Pfeile [^ v] ❷ zwischen den einzelnen Kostenarten.

Abschließend können Sie die Planung mit der Auswahl BUCHEN festlegen oder noch einmal zum ÜBERSICHTSBILD zurückkehren ❸.

## 3.2.2 Planerprofil auswählen

Welche Planungslayouts Ihnen beim Planen zur Verfügung stehen, steuern Sie über ein *Planerprofil*, das Sie im Anwendungsmenü über RECHNUNGSWESEN • CONTROLLING • KOSTENSTELLENRECHNUNG • PLANUNG • PLANERPROFIL SETZEN (Transaktion *KP04*) auswählen.

SAP liefert im Standard eine Reihe von Planungslayouts und Planerprofilen, die alle gängigen Planungsszenarien abdecken.

Die Pflege der Planerprofile finden Sie im Customizing unter CONTROLLING • KOSTENSTELLENRECHNUNG • PLANUNG • MANUELLE PLANUNG • EIGENE PLANERPROFILE DEFINIEREN. In der Regel dürften die vorgegebenen Planerprofile und zugeordneten Planungslayouts jedoch ausreichend sein, sodass wir hier nicht auf die Erstellung eigener Profile eingehen werden.

## 3.3 Planung auf Plankategorien (ACDOCP)

Wie schon im Abschnitt 1.2.4 erwähnt, werden Plandaten zum Universal Journal unter SAP S/4HANA in der Planungstabelle ACDOCP (ergänzend zu den Istdaten in der ACDOCA) dargestellt. Betrachten wir an dieser Stelle die Details der PLANKATEGORIE PLN, die uns in Abbildung 1.25 in besagtem Abschnitt schon einmal begegnet ist.

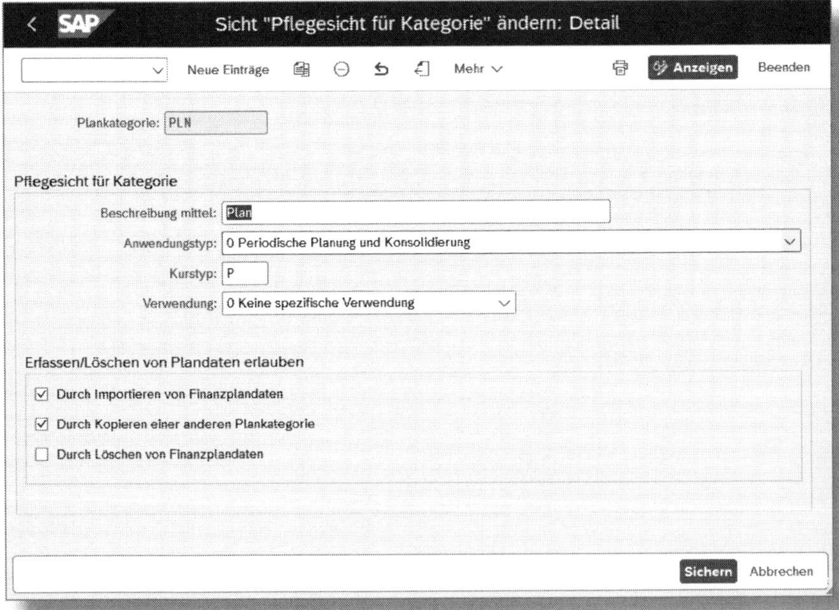


*Abbildung 3.4: Details zur Plankategorie PLN*

Neben der Steuerung des KURSTYPS können Sie hier im Bereich ERFASSEN/LÖSCHEN VON PLANDATEN ERLAUBEN Steuerkennzeichen für die Verwendung von Fiori-Apps zulassen. In Kombination mit den drei Parametern sind folgende Fiori-Apps zur Bearbeiten der Planung verwendbar:

- DURCH IMPORTIEREN VON FINANZPLANDATEN: Fiori-App »Finanzplandaten importieren« (App-ID: F1711)
- DURCH KOPIEREN EINER ANDEREN PLANKATEGORIE: Fiori-App »Finanzplandaten kopieren« (App-ID: F3396)
- DURCH LÖSCHEN VON FINANZPLANDATEN: Fiori-App »Finanzplandaten löschen – mit Zeitstempel« (App-ID: F4074)

Im folgenden Abschnitt werden wir auf die Fiori-App »Finanzplandaten importieren« näher eingehen, da diese im SAP-Standard unter SAP Fiori eine neue Option zur Erfassung von Planwerten auf Plankategorien ohne Einsatz eines externen Planungstools wie SAP Analytics Cloud ist und Sie hier auf einfache Weise Ihre Finanzplandaten importieren können.

## 3.4 Finanzplandaten verwalten

In der bereits in Abbildung 3.4 gezeigten Plankategorie PLN können die Planungsdaten über die Fiori-App »Finanzplandaten importieren« aus einer Excel-Vorlage geladen werden.

*Abbildung 3.5: Fiori-App »Finanzplandaten importieren«*

Diese Vorlage kann in Abbildung 3.5 ausgewählt und importiert werden ❶. Sofern Sie noch keine Vorlage erstellt haben, können Sie über die Schaltfläche [Vorlagen herunterladen] ❷ eine für Ihr Planungssetting passende Vorlage herunterladen.

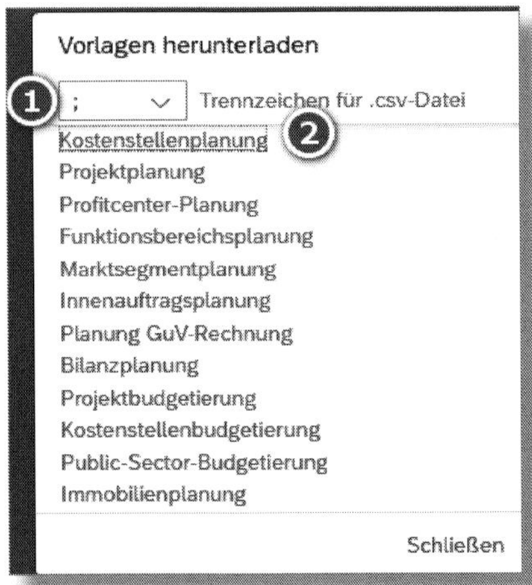


*Abbildung 3.6: Vorlagen herunterladen – Kostenstellenplanung*

Wie in Abbildung 3.6 zu sehen, wählen Sie ein TRENNZEICHEN FÜR die .CSV-DATEI ❶, hier ein Semikolon, und laden Sie die Vorlage ❷, in diesem Beispiel die KOSTENSTELLENPLANUNG, herunter.

Abbildung 3.7 zeigt einen Ausschnitt aus dieser CSV-Datei mit den folgenden Spalten:

- CATEGORY – *Plankategorie*
- RYEAR – *Geschäftsjahr Hauptbuch*
- POPER – *Buchungsperiode*
- RBUKRS – *Buchungskreis*
- RCNTR – *Kostenstelle*
- RACCT – *Kontonummer*
- KSL – *Betrag in übergreifender Währung*
- RKCU – *Übergreifende Währung*

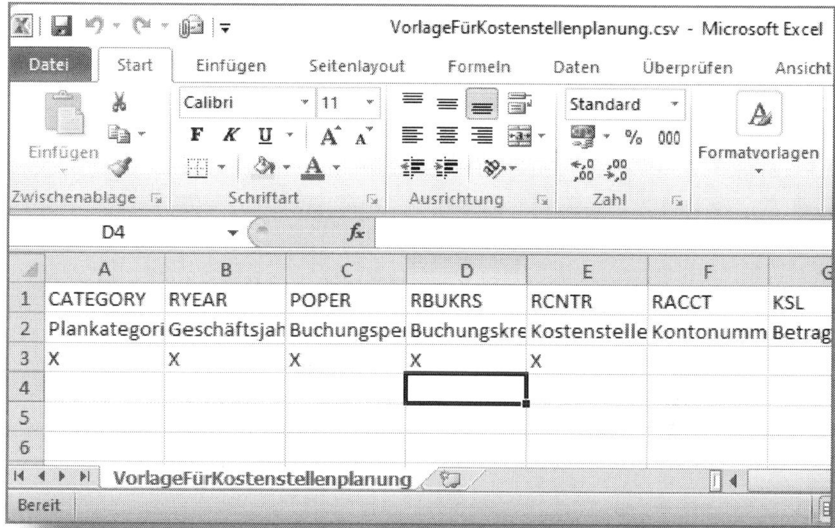


Abbildung 3.7: Vorlagedatei für die Kostenstellenplanung

Diese Vorlage können Sie in Excel weiterbearbeiten und dann wie in Abbildung 3.5 als Quelldatei importieren ❶.

**☛ SAP SAC oder andere Tools für Plandaten**

Neben der Fiori-App »Finanzplandaten importieren« besteht die Möglichkeit, zur Aufbereitung Ihrer Plandaten auf externe Tools oder auf die Cloudlösung SAP Analytics Cloud (SAP SAC) der SAP umzusteigen.

Auch eine Kopie der Finanzplandaten ist möglich. Über die Fiori-App »Finanzplandaten kopieren« können Sie, wie in Abbildung 3.8 zu sehen, nach einer bestimmten Plankategorie filtern ❶ und daraufhin per PLANDATEN ANALYSIEREN die dahinter liegenden Daten betrachten ❷.

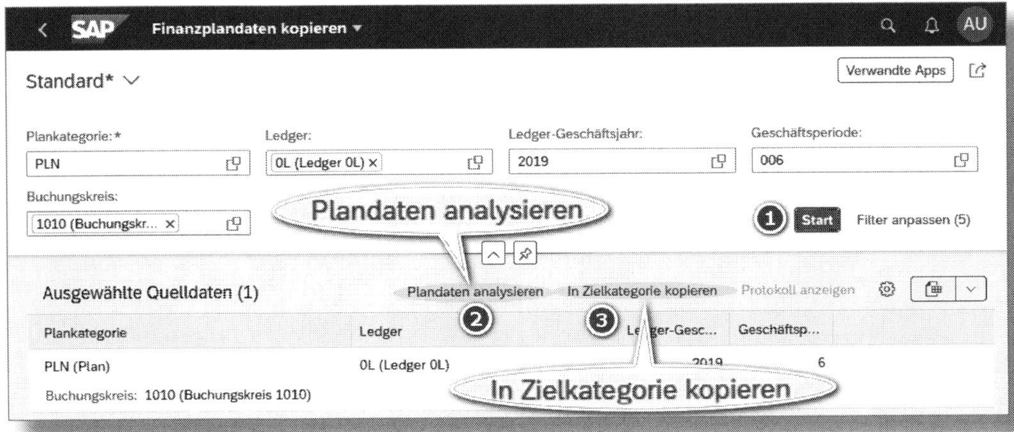


*Abbildung 3.8: Fiori-App »Finanzplandaten kopieren«*

Wählen Sie dann zur selektierten Plankategorie Ihre Zielkategorie und übertragen Sie mittels IN ZIELKATEGORIE KOPIEREN ❸ die Finanzplandaten von einer Quellkategorie in diese Zielkategorie. In der Zielkategorie bereits vorhandene Daten werden dabei überschrieben, und den Filterwerten entsprechende Daten, für die es keine Quelldaten gibt, werden gelöscht.

Der Zeitpunkt der Kopie dieser Daten oder auch der oben beschriebene Import werden ebenfalls festgehalten. Durch die Fiori-App »Finanzplandaten löschen – mit Zeitstempel« ist es Ihnen möglich, die Daten auf einen bestimmten Zeitpunkt zurückzusetzen. In der App suchen Sie Ihre Finanzplandaten anhand eines bestimmten Zeitstempels. Das kann z. B. ein Import von Plandaten sein, bei dem vorhandene Plandaten geändert wurden. Die zwischenzeitlich gebuchten Daten können Sie zurücksetzen und das Delta hier löschen. Diese Daten sind dann final gelöscht und lassen sich nicht mehr wiederherstellen.

Eine weitere App, auf die wir hier hinweisen möchten, ist die Fiori-App »Finanzplandaten auf null setzen« (App-ID: F4850). Mit dieser App können Sie vorhandene Daten entfernen, ohne dass diese aus der Datenbank gelöscht werden. Die Daten werden mit Deltasätzen überschrieben und alle Werte werden auf null gesetzt. Diese Änderung können Sie dann mit der vorherigen App wieder rückgängig machen.

In der Kombination dieser Apps können Sie Ihre Plandaten also auch ohne SAP SAC bearbeiten.

## 3.5 Kostenstellen auf Perioden planen

Zumindest für die Planerfassung auf Kostenstellen möchten wir auch auf die Möglichkeit der Fiori-App »Kostenstellen auf Perioden planen« hinweisen. Wie in Abbildung 3.9 zu sehen ist, selektieren Sie in der App das zu planende Geschäftsjahr, die Kategorie sowie Buchungskreis und Währung für das Erfassen Ihrer Planwerte. Als Orientierung für die Planung werden vom selektierten Jahr die Werte des Vorjahres ausgegeben, und Sie können wiederum Plandaten von Kostenstellen für Buchungsperioden eingeben sowie berechnen lassen.

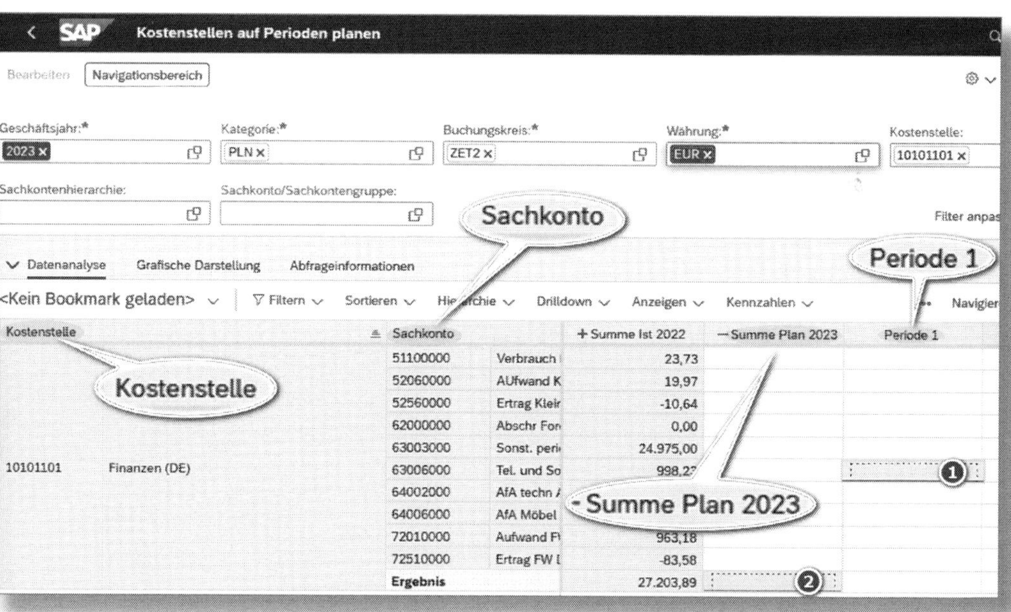


Abbildung 3.9: Fiori-App »Kostenstellen auf Perioden planen«

Sie können Ihre Plandaten auf unterschiedlichen Ebenen eingeben; auf der untersten Ebene (Kostenstelle, Periode und Sachkonto) ❶ führt das dazu, dass die Plandaten hier direkt erfasst werden, während die App die Werte auf der höchsten Ebene (Kostenstelle, Jahr) ❷ auf Perioden und Sachkonten anpasst.

**☛ Plankategorie und Planversionen**

Sowohl die Fiori-App »Finanzplandaten importieren« als auch die App »Kostenstellen auf Perioden planen« erfassen Plandaten auf Plankategorien in der ACDOCP. Um die Plandaten aus SAP Fiori auch in einer Version in SAP GUI verwenden zu können, beachten Sie die Anmerkungen im Abschnitt 1.2.4 und dort insbesondere den in Abbildung 1.27 dargestellten Report R_FINS_PLAN_TRANS_CO_S4H_2_ERP.

## 3.6 Etatverwaltung

Im Unterschied zur Planwerterfassung auf der Ebene von Sachkonten können Sie durch die Etatplanung für einzelne Kostenstellen grob einen Gesamtwert als Etat planen, ohne diesen Betrag weiter auf Kostenarten herunterzubrechen. Mithilfe der *Etatverwaltung* ermitteln Sie für einzelne Kostenstellen oder -gruppen, wie viel des ursprünglichen Etats bereits durch Istbuchungen oder Obligo verbraucht bzw. wie viel noch übrig ist. Sowohl ein Vergleich von Plan/Ist als auch Etat/Ist gibt Ihnen dabei eine Orientierung, allerdings ohne technische Verbindlichkeit für diese Werte. Im Zweifel können also auch die Istbuchungen (oder Obligo) sowohl Planung als auch Etat überschreiten. Daher gehen wir im Abschnitt 3.6.3 noch auf das Thema Berichtswesen ein.

### 3.6.1 Etatprofil anlegen

Um die Etatverwaltung im Controlling für Kostenstellen nutzen zu können, legen Sie im Customizing ein *Etatprofil* an. Dies ist unter dem Pfad

CONTROLLING • KOSTENSTELLENRECHNUNG • ETATVERWALTUNG • PROFIL FÜR DIE ETATPLANUNG DEFINIEREN (Transaktion *OKF1*) möglich. Über die Schaltfläche Neue Einträge können Sie ein eigenes Etatprofil, wie im Beispiel in Abbildung 3.10 zu sehen, anlegen. Vergeben Sie dazu zunächst einen Namen für das PROFIL ❶ und einen TEXT ❷ als kurze Beschreibung.

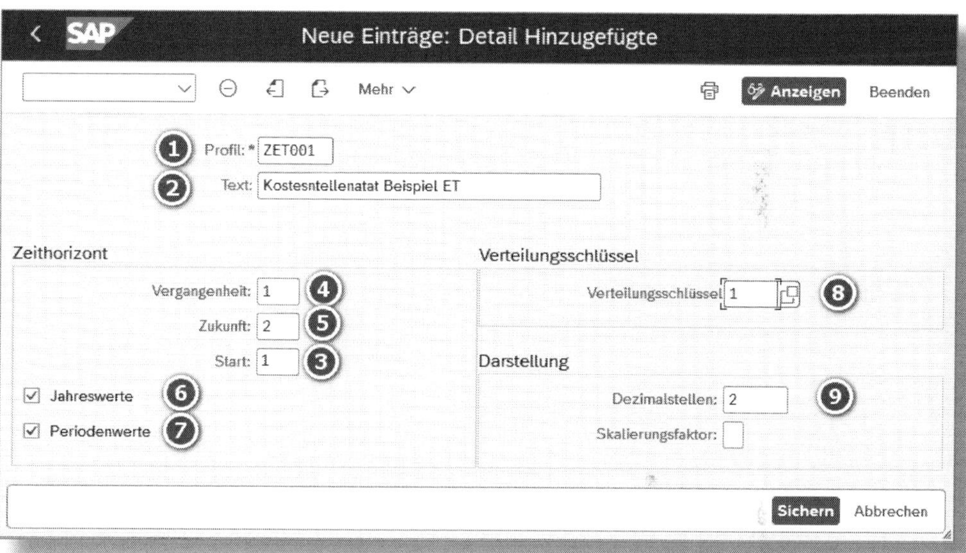


*Abbildung 3.10: Etatprofil anlegen*

Im Abschnitt ZEITHORIZONT definieren Sie genauer, für welchen Zeitrahmen Sie eine Etatplanung vornehmen wollen. Bezugswert für das Feld START ❸ ist das aktuell laufende Geschäftsjahr. Ist kein Wert eingetragen, wird bei der Planung vom aktuellen Geschäftsjahr ausgegangen. Durch Addition eines hier eingetragenen Wertes zum aktuellen Geschäftsjahr verschiebt sich der Planungshorizont in die Zukunft. Dabei steht der eingetragene Wert für die Anzahl der Jahre. Im gezeigten Beispiel haben wir durch die Eingabe *1* das Startjahr auf das kommende Geschäftsjahr festgelegt. Das Startjahr dient wiederum als Bezugspunkt für die Felder VERGANGENHEIT ❹ und ZUKUNFT ❺, die bestimmen, wie viele Jahre zurück und voraus Etats vergeben werden können.

In unserem Beispiel würde beim Aufruf der Etatplanung in 2023 das SAP-System das Jahr 2024 als Planungsjahr anbieten. Um im aktuellen Jahr zu planen, müssten Sie in der Planung zurücknavigieren (vorausgesetzt, Ihr Zeithorizont in der Vergangenheit erlaubt dies). Für das Jahr 2023 könnten Sie als Zeithorizont 2023 (VERGANGENHEIT *1*), 2024 (START *1*) sowie 2025 und 2026 (ZUKUNFT *2*) für Etats vergeben.

Ferner lässt sich definieren, ob ein Etat für JAHRESWERTE ❻ und/oder PERIODENWERTE ❼ erfolgen kann. Durch den VERTEILUNGSSCHLÜSSEL ❽ geben Sie vor, wie die Etatwerte auf Jahresebene auf die Perioden verteilt werden sollen. Hier haben wir mit dem Wert *1* die gleichmäßige Verteilung auf alle Perioden gewählt. Im Feld DEZIMALSTELLEN ❾ definieren Sie, wie viele Nachkommastellen für die Planwerte angezeigt werden sollen. Mithilfe des SKALIERUNGSFAKTORS könnten Sie außerdem die Werte in aggregierter Form darstellen, z. B. in Tausend (Faktor 3) oder Millionen (Faktor 6).

## 3.6.2 Kostenstellenetat planen

Im SAP-GUI-Menü können Sie unter RECHNUNGSWESEN • CONTROLLING • KOSTENSTELLENRECHNUNG • PLANUNG • KOSTENSTELLENETATS • ÄNDERN (Transaktion *KPZ2*) nach Eingabe des Profils ❶ und Ihrer KOSTENSTELLE ❷ bzw. KOSTENSTELLENGRUPPE ❸ die Etatplanung über die Schaltfläche oder durch Bestätigung mit Enter ändern (siehe Abbildung 3.11).

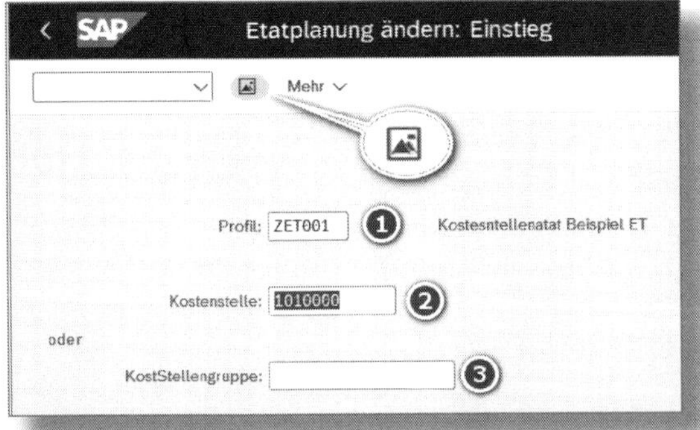


*Abbildung 3.11: Transaktion KPZ2 – Einstieg*

Danach erfassen Sie Ihren Etat in einer Periodenübersicht ❶ oder Jahresübersicht ❷ (siehe Abbildung 3.12).

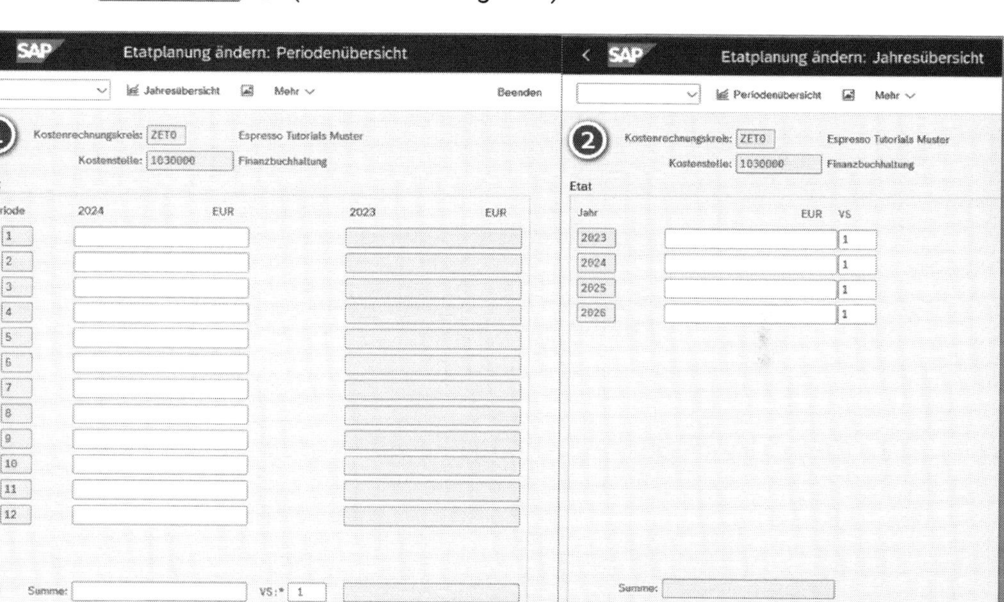


*Abbildung 3.12: Transaktion KPZ2 – Etatplanung*

Über die jeweilige Schaltfläche ist in unserem Beispiel ein Wechsel zwischen beiden Ansichten möglich. Im Berichtswesen können Sie dann je Kostenstellenetat auch Ist und Obligo sowie den verfügbaren Saldo ausgeben.

### 3.6.3 Auswertung von Etat auf Kostenstellen

Im SAP GUI können Sie über den Menüpfad RECHNUNGSWESEN • CONTROLLING • KOSTENSTELLENRECHNUNG • INFOSYSTEM • BERICHTE ZUR KOSTENSTELLENRECHNUNG • WEITERE BERICHTE mit dem Bericht BEREICH: IST/ETAT/OBLIGO (Transaktion *S_ALR_87013648*) die Etatplanung auch auswerten. Der Bericht weist Ihnen folgende Spalten für die selektierten Kostenstellen aus:

- Ist – Istkosten
- Etat – der erfasste Etat der Kostenstelle
- Obligo (darauf gehen wir in Kapitel 4 näher ein)
- Verfügt – Ist und Obligo
- Verfügbar – Etat und Verfügt

Sofern Sie Ihr Berichtswesen weiter anpassen wollen, verweisen wir an dieser Stelle schon einmal auf das Kapitel 7.

## 3.7 Budgetverfügbarkeitskontrolle für Kostenstellen

Mit SAP S/4HANA 1909 steht in der Kostenstellenrechnung eine Budgetverfügbarkeitskontrolle für Erfolgskonten (Sachkontoart »Primärkosten« oder »Sekundärkosten«) zur Verfügung. Im Gegensatz zur Etatverwaltung ermöglicht sie, direkt bei der Buchung von Belegen zu prüfen, ob dafür noch ausreichend Budget vorhanden ist, sowie die zusätzliche Steuerung des Budgetverbrauchs auf Kostenstellen. Dies war bisher nur für Innenaufträge möglich.

Neben den folgenden Customizing-Aktivitäten muss in den relevanten Kostenstellen die Budgetverfügbarkeitskontrolle aktiviert werden.

Das Customizing finden Sie unter CONTROLLING • KOSTENSTELLENRECHNUNG • BUDGETVERFÜGBARKEITSKONTROLLE FÜR KOSTENSTELLEN (siehe Hervorhebung in Abbildung 3.13).

Auf die einzelnen Schritte werden wir nachfolgend im Einzelnen eingehen.

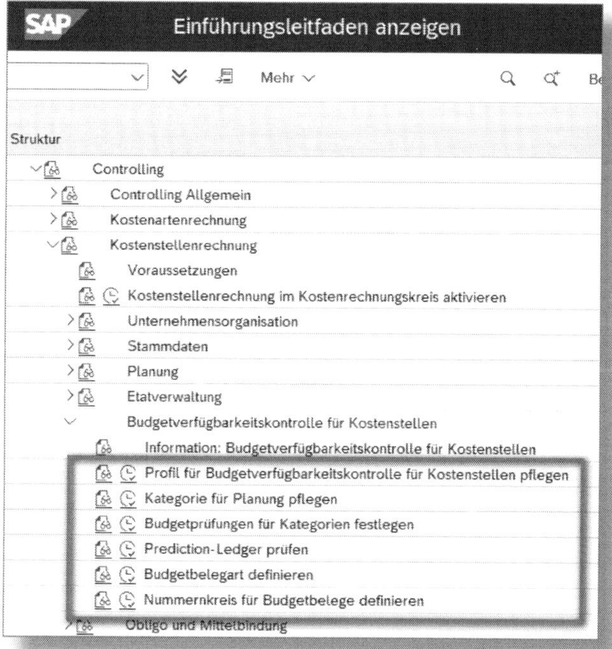


*Abbildung 3.13: Budgetverfügbarkeitskontrolle für Kostenstellen*

## 3.7.1 Budgetprofil anlegen

Über den Menüpunkt PROFIL FÜR BUDGETVERFÜGBARKEITSKONTROLLE FÜR KOSTENSTELLEN PFLEGEN legen Sie ein Profil für Ihre Kostenstellenbudgets über die Schaltfläche [Neue Einträge] an.

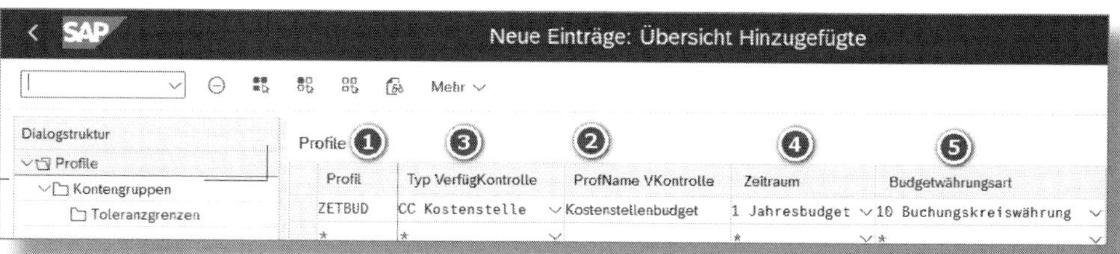


*Abbildung 3.14: Budgetprofil anlegen*

Neben der Zuordnung eines Namens für das PROFIL ❶ und einer Beschreibung unter PROFNAME VKONTROLLE ❷ geben Sie beim TYP VERFÜGKONTROLLE ❸ durch Auswahl der *CC Kostenstelle* an, dass dieses Profil für die Verfügbarkeitskontrolle von Kostenstellen genutzt werden soll. Beachten Sie, dass unter ZEITRAUM ❹ nur das *Jahresbudget* auswählbar ist. Auch wenn Sie später Budgets auf Perioden verteilen, erfolgt eine Prüfung stets über die Summe aller Perioden als Jahresbudget. Zusätzlich legen Sie die BUDGETWÄHRUNGSART fest ❺. Im Beispiel wählen wir *10 Buchungskreiswährung*.

Nachdem Sie die Grunddaten eingetragen haben, definieren Sie links über die DIALOGSTRUKTUR, auf welche KONTENGRUPPEN gegen das Budget geprüft werden soll.

Diese Sachkontenhierarchie können Sie über die schon im Abschnitt 2.2.4 für Kostenstellen vorgestellte Fiori-App »Globale Hierarchien verwalten« anlegen. Für unser Beispiel haben wir eine *Sachkontenhierarchie* für *budgetrelevante Sachkonten* angelegt (siehe Abbildung 3.15).

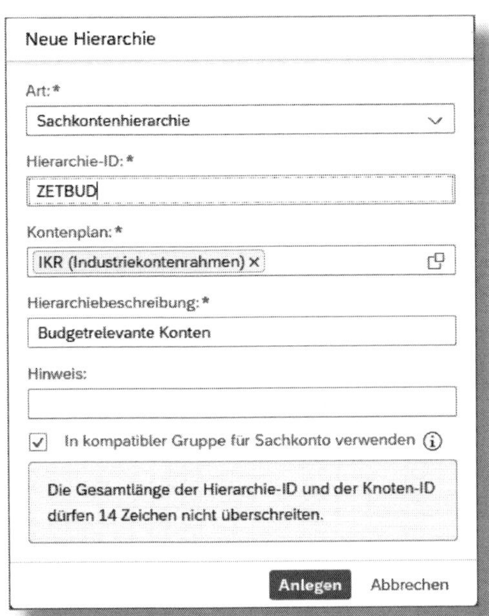


*Abbildung 3.15: Sachkontenhierarchie ZETBUD*

Im Beispiel sind dies Sachkonten für die Reisekostenabrechnung (siehe Abbildung 3.16).

ZETBUD - Sachkontenhierarchie
Budgetrelevante Konten

Hierarchie Zeitraum

Gültig von/bis: Nicht verfügbar
Angelegt um: 24.07.2023, 10:59:53
Hinweis:
Kontenplan: IKR (Industriekontenrahmen)

Suchen

| Knoten |
|---|
| ZETBUD |
| 685100 (Reisekst./Unterkunft) |
| 685150 (Reisekst.Verpflegung) |
| 685200 (Reisekst.Fahrt/Flug) |
| 685400 (Reisekosten sonstige) |
| 685900 (Reiseko.pau.Lohnst.) |
| 685950 (Reisekst.Inl.pau.VST) |
| 686000 (Reisekosten Bewirt.) |

*Abbildung 3.16: Sachkontenhierarchie ZETBUD – Auszug*

Die Sachkontenhierarchie ZETBUD kann im Budgetprofil nun als Sachkontenhierarchie und Sachkontengruppe hinterlegt werden (siehe ❶ in Abbildung 3.17).

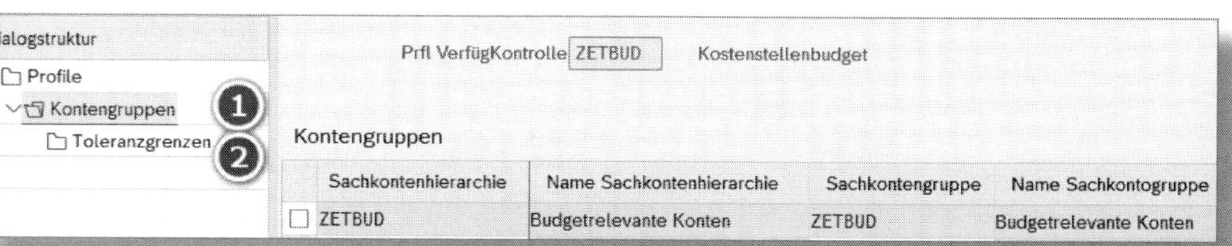


*Abbildung 3.17: Budgetprofil – Kontengruppe*

Die Pflege von TOLERANZGRENZEN ❷ sehen Sie in Abbildung 3.18.

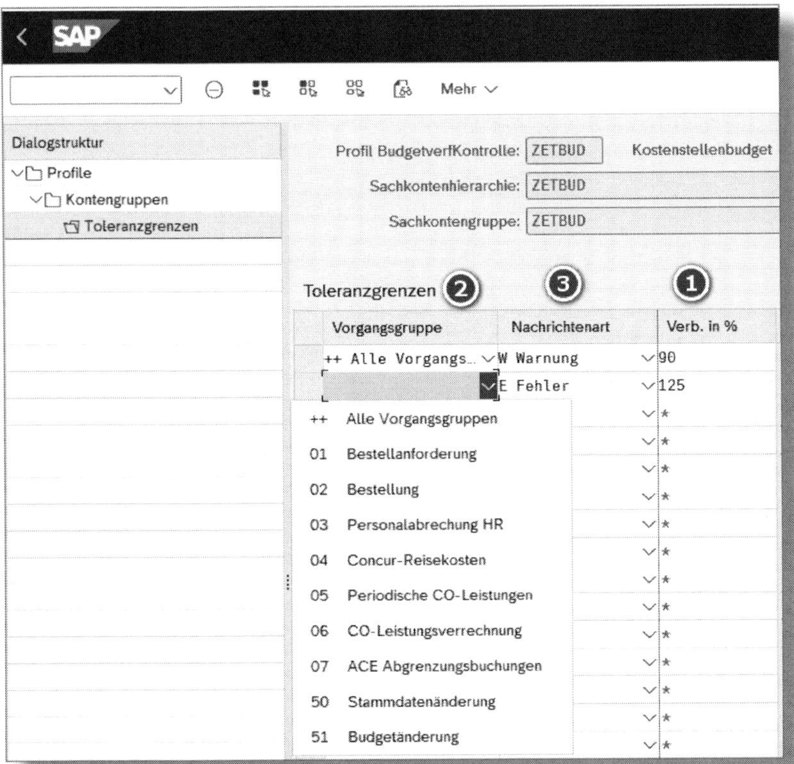


*Abbildung 3.18: Budgetprofil – Toleranzgruppen*

In Abhängigkeit von der Budgetverbrauchsrate in Prozent (VERB. IN %) ❶ kann je betriebswirtschaftlichem Vorgang (VORGANGSGRUPPE) ❷ eine NACHRICHTENART ❸ als WARNUNG (gelbe Meldung) oder als FEHLER (rote Meldung) ausgegeben werden.

**Definition: Budgetverbrauchsrate**

Die *Budgetverbrauchsrate* ist die Summe der Istkosten und Obligos geteilt durch das Budget, ausgedrückt als Prozentzahl.

### 3.7.2 Kategorien für Planung pflegen

Plankategorien lassen sich nicht nur für die Planung (siehe Abschnitt 3.3), sondern auch für eine Budgetverfügbarkeitskontrolle einsetzen.

Zur Veranschaulichung haben wir unter dem Punkt KATEGORIEN FÜR PLANUNG PFLEGEN eine weitere Plankategorie mit der Bezeichnung BUDGET angelegt (siehe Abbildung 3.19).

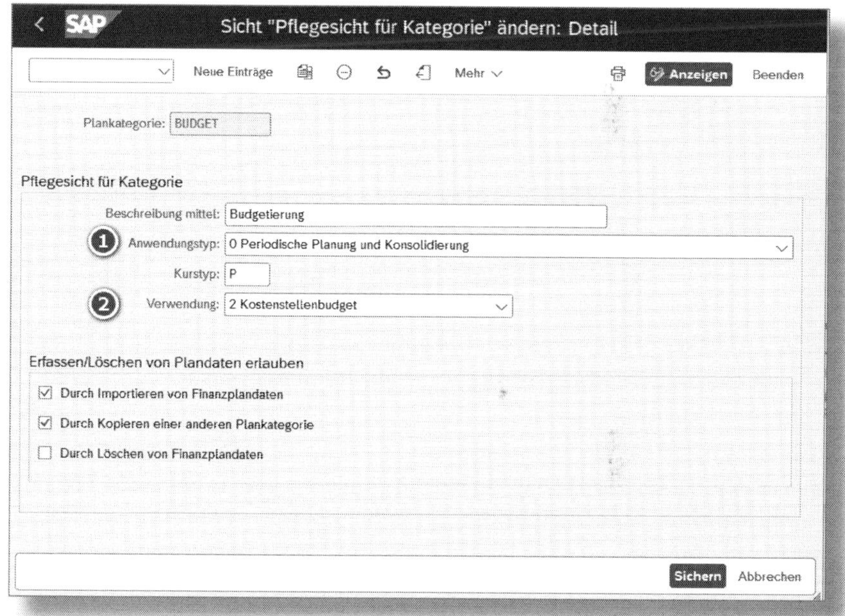


*Abbildung 3.19: Details zur Plankategorie BUDGET*

Als ANWENDUNGSTYP haben wir wiederum *Periodische Planung und Konsolidierung* gewählt ➊, aber unter VERWENDUNG dieses Mal *2 Kostenstellenbudget* ➋.

### 3.7.3 Budgetprüfung für Kategorien festlegen

Unter BUDGETPRÜFUNGEN FÜR KATEGORIEN FESTLEGEN sehen Sie nun die zugeordnete Plankategorie (siehe Abbildung 3.20) und können die beiden Optionen VERFÜGBARKEITSKONTROLLE ❶ sowie BUDGETKONSISTENZPRÜFUNG ❷ aktivieren.

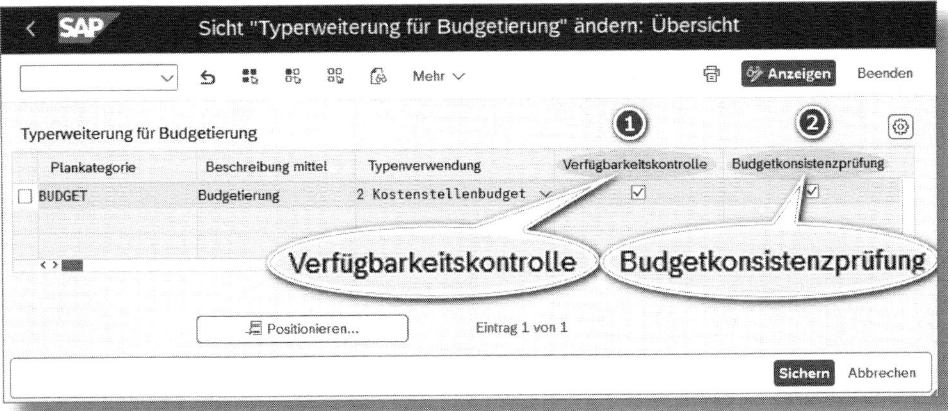


*Abbildung 3.20: Budgetprüfung für Kategorien festlegen*

Durch Aktivierung der VERFÜGBARKEITSKONTROLLE prüft das System bei der Buchung von Istdaten, ob das Budget noch immer verfügbar ist. Dabei werden erfasste Plandaten dieser Kategorie als Budget behandelt.

Indem Sie die BUDGETKONSISTENZPRÜFUNG aktivieren, wird bei der Eingabe von Plandaten eine Konsistenzprüfung gegen Istbeträge ausgelöst. Dabei wird kontrolliert, ob die aktuellen Istbeträge niedriger als die Planbeträge sind.

### 3.7.4 Prediction-Ledger prüfen

Über den Menüpunkt PREDICTION-LEDGER fügen Sie das Erweiterungsledger hinzu, das Sie verwenden wollen. Die Budgetverfügbarkeitskontrolle für eines der Erweiterungsledger aktivieren Sie durch die Markierung von FÜR OBLIGOVERWALTUNG RELEVANT (siehe Abbildung 3.21).

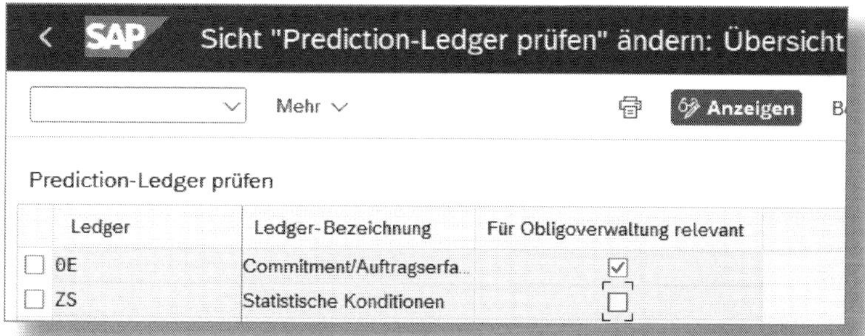


*Abbildung 3.21: Prediction-Ledger prüfen*

Die Einstellungen für das jeweilige Ledger nehmen Sie im Customizing für das Finanzwesen unter FINANZWESEN • GRUNDEINSTELLUNGEN FINANZWESEN • BÜCHER • LEDGER • EINSTELLUNGEN FÜR LEDGER UND WÄHRUNGSTYPEN vor.

Hierzu legen Sie ein Ledger vom Ledger-Typ »Erweiterungsledger« mit der Erweiterungsledgerart EINZELPOSTEN MIT TECHNISCHEN NUMMERN / LÖSCHEN NICHT MÖGLICH an und weisen dieses Ihrem führenden Ledger unter ZUGRUNDE LIEGENDES LEDGER zu. In der Sicht »Buchungskreiseinstellungen für das Ledger« weisen Sie diesem Ledger dann die Buchungskreise für Ihren Kostenrechnungskreis zu.

Entsprechend gibt Ihnen dann das System unter dem Punkt PREDICTION-LEDGER PRÜFEN alle verfügbaren Erweiterungsledger aus.

Unter dem Menüpunkt FÜR OBLIGOVERWALTUNG RELEVANT können Sie maximal ein Vorhersage-Ledger basierend auf dem führenden Ledger auswählen. Falls nötig, können Sie noch weitere Ledger über die Schaltfläche Neue Einträge hinzufügen.

### 3.7.5 Nummernkreis für Budgetbelege definieren

Bevor wir uns den Budgetbelegarten zuwenden, sollten Sie unter NUMMERNKREIS FÜR BUDGETBELEGE DEFINIEREN einen Nummernkreis definieren, der zur Buchung von Budgetbelegen für das Nummernkreisobjekt BDGT_DOC verwendet werden soll (siehe Abbildung 3.22).

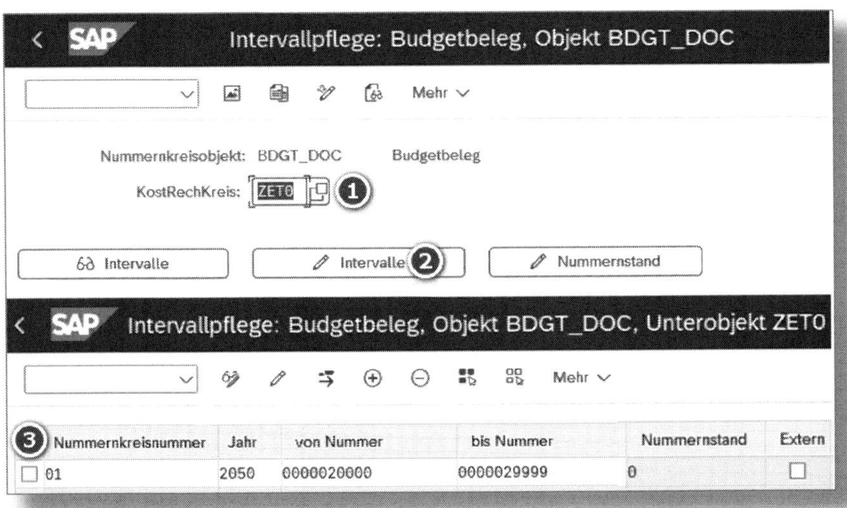


*Abbildung 3.22: Objekt BDGT_DOC – Intervallpflege Budgetbeleg*

Hierzu geben Sie Ihren Kostenrechnungskreis (KOSTRECHKREIS) ❶ an und wechseln mit Klick auf die Schaltfläche [Intervalle] ❷ zur Intervallpflege ❸. Anhand der NUMMERNKREISNUMMER identifizieren Sie eindeutig den Nummernkreis über ein zweistelliges Kürzel. Im Feld JAHR geben Sie an, bis wann ein Nummernkreis gültig ist. Die Spalten VON NUMMER und BIS NUMMER ermöglichen Ihnen, dem Nummernkreis ein Intervall (im Beispiel die Nummern *20000* bis *29999*) zuzuordnen. Da wir noch keine Budgets gebucht haben, ist der aktuelle NUMMERNSTAND bei *0*. Das Merkmal EXTERN ist nicht gesetzt, da wir eine interne Nummernvergabe über das SAP-System wünschen. Soll dieses extern erfolgen, müsste bei der Belegerfassung eine Belegnummer manuell vergeben werden.

### 3.7.6 Budgetbelegart definieren

Unter diesem Menüpunkt definieren Sie die Budgetbelegarten, die Sie in der Budgetpflege verwenden möchten. Dabei ordnen Sie eine Belegart dem vorher angelegten Nummernkreis zu (siehe Abbildung 3.23). Dieses ist ebenfalls über die Schaltfläche [Neue Einträge] ❶ möglich. In unserem Fall geben wir die BELEGART *BT* mit dem vorher für das Objekt BDGT_DOC angelegten NUMMERNKREIS *01* und dem TEXT ZUR BELEGART *Budgetumbuchung* ein ❷.

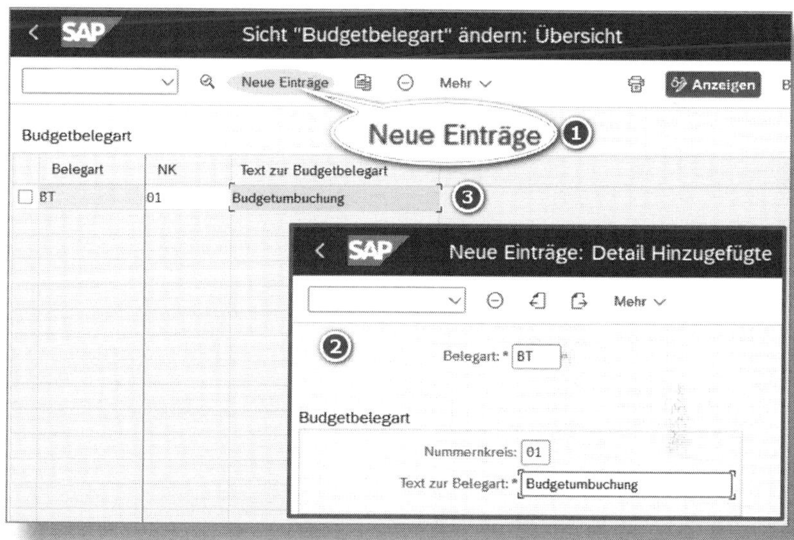


*Abbildung 3.23: Budgetbelegart*

Nachdem Sie den Eintrag gesichert haben, erscheint diese Budgetbelegart inklusive Nummernkreis (NK) und TEXT ZUR BUDGETBELEGART ❸.

## 3.8 Budgetierung auf Kostenstellen

Nachdem Sie im Abschnitt 3.7 die Customizing-Aktivitäten für die Budgetierung und Budgetverfügbarkeitskontrolle vorgenommen haben, können Sie beide Funktionen (Budgetprofil und Budgetverfügbarkeitskontrolle) nun für Kostenstellen verwenden.

### 3.8.1 Stammdatenpflege für Budgetverfügbarkeitskontrolle in der Kostenstelle

Damit Sie die Budgetierung auf Kostenstellen in SAP Fiori nutzen können, müssen Sie mit der App »Kostenstellen verwalten« (App-ID: F1443A) der Kostenstelle ein Profil für die Budgetverfügbarkeitskontrolle zuweisen.

Dazu müssen Sie unter STEUERUNG folgende Stammdaten (hier am Beispiel der KOSTENSTELLE *1050000 [IT Service]*) gemäß Abbildung 3.24 pflegen.

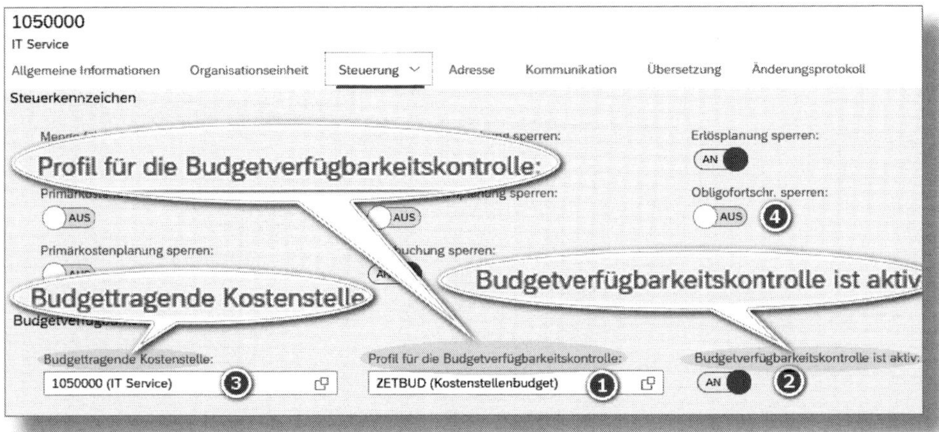


*Abbildung 3.24: Kostenstelle verwalten – Steuerung*

Unter PROFIL FÜR DIE BUDGETVERFÜGBARKEITSKONTROLLE ❶ wählen Sie das in Abschnitt 3.7 angelegte Budgetprofil aus und aktivieren das Feld BUDGETVERFÜGBARKEITSKONTROLLE IST AKTIV über den Button AN ❷.

Im Feld BUDGETTRAGENDE KOSTENSTELLE ❸ können Sie entweder die Kostenstelle selbst oder eine übergeordnete, budgettragende Kostenstelle eingeben.

Um Bestellungen und Bestellanforderungen ebenfalls als budgetverbrauchende Vorgänge zu betrachten, sollten Sie die Sperre der Obligofortschreibung über AUS ❹ deaktivieren.

**☛ Unterschied App-ID F1443A und Transaktion »KS02«**

Wie unter »Pflege von Kostenstellen unter SAP Fiori« im Abschnitt 2.2.5 bereits anhand der Sprachenschlüssel erläutert, unterscheidet sich die Fiori-App von den im SAP GUI genutzten Transaktionen *KS01* oder *KS02* zur Stammdatenpflege von Kostenstellen. Da Sie die Budgetierung auf Kostenstellen ohnehin nur unter SAP Fiori (Plankategorie BUDGET) nutzen können, ist der Punkt BUDGETVERFÜGBARKEITSKONTROLLE ausschließlich in der Fiori-App verfügbar. Im SAP GUI können Sie die nachfolgend beschriebenen Punkte nicht pflegen.

**☛ Budgettragende Kostenstelle**

Gerade bei Abteilungen mit vielen Kostenstellen kann es sinnvoll sein, das Jahresbudget nur auf eine einzige Kostenstelle (z. B. die Abteilungsleitung) zu buchen und die Budgetverfügbarkeitskontrolle für alle Kostenstellen innerhalb dieser Abteilung durchzuführen.

Würde also die Abteilungsleitung das Jahresbudget auf die Kostenstelle buchen, erfolgte die Budgetprüfung nicht nur gegen die Buchung der Kosten auf der Kostenstelle der Abteilungsleitung, sondern auch gegen die der Kosten anderer Kostenstellen innerhalb der Abteilung.

Denkbar wären bspw. eine Abteilung »Verwaltung« mit der Kostenstelle »Unternehmensleitung«, auf die Sie das Budget buchen, und weitere Kostenstellen innerhalb der Verwaltung wie Personalabteilung, Finanzbuchhaltung, Controlling.

Sofern Sie dieses Konzept verfolgen wollen, tragen Sie in den einzelnen Kostenstellen der untergeordneten Abteilungen jeweils die budgettragende Kostenstelle (hier die Unternehmensleitung) ein. Dafür eignet sich nur eine Kostenstelle mit demselben Buchungskreis wie jener der von Ihnen gepflegten Kostenstelle. Die Zuordnung des Buchungskreises können Sie ebenfalls unter Fiori mit der App »Kostenstellen verwalten« (App-ID F1443A) im Abschnitt ORGANISATIONSEINHEIT vornehmen oder im SAP GUI in der Stammdatenpflege (Transaktion *KS01* [Anlage], *KS02* [Ändern]) unter GRUNDDATEN. Ist dem Kostenrechnungskreis lediglich ein Buchungskreis zugeordnet, wird das Feld BUCHUNGSKREIS in SAP GUI nicht angezeigt.

Sie müssen neben der budgettragenden Kostenstelle weder ein Profil für die Budgetverfügbarkeitskontrolle hinterlegen noch die Budgetverfügbarkeitskontrolle bei den nicht budgettragenden Kostenstellen aktivieren. Letztere verbrauchen dann kein eigenes Budget, sondern stattdessen das der budgettragenden Kostenstelle. Diese Abhängigkeit von der budgettragenden Kostenstelle führt allerdings auch dazu, dass sobald das Budget verbraucht ist, auf keine der ihr zugeordneten Kostenstellen mehr Kosten gebucht werden können.

Entsprechend kann es sinnvoll sein, mithilfe der Toleranzgrenzen schon frühzeitig eine Warnmeldung auszugeben (siehe Abbildung 3.18), um seitens der Leitung reagieren zu können. Mögliche Reaktionen können etwa eine Korrektur der Kosten oder eine entsprechende Budgeterhöhung sein. Die Verantwortung für die Kosten aller Kostenstellen obliegt in diesem Beispiel der Kostenstelle der Unternehmensleitung, da alle Kosten gegen dieses Budget verrechnet werden.

Eine Alternative wäre, dass jeder Kostenstelle ein eigenes Budget zur Verfügung gestellt würde. Dieses erfolgte in zwei Schritten: Zuerst würden Sie der Kostenstelle der Abteilungsleitung ein Budget zuweisen und dieses anschließend, wie in Abschnitt 3.8.3 beschrieben, auf die einzelnen Kostenstellen der Abteilung umbuchen – je nachdem, wo Sie die Budgethoheit (d. h. die Verantwortung für die Budgeteinhaltung) für einen Kostenbereich sehen.

### 3.8.2 Budgetierung

Sie können das Budget für Kostenstellen entweder über die Finanzplanung als Bestandteil von SAP Analytics Cloud verwenden oder, wie schon in Abschnitt 3.4 vorgestellt, über die Fiori-App »Finanzplandaten importieren« in einer CSV-Datei pflegen und hochladen. Wählen Sie hier wiederum das TRENNZEICHEN ❶, aber als Vorlage die KOSTENSTELLENBUDGETIERUNG ❷ (siehe Abbildung 3.25).

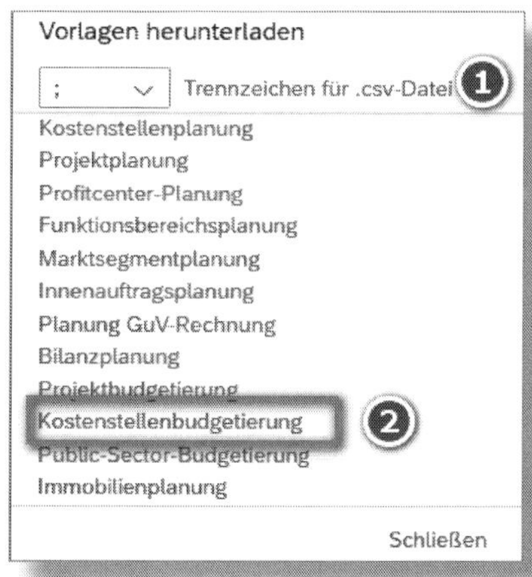


*Abbildung 3.25: Vorlage herunterladen – Kostenstellenbudgetierung*

Das Ergebnis dieses Vorgehens sehen Sie in Abbildung 3.26.

| | A | B | C | D | E | F | G | H | I |
|---|---|---|---|---|---|---|---|---|---|
| 1 | CATEGORY | RYEAR | POPER | RBUKRS | RCNTR | RACCT | HSL | RHCUR | |
| 2 | Plankategori | Geschäftsjah | Buchungspe | Buchungskre | Kostenstelle | Kontonumm | Betrag in Bu | Buchungskreiswährung | |
| 3 | X | X | | X | X | | | | |

*Abbildung 3.26: Vorlagedatei für Kostenstellenbudgetierung*

Kostenstellenplanung (siehe Abbildung 3.7) und Kostenstellenbudgetierung (siehe Abbildung 3.26) nutzen unterschiedliche Felder für die Spalten, in die Sie einen Betrag eingeben. Bei der Kostenstellenplanung sind das die Felder:

- KSL – Betrag in übergreifender Währung und
- RKCUR – übergreifende Währung,

während bei der Kostenstellenbudgetierung die Felder

- HSL – Betrag in Buchungskreiswährung sowie
- RHCUR – Buchungskreiswährung

angegeben sind. Als CATEGORY wäre für die Budgetierung die Plankategorie einzutragen (vgl. Abbildung 3.19). Ferner muss zu jeder Kontengruppe ein Konto eingegeben werden, das Sie auch im Profil für die Budgetverfügbarkeitskontrolle hinterlegt haben (vgl. Abbildung 3.17).

### 3.8.3 Budget umbuchen

Über die Fiori-App »Kostenstellenbudgets verwalten« (App-ID: F4307) stoßen Sie über CREATE eine BUDGETUMBUCHUNG ❶, BUDGETRÜCKGABE ❷ oder einen BUDGETNACHTRAG ❸ an (siehe Abbildung 3.27).

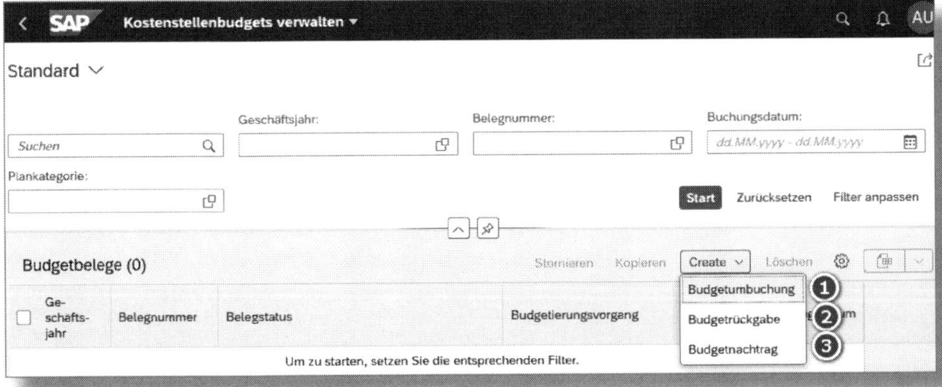


Abbildung 3.27: Fiori-App »Kostenstellenbudgets verwalten«

Voraussetzung dafür ist jedoch, dass schon vorher ein entsprechendes Kostenstellenbudget vorhanden ist. Hierzu ist es erforderlich, sowohl die Kostenstelle in der Fiori-App »Kostenstellen verwalten« mit den entsprechenden Stammdaten zu versorgen als auch über die Fiori-App »Finanzplandaten importieren« ein Kostenstellenbudget anzulegen. Ferner können Sie Budgets nur zwischen Kostenstellen umbuchen, wenn die Kostenstellen demselben Buchungskreis zugeordnet sind.

### 3.8.4 Etatbericht

Über die Fiori-App »Kostenstellen Etatbericht« (App-ID: F3871) erhalten Sie eine Übersicht über das bereits gebuchte Budget, die Obligos, die Istkosten und das verfügbare Budget (die Berechnung dahinter erfolgt aus Budget abzüglich Obligo abzüglich Istkosten). Diese App dient der Überwachung Ihrer Kosten und vergleicht das Budget mit den Istkosten und Obligos in den budgettragenden Kostenstellen.

## 3.9 Planungshilfen

Im SAP-Menü finden Sie unter PLANUNG Hilfen in Gestalt der Umwertung und der Kopierfunktion. Ferner lassen sich aus anderen Komponenten, wie etwa der Personalkostenplanung, einzelne Werte zur Planung übernehmen.

### 3.9.1 Umwertung definieren

Über eine *Umwertung* können Sie zu den vorhandenen Plandaten Ihrer Kostenstelle prozentuale Zuschläge ergänzen bzw. Abschläge abziehen. Eine solche Umwertung erstellen Sie im Customizing unter CONTROLLING • KOSTENSTELLENRECHNUNG • PLANUNG • PLANUNGSHILFEN • UMWERTUNG DEFINIEREN über den Punkt PLANUMWERTUNG ANLEGEN (Transaktion *KPU1*). Die einzelnen Schritte der Umwertung sind in Abbildung 3.28 dargestellt.

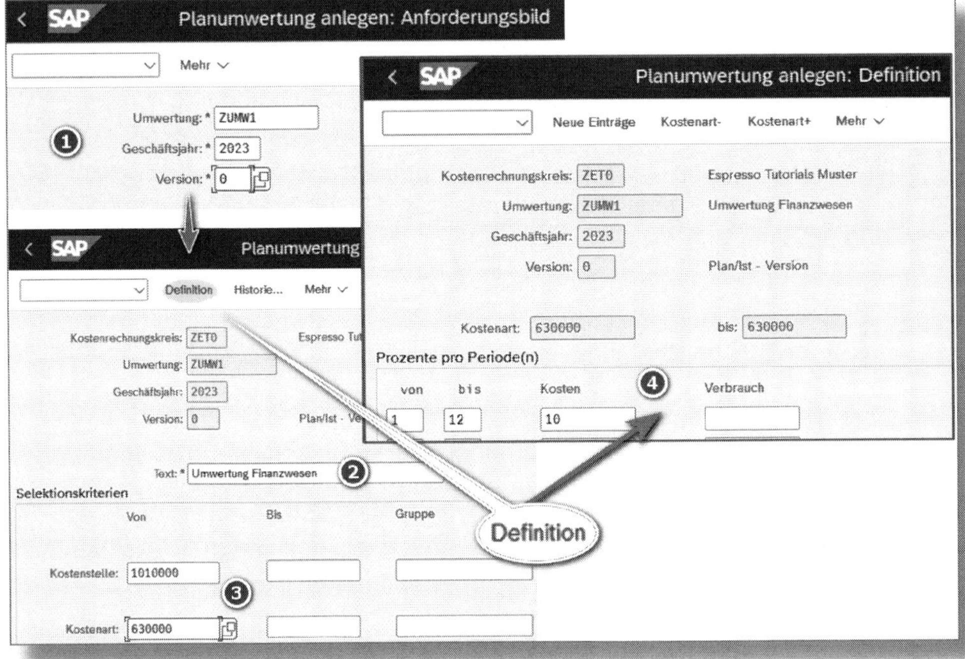


*Abbildung 3.28: Definieren einer Umwertung*

Unter ❶ tragen Sie für die UMWERTUNG einen Namen, das GESCHÄFTSJAHR und die VERSION ein, für die die Umwertung im Plan erfolgen soll.

Im nächsten Schritt geben Sie unter TEXT ❷ eine erläuternde Beschreibung ein und wählen im Abschnitt SELEKTIONSKRITERIEN die betroffene KOSTENSTELLE und KOSTENART ❸ aus. Dabei können Sie sowohl einen Einzelwert, Intervalle als auch Gruppen angeben. Klicken Sie danach auf den Button DEFINITION, um in dem sich öffnenden Pop-up die Prozentsätze zur Umwertung ❹ einzutragen. Für jede Periode lässt sich hier einzeln bestimmen, zu welchem Prozentsatz Kosten oder Verbrauch umgewertet werden sollen. Für einen Zuschlag geben Sie einen positiven Wert an, für einen Abschlag einen negativen.

Nach Anlage der Umwertung können Sie diese im SAP-Menü unter RECHNUNGSWESEN • CONTROLLING • KOSTENSTELLENRECHNUNG • PLA-

NUNG • PLANUNGSHILFEN • UMWERTEN • KOSTEN (Transaktion *KSPU*) ausführen.

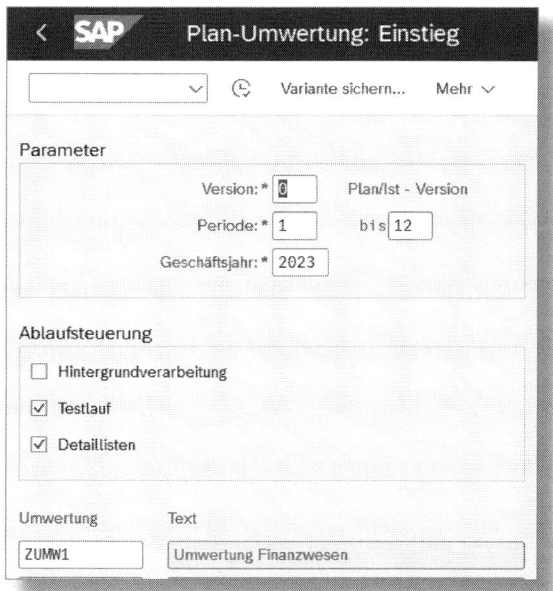


*Abbildung 3.29: Plan-Umwertung (Transaktion KSPU)*

Im Einstiegsbild (Abbildung 3.29) sehen Sie, dass hier auch ein TESTLAUF möglich ist. Ein Storno einer einmal durchgeführten Umwertung kann über das Anwendungsmenü über MEHR • UMWERTUNG • STORNIEREN erfolgen.

**Nachträgliches Ändern einer Kostenartengruppe**

Sollten Sie bei der Selektion der Umwertung eine Kostenartengruppe angegeben haben (siehe Abbildung 3.28), werden Änderungen dieser Gruppe nicht automatisch in der Umwertung fortgeschrieben. In einem solchen Fall wechseln Sie nach der Änderung der Kostenartengruppe noch einmal in die Pflege der Umwertung (z. B. per Transaktion *KPU2*), klicken auf DEFINITION in Abbildung 3.28 und sichern die Umwertung.

### 3.9.2 Plankopie

Das SAP-Menü bietet die Möglichkeit der Erstellung einer *Plankopie* für Kostenstellen. Unter RECHNUNGSWESEN • CONTROLLING • KOSTENSTELLENRECHNUNG • PLANUNG • PLANUNGSHILFEN • KOPIEREN werden Kopien sowohl als PLAN IN PLAN (Transaktion *KP97*) als auch als IST IN PLAN (Transaktion *KP98*) angeboten.

Im Abschnitt 1.2.3 sind wir auf unterschiedliche Planungsszenarien mit Versionen eingegangen. Sie finden dort zudem Beispiele für die Nutzung einer Plankopie im Zusammenhang mit Planungen von Quartalen innerhalb eines Geschäftsjahres. Neben dieser Form der Jahres- und Quartalsplanung können Sie eine Plankopie aber auch einsetzen, wenn Sie unterschiedliche Planungsszenarien in einer besonderen Version darstellen wollen (Best-Case- oder Worst-Case-Planung) oder wenn Sie für eine externe oder interne Rechnungslegung bestimmte Umlagen oder Verrechnungen nur im Plan durchführen wollen. Auf die Verrechnungen im Plan kommen wir im Abschnitt 3.11 zu sprechen.

## 3.10 Plandatenübernahme

Sie können Plandaten aus diversen anderen Komponenten als Planwerte für Ihre Kostenstellen übernehmen. Konkret besteht die Möglichkeit der Plandatenübernahme von

- Personalkosten aus Personalplanung (SAP HCM),
- Abschreibungen und Zinsen aus Anlagenbuchhaltung (SAP FI-AA) und
- disponierten Leistungen aus Produktionsplanung (SAP PP).

Wir gehen im Weiteren etwas genauer auf jede einzelne Option ein, die Sie alle im Customizing unter CONTROLLING • KOSTENSTELLENRECHNUNG • PLANUNG • PLANDATENÜBERNAHME finden.

## 3.10.1 Übernahme von Plandaten aus SAP HCM

Mithilfe der Funktion PERSONALKOSTEN AUS HR ÜBERNEHMEN (Transaktion *OKPLACTRL*) definieren Sie, wie in Abbildung 3.30 zu sehen, zuerst eine Planquelle ❶ und legen dann in der Sicht EINSTELLUNGEN PRO GESCHÄFTSJAHR fest, in welchen Kostenrechnungskreis ❷, für welches Geschäftsjahr ❸, bis zu welchem Datum ❹ und in welche Version ❺ Sie die Personalkostenhochrechnung übernehmen wollen.

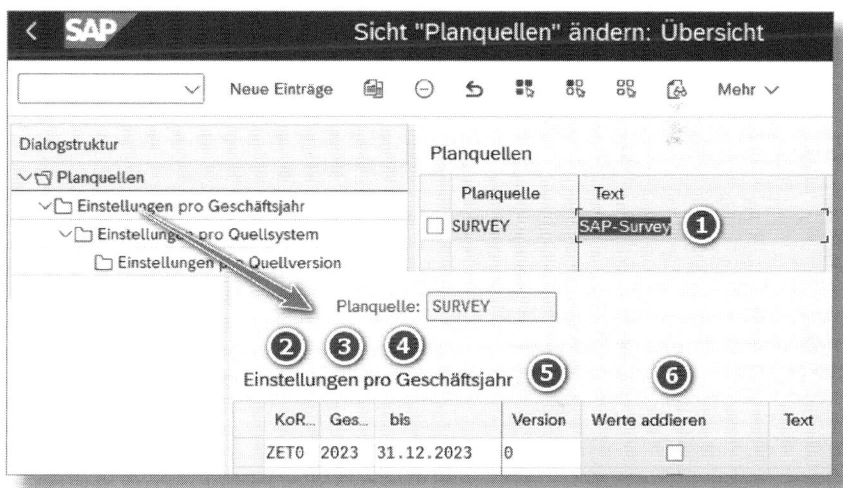


*Abbildung 3.30: Übernahme Plandaten aus SAP HCM*

Wenn Sie einen Haken beim Kennzeichen WERTE ADDIEREN ❻ setzen, werden neue Planwerte zu bereits bestehenden Werten hinzugerechnet; anderenfalls werden die vorhandenen Planwerte durch neue Planwerte überschrieben. Damit sind alle Einstellungen abgeschlossen, sofern bei Ihnen SAP HCM im gleichen System wie das Controlling läuft. Sollten Sie jedoch SAP HCM auf einem externen System betreiben, müssen Sie noch die EINSTELLUNGEN PRO QUELLSYSTEM pflegen. Hier legen Sie fest, welches Quellsystem (logisches System des Ursprungsbelegs) die Daten bis zu welchem Datum in welche Version überträgt. Sofern Sie mehrere Quellsysteme (unterschiedliche HCM-Systeme) betreiben, können Sie ferner unter EINSTELLUNGEN PRO QUELLVERSION für weitere Referenzschlüssel hinterlegen, welche Daten explizit übernommen werden sollen.

Die Übernahme von Plandaten erfolgt im SAP-Menü unter RECHNUNGSWESEN • CONTROLLING • KOSTENSTELLENRECHNUNG • PLANUNG • PLANUNGSHILFEN • ÜBERNAHMEN • PERSONALKOSTEN HR (Transaktion *KPHR*).

## 3.10.2 Übernahme von Daten aus der Anlagenbuchhaltung

Es ist möglich, die periodisch ermittelten Abschreibungen, Zinsen sowie geplante Investitionen einer Anlage aus der Anlagenbuchhaltung in die Primärkostenplanung der Kostenstellenrechnung zu übernehmen. Zuvor müssen Sie in der Anlagenbuchhaltung allerdings sicherstellen, dass die Voraussetzungen für die Integration mit der Kostenstellenrechnung gegeben sind. Dazu definieren Sie zunächst einen Bewertungsplan, der Vorgaben zur Ermittlung der Abschreibungen enthält. In Verbindung mit diesem Bewertungsplan erstellen Sie Anlagenklassen, in denen Sie bestimmen, auf welche CO-Objekte die Anlagen kontiert werden dürfen. Um Planwerte in die Kostenstellenrechnung übernehmen zu können, müssen Anlagen auch auf Kostenstellen kontierbar sein. Schließlich legen Sie zu den so erstellten Anlagenklassen Anlagenstammsätze an, die Sie Kostenstellen zuordnen. Sofern Sie leistungsabhängig planen wollen, müssen Sie außerdem eine Leistungsart mitangeben.

Die Übernahme der erwähnten Daten starten Sie im Anwendungsmenü unter RECHNUNGSWESEN • CONTROLLING • KOSTENSTELLENRECHNUNG • PLANUNG • PLANUNGSHILFEN • ÜBERNAHMEN • AFA/ZINSEN AM (Transaktion *S_ALR_87099918*).

## 3.10.3 Übernahme von Planleistungen aus SAP PP

Über DISPONIERTE LEISTUNGEN AUS PP ÜBERNEHMEN legen Sie fest, welche Art der Planung aus der Produktionsplanung in Ihre Kostenrechnung übernommen werden soll (siehe Abbildung 3.31).

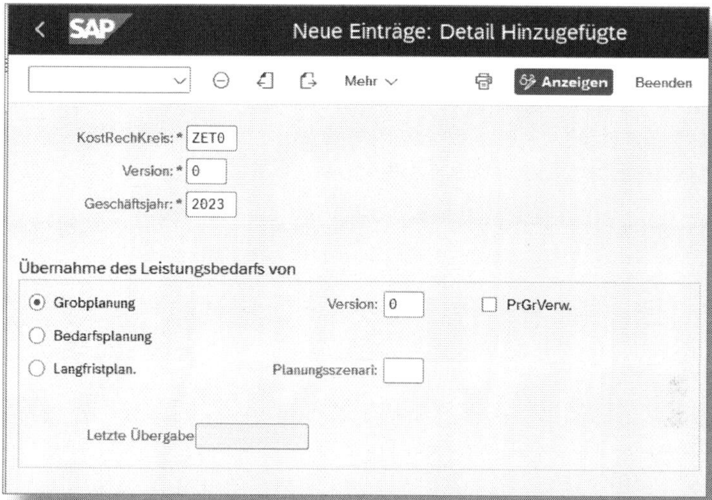

*Abbildung 3.31: Disponierte Leistung aus SAP PP übernehmen*

Nach Eintrag Ihres Kostenrechnungskreises (KOSTRECHKREIS), der VERSION und des GESCHÄFTSJAHRES können Sie zwischen GROBPLANUNG, BEDARFSPLANUNG und Langfristplanung (LANGFRISTPLAN.) wählen, die allesamt in der Produktionsplanung durchgeführt werden. Je nach gewähltem Szenario zieht das System zunächst die geplanten Mengen an eigengefertigten Produkten hinzu und ermittelt dann anhand der zu diesen Produkten hinterlegten Arbeitspläne die gesamte Planleistung pro Kostenstelle.

Die Übernahme der erwähnten Daten starten Sie im Anwendungsmenü unter RECHNUNGSWESEN • CONTROLLING • KOSTENSTELLENRECHNUNG • PLANUNG • PLANUNGSHILFEN • ÜBERNAHMEN • DISPONIERTE LEISTUNG PP (Transaktion *KSPP*).

## 3.11 Verrechnungen im Plan

In der Kostenstellenplanung wie auch bei den Istbuchungen haben Sie unterschiedliche Möglichkeiten der Verrechnung: Gemeinkostenzuschläge, Verteilungen, Umlagen und Leistungsverrechnungen. Für die Planung finden Sie die Punkte wie folgt im Customizing.

- **Gemeinkostenzuschläge im Plan** siehe CONTROLLING • KOSTENSTELLENRECHNUNG • PLANUNG • VERRECHNUNGEN • GEMEINKOSTENZUSCHLÄGEIM PLAN DEFINIEREN (Transaktion *OKOZ*)
- **Verteilungen im Plan** siehe CONTROLLING • KOSTENSTELLENRECHNUNG • PLANUNG • VERRECHNUNGEN • VERTEILUNG
- **Umlagen** siehe CONTROLLING • KOSTENSTELLENRECHNUNG • PLANUNG • VERRECHNUNGEN • UMLAGEN
- **Leistungsverrechnungen** siehe CONTROLLING • KOSTENSTELLENRECHNUNG • PLANUNG • VERRECHNUNGEN • LEISTUNGSVERRECHNUNG

Die jeweils erforderlichen Customizing-Einstellungen sind identisch mit denen für Istverrechnungen, die wir im Detail in den Abschnitten 5.3 und 5.4 erläutern.

Wir schließen damit das Thema Planung ab und wenden uns nun dem Obligo und der Mittelbindung zu.

# 4 Obligo und Mittelbindung

**Neben der Planung und Budgetierung besteht noch eine weitere Möglichkeit der Darstellung von künftigen Verpflichtungen oder zu erwartenden Buchungen. In diesem Kapitel möchten wir Ihnen die Obligoverwaltung für Kostenstellen vorstellen. Des Weiteren lassen sich durch Mittelbindungen selbst Verpflichtungen in SAP abbilden. Welche Einstellungen dazu notwendig sind, werden wir Ihnen im folgenden Kapitel ebenfalls erläutern.**

## 4.1 Was ist ein Obligo?

Unter *Obligo* versteht man zu erwartende Istkosten, die z. B. durch einen geschlossenen Vertrag oder eine Bestellung entstanden sein können. In der Finanzbuchhaltung sind derartige Vorgänge nirgendwo sichtbar, sondern werden dort erst mit dem Eingang einer Rechnung oder dem Ausgang einer Zahlung erfasst. Im Controlling bietet SAP S/4HANA jedoch die Möglichkeit, ein Obligo frühzeitig und automatisch zu verbuchen und in Auswertungen darzustellen. Ein Kostenstellenverantwortlicher kann so anhand der Summe aus Istkosten und Obligo erkennen, wie hoch seine Belastungen im laufenden Geschäftsjahr sind bzw. wie viel von seinem Etat oder Budget noch verfügbar ist.

## 4.2 Obligofortschreibung

Das Obligo wird automatisch beim Anlegen bzw. Ändern von Bestellanforderungen und Bestellungen im Einkauf erstellt und im Controlling fortgeschrieben, sofern Positionen der Bestellanforderungen bzw. Bestellungen auf Controlling-Objekte wie Kostenstellen kontiert sind.

## 4.3 Was ist eine Mittelbindung?

Eine *Mittelbindung* können Sie manuell anlegen, wenn Sie mit Sicherheit Istkosten erwarten, aber noch keine konkrete Bestellanforderung oder Bestellung angelegt haben. Sie können bereits erfasste Mittelbindungen später ändern oder abbauen, wenn die erwarteten Istkosten tatsächlich entstanden sind.

Dazu stehen Ihnen Transaktionen im Anwendungsmenü unter RECHNUNGSWESEN • KOSTENSTELLENRECHNUNG • ISTBUCHUNGEN • MITTELBINDUNG zur Verfügung. Um Obligo und Mittelbindung verwenden zu können, müssen Sie jedoch zunächst einige Einstellungen im Customizing vornehmen. Wir stellen Ihnen diese Schritte nun im Einzelnen vor.

## 4.4 Obligoverwaltung aktivieren

Durch die Aktivierung der Obligoverwaltung im Kostenrechnungskreis steht Ihnen diese Funktionalität dort grundsätzlich auch für die Kostenstellenrechnung zur Verfügung (siehe Abbildung 2.1; Transaktion *OK01*). Über die Kostenstellenart sind schon Vorschlagswerte für Sperrkennzeichen für die Obligoverwaltung gesetzt (siehe Abbildung 2.3). Diese Vorschlagswerte können Sie jedoch für jede Kostenstelle im Bereich STEUERUNG ändern.

Im Customizing lassen sich unter CONTROLLING • KOSTENSTELLENRECHNUNG • OBLIGO UND MITTELBINDUNG • OBLIGOVERWALTUNG AKTIVIEREN die relevanten Einstellungen durch Auswahl der folgenden Aktionen kontrollieren bzw. anpassen:

- OBLIGOVERWALTUNG IM KOSTENRECHNUNGSKREIS AKTIVIEREN
- VORSCHLAGSWERT OBLIGOVERW. IN KOSTENSTELLENART HINTERLEGEN
- OBLIGOVERWALTUNG IN KOSTENSTELLEN AKTIVIEREN

## 4.5 Customizing der Mittelbindung

Die Einstellungen zur Mittelbindung sind ebenfalls im Customizing-Pfad unter CONTROLLING • KOSTENSTELLENRECHNUNG • OBLIGO UND MITTELBINDUNG zu finden.

### 4.5.1 Nummernkreise für Mittelbindung definieren

Für die Mittelbindung benötigen Sie eigene Belegarten, um sie gegenüber anderen Geschäftsvorfällen abzugrenzen. Legen Sie zunächst über NUMMERNKREISE FÜR MITTELBINDUNG DEFINIEREN (Transaktion *OK60*) einen oder mehrere Nummernkreise an. Beachten Sie dabei, dass dieses Nummernkreisintervall für alle Kostenrechnungskreise gültig ist und entsprechend groß gestaltet sein sollte. Der Nummernkreis ist dem Nummernkreisobjekt IRW_BELEG (d. h. Nummernkreise für interne Rechnungswesen-Belege) zugeordnet.

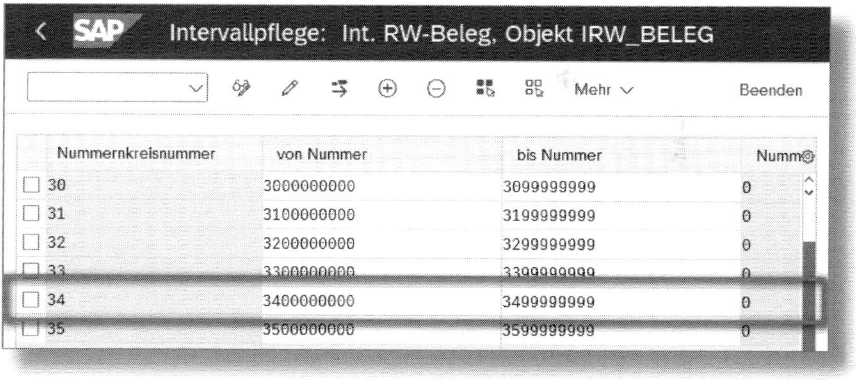

Intervallpflege: Int. RW-Beleg, Objekt IRW_BELEG

Mehr Beenden

| Nummernkreisnummer | von Nummer | bis Nummer | Numm |
|---|---|---|---|
| 30 | 3000000000 | 3099999999 | 0 |
| 31 | 3100000000 | 3199999999 | 0 |
| 32 | 3200000000 | 3299999999 | 0 |
| 33 | 3300000000 | 3399999999 | 0 |
| 34 | 3400000000 | 3499999999 | 0 |
| 35 | 3500000000 | 3599999999 | 0 |

*Abbildung 4.1: Nummernkreise für Mittelbindung definieren*

In unserem Beispiel werden wir den Nummernkreis 34 verwenden (siehe Abbildung 4.1).

## 4.5.2 Belegarten für Mittelbindungen definieren

Im nächsten Schritt können Sie unter BELEGARTEN FÜR MITTELBINDUNG DEFINIEREN eigene Belegarten für die Mittelbindung anlegen, sofern die von der SAP ausgelieferten Belegarten Ihren Anforderungen nicht genügen. Für das Controlling sind im Standard die Belegart CO und die Feldstatusgruppe G003 vorgesehen. Betrachten wir diese SAP-Standardbelegart in Abbildung 4.2.

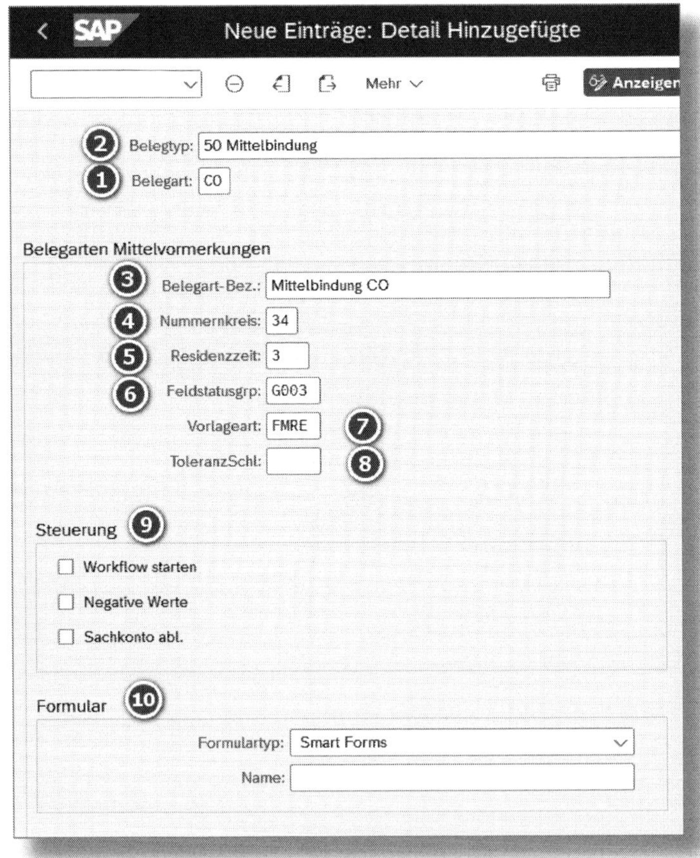


*Abbildung 4.2: Belegart für Mittelbindung definieren*

Unter BELEGART ❶ geben Sie ein Kürzel aus zwei Zeichen ein. Dieses wird später bei der Belegerfassung im Belegkopf vermerkt. Für jede Belegart legen Sie dann die folgenden Eigenschaften fest:

- Der BELEGTYP ❷ definiert den Geschäftsvorfall, im Rahmen dessen eine Mittelbindung gebucht werden soll. Beachten Sie, dass Sie für Mittelbindungen im Controlling ausschließlich den BELEGTYP *50 – Mittelbindung* verwenden können. Die weiteren Belegtypen, die hier zur Auswahl stehen, dienen für den Einsatz in anderen Komponenten wie z. B. im SAP-Modul Haushaltsmanagement der öffentlichen Verwaltung (PSM-FM).
- Unter BELEGART-BEZ. ❸ geben Sie einen beschreibenden Text für die Belegart ein.
- Unter NUMMERNKREIS ❹ weisen Sie der Mittelbindung den in Abschnitt 4.5.1 erstellten Nummernkreis zu.
- Die RESIDENZZEIT ❺ gibt an, wie viele Monate ein Beleg dieser Art mindestens im System verbleiben muss, bevor er archiviert werden darf.
- Unter FELDSTATUSGRP ❻ wählen Sie die Feldstatusgruppe für die Mittelreservierung aus.
- Die Einstellungen zur VORLAGEART ❼, zum Toleranzschlüssel (TOLERANZSCHL) ❽ und im Block STEUERUNG ❾ haben für das Controlling keine Bedeutung, sondern beziehen sich ebenfalls auf das SAP-Modul PSM-FM.
- Im Block FORMULAR ❿ können Sie ein Formular (*Smart Forms* oder PDF-basiertes Formular) angeben, das automatisch beim Drucken verwendet wird; sollte dieses Ihren Anforderungen nicht genügen, hinterlegen Sie an dieser Stelle ein eigenes Formular.

## 4.5.3 Feldsteuerung Mittelbindung

Über die *Feldstatusgruppe* (FELDSTATUSGRP) ❻ steuern Sie, welche Felder beim Erstellen einer Mittelbindung angezeigt werden und wie sich diese verhalten sollen – dies erläutern wir in den nachfolgenden

Abschnitten. Die Gruppe bestimmt, welche Felder beim Erfassen eines Belegs ausgeblendet und welche als Kann- oder Pflichteingabe dargestellt werden sollen. Feldstatusgruppen werden in einer *Feldstatusvariante* zusammengefasst und einem Buchungskreis zugeordnet.

Die Technik des Feldstatus stammt aus der Finanzbuchhaltung und wird ansonsten nirgendwo anders im Controlling eingesetzt (wenn man von den Sachkonten absieht, die inzwischen mit den Kostenarten verschmolzen sind). Dass sie hier zum Einsatz kommt, liegt daran, dass die Funktionalität der Mittelbindung ihren Ursprung im Haushaltsmanagement hat, das wiederum ehemals in der Finanzbuchhaltung angesiedelt war. Da ein und dieselbe Funktionalität in sehr unterschiedlichen Zusammenhängen verwendet wird, ist die korrekte Einstellung des Feldstatus an dieser Stelle umso wichtiger. Sie müssen nämlich sicherstellen, dass der Anwender im Controlling nicht mit Feldern konfrontiert wird, die in der Kostenstellenrechnung überhaupt keine Relevanz besitzen, wie z. B. die Konzepte Finanzstelle oder Finanzposition aus dem Haushaltsmanagement.

Auf die einzelnen Einstellungen zur Feldsteuerung der Mittelbindung gehen wir in den folgenden Abschnitten ein. Sie finden diese unter dem Customizing-Pfad CONTROLLING • KOSTENSTELLENRECHNUNG • OBLIGO UND MITTELBINDUNG • OBLIGOVERWALTUNG AKTIVIEREN • FELDSTEUERUNG MITTELBINDUNG.

### Feldstatusvariante definieren

Unter dem Punkt FELDSTATUSVARIANTE DEFINIEREN (Transaktion *FMU3*) erstellen Sie zunächst eine Feldstatusvariante bzw. nutzen die voreingestellte Variante FMRE.

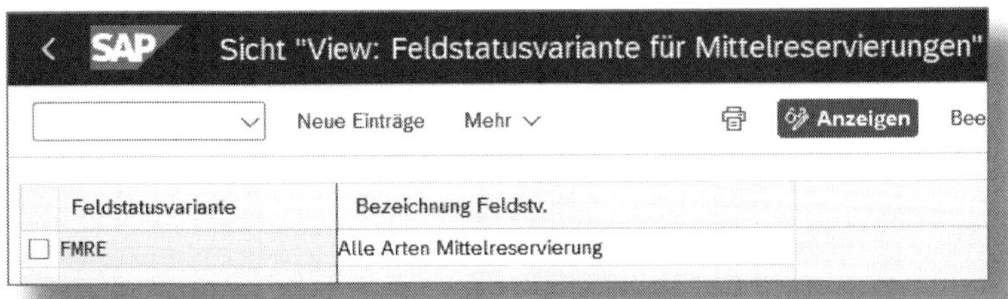


*Abbildung 4.3: Feldstatusvariante definieren*

**☛ Exkurs: Mittelvormerkungen im Haushaltsmanagement**

In Abbildung 4.3 lautet die Bezeichnung der Feldstatusvariante *FMRE – Alle Arten von Mittelreservierung*. Hintergrund: Im Haushaltsmanagement (Funds Management, FM) der öffentlichen Verwaltung (Public Sector Management, PSM), also im SAP-Modul PSM-FM, werden unter dem Oberbegriff *Mittelvormerkungen* alle Geschäftsvorfälle zusammengefasst, die bereits zugeteiltes Budget für erwartbare Einnahmen oder Ausgaben beanspruchen. Dazu zählen u. a.:

- Mittelreservierungen: Hier liegt eine Mittelbeanspruchung ohne genauen Verwendungszweck vor, sie ist Vorstufe zur Mittelvorbindung und Mittelbindung.
- Mittelvorbindungen: Hier ist der Verwendungszweck genauer bekannt, ohne dass bereits eine vertragliche Vereinbarung mit Außenstehenden existiert.
- Mittelbindungen: Es bestehen sowohl der Verwendungszweck als auch die rechtliche Bindung gegenüber Außenstehenden, bspw. eine Bestellung bei einem Lieferanten.
- Mittelsperren: Hierdurch können Teile des Budgets gesperrt werden, sodass das Budget nicht für andere Zwecke zur Verfügung steht (Stichwort: Haushaltssperre).

In der Kostenstellenrechnung werden wir uns aber nur mit der Mittelbindung ausführlicher auseinandersetzen.

#### Feldstatusvariante mit Buchungskreis verknüpfen

Über den Punkt Feldstatusvariante Buchungskreis zuordnen verknüpfen Sie die Feldstatusvariante mit Ihrem Buchungskreis (siehe Abbildung 4.4).

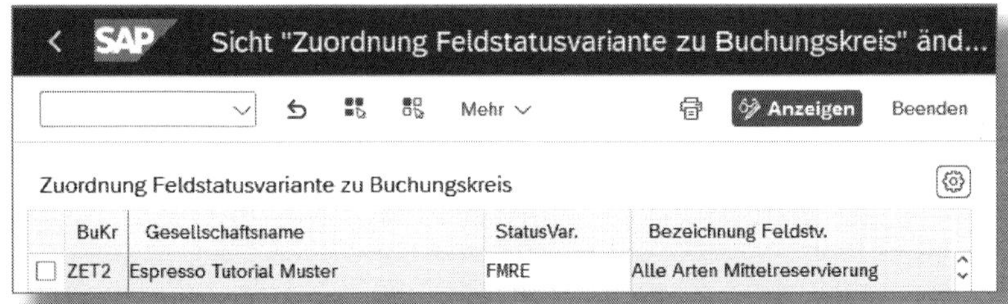


*Abbildung 4.4: Feldstatusvariante zum Buchungskreis zuordnen*

## Feldstatusgruppen anlegen

Nachdem Sie die Feldstatusvariante definiert und zugeordnet haben, legen Sie unter FELDSTATUSGRUPPEN DEFINIEREN (Transaktion *FMU5*) die FELDSTATUSGRUPPEN an (siehe Abbildung 4.5).

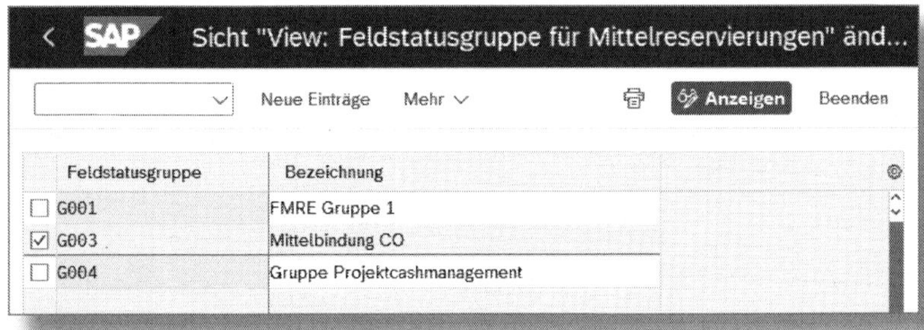


*Abbildung 4.5: Feldstatusgruppen definieren*

SAP liefert im Standard die voreingestellte Gruppe *G003* aus.

## Feldauswahlleiste definieren

Über die *Feldauswahlleiste* steuern Sie, welche Felder beim Erfassen einer Mittelbindung ausgeblendet bzw. als Kann- oder Muss-Eingabe angezeigt werden sollen. Unter dem Punkt FELDAUSWAHLLEISTE DEFINIEREN werden Ihnen verschiedene Auswahlleisten bereitgestellt. Neben den für das Modul PSM-FM relevanten MITTELVORMERKUNGEN OHNE CO ❶ und MITTELVORMERKUNGEN MIT CO ❷ ist hier auch eine Mittelbindung nur für das Controlling MITTELV_CO ❸ auswählbar (siehe Abbildung 4.6). Markieren Sie diese, und wechseln Sie in der Dialogstruktur auf den Punkt FELDSTATUS ZUR FELDAUSWAHLLEISTE PFLEGEN ❹, um die einzelnen Felder einzustellen.

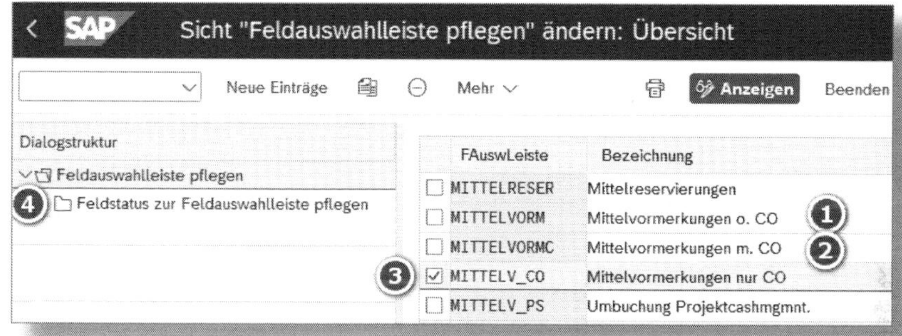


*Abbildung 4.6: Feldauswahlleiste pflegen*

In der nun dargestellten Liste können Sie für alle Felder der Mittelbindung jeweils zwischen den Optionen AUSBLENDEN ❶, ANZEIGEN ❷, KANNEINGABE ❸ und MUSSEINGABE ❹ wählen (siehe Abbildung 4.7).

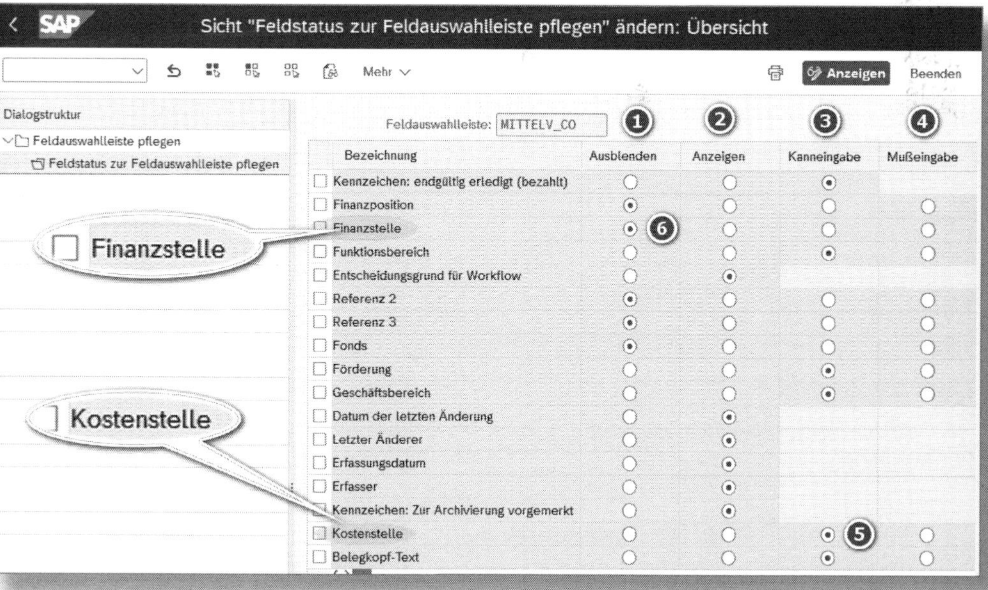


*Abbildung 4.7: Feldstatus zur Feldauswahlleiste pflegen*

Im Beispiel ist für das Feld KOSTENSTELLE die Option KANNEINGABE ❺ gesetzt, sodass sich hier Werte bei der Mittelbindung in SAP CO eintragen lassen, während die Finanzstelle (als Gegenstück zur Kostenstelle im Modul PSM-FM) auf AUSBLENDEN ❻ steht, sodass das Feld bei der Anlage einer Mittelbindung für diese Feldauswahlleiste nicht angezeigt wird.

Auch an dieser Stelle legen wir Ihnen ans Herz, keine SAP-Standardeinstellungen zu verändern, sondern sie bei Bedarf zu kopieren und erst dann an Ihre Anforderungen anzupassen.

### Feldauswahlleiste mit Feldstatusvariante und -gruppe verknüpfen

Zum Schluss verknüpfen Sie über FELDAUSWAHLLEISTE ZUORDNEN (Transaktion *FMUN*) die Feldauswahlleiste mit der Feldstatusvariante und -gruppe. In Abbildung 4.8 betrifft das

❶ die FELDSTATUSVARIANTE *FMRE*,

❷ die FELDSTATUSGRUPPE *G003* und

❸ die FELDAUSWAHLLEISTE *MITTELV_CO*.

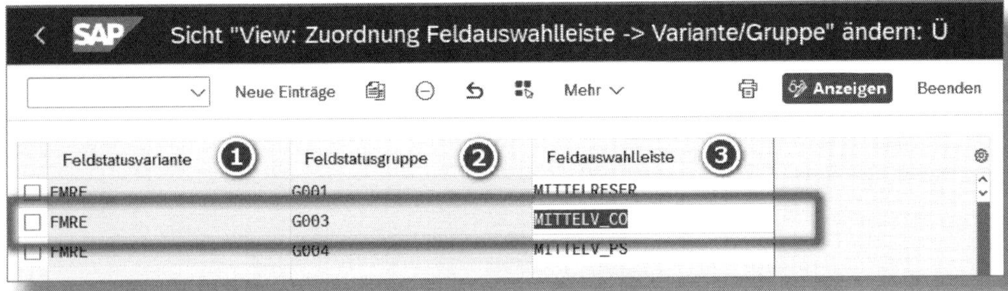


*Abbildung 4.8: Feldauswahlleiste zur Feldstatusvariante/-gruppe zuordnen*

Sie erinnern sich: Die Feldstatusvariante hatten wir zuvor dem Buchungskreis zugeordnet und die Feldstatusgruppe der Belegart. Damit ermittelt das System nun automatisch die entsprechende Feldauswahlleiste, wenn Sie in Ihrem Buchungskreis zur betroffenen Belegart einen Beleg erfassen.

**Obligo und Mittelbindung**

In der Videosammlung »Controlling mit SAP S/4HANA – Customizing Kostenstellenrechnung«, die Sie über den frei zugänglichen Bereich unserer SAP-Lernplattform aufrufen, stellen wir Ihnen im Video »Obligo« die einzelnen Schritte zur Einrichtung von Obligo und Mittelbindung im Customizing vor. Wie Sie den Zugang zum Video erhalten, haben wir im Vorwort beschrieben.

### 4.5.4 Mittelbindungen verwenden

Damit ist das Customizing für Obligo und Mittelbindung abgeschlossen. Wie im Abschnitt 4.3 erwähnt, finden Sie im SAP-Anwendungsmenü verschiedene Transaktionen zur Mittelbindung.

Sie können eine Mittelbindung ANLEGEN (Transaktion *FMZ1*), ÄNDERN (Transaktion *FMZ2*) oder auch ANZEIGEN (Transaktion *FMZ3*). Ferner besteht die Möglichkeit, per ABBAUEN (Transaktion *FMZ6*) eine bestehende Mittelbindung um einen Abbaubetrag zu reduzieren oder sie komplett auf erledigt (Kennzeichen MITTELBINDUNG ERLEDIGT) zu setzen. Soll die Mittelbindung durch das Buchen einer Rechnung reduziert werden, ist im Customizing der Finanzbuchhaltung ebenfalls die Feldsteuerung anzupassen. Dieses ist unter FINANZWESEN • GRUNDEINSTELLUNGEN FINANZWESEN • BELEG • BUCHUNGSSCHLÜSSEL DEFINIEREN je Buchungsschlüssel möglich. Über den Buchungsschlüssel *31 Rechnung, Kreditor* gelangen Sie per Doppelklick zur Pflege des Feldstatus zum Buchungsschlüssel. Daraufhin lässt sich in der Gruppe ZUSATZKONTIERUNGEN das Feld MITTELVORMERKUNG auf Kann-Eingabe setzen. In SAP ERP ECC war dieses über die Pflege der Feldstatusvariante im Customizing unter FINANZWESEN • GRUNDEINSTELLUNGEN FINANZWESEN • BELEGPOSITION • STEUERUNG • FELDSTATUSVARIANTE DEFINIEREN und dort ebenfalls in der Gruppe ZUSATZKONTIERUNGEN möglich. Diese Feldstatusvariante wurde in der Pflege des Sachkontos (Transaktion

*FS00*) im Reiter ERFASSUNG/BANK/ZINS, Abschnitt STEUERUNG der Belegerfassung im Buchungskreis über das Feld FELDSTATUSGRUPPE zugeordnet. Stimmen Sie sich an dieser Stelle bzgl. des Customizings mit Ihrer Finanzbuchhaltung ab.

Im Ergebnis ist es möglich, z. B. beim Erfassen einer Kreditorenrechnung, im Kontierungsblock über das Feld MITTELVORMERKUNG die Belegnummer einer Mittelbindung anzugeben, sodass die Mittelbindung um diesen Betrag reduziert wird. Ferner können Sie auch das Feld MITTELVORMERKUNG ERLEDIGEN über die Zusatzkontierung auf KANNEINGABE setzen, sodass beim Erfassen der Rechnung die Mittelbindung durch Teilbeträge komplett abbaubar ist.

### 4.5.5 Vorausschauende Obligoverwaltung

Mit SAP S/4HANA 2022 wird verstärkt das im Abschnitt 3.7.4 vorgestellte Prediction-Ledger für die Obligoverwaltung genutzt, um die Auswirkungen einer Bestellanforderung oder einer Bestellung auf die Finanzbuchhaltung vorherzusagen. Damit verbundene Verbindlichkeiten werden dargestellt, bevor ein Istbuchungsbeleg im Hauptbuch angelegt wird. Auch Mengenänderungen innerhalb Ihres Einkaufsbelegs werden im Prediction-Ledger in entsprechenden Vorschaubelegen für künftige Ausgaben (als Erweiterungsledger) abgebildet. Dies hat den Vorteil, dass die Werte im Erweiterungsledger im Rahmen des Bestellprozesses regelmäßig angepasst werden. Sämtliche Änderungen wirken sich dabei direkt auf das Prediction-Ledger aus.

Betrachten wir in Abbildung 4.9 als Erstes die einzelnen, vereinfachten Schritte des Einkaufsprozesses.

Beim Eingang einer Bestellung ❶ wird ein Obligo für den Aufwand im Prediction-Ledger 0E angelegt, sofern das erforderliche Budget für die Kostenstelle verfügbar ist. Die Obligobelegnummer beginnt dabei mit PA, um diesen Beleg von den Buchhaltungsbelegen zu unterscheiden.

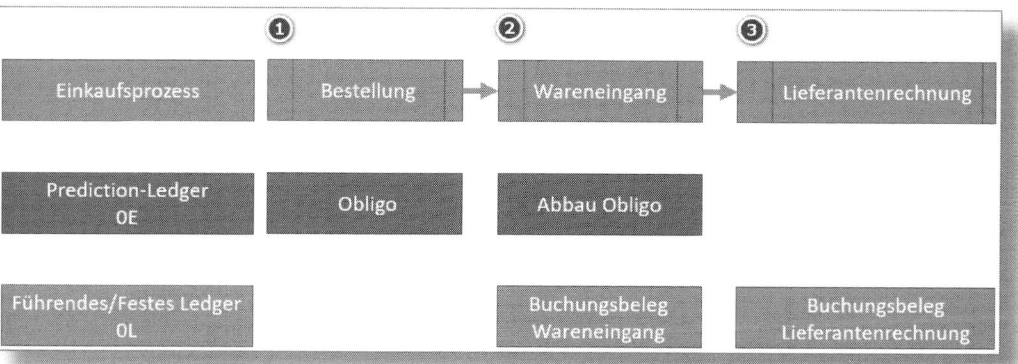


*Abbildung 4.9: Funktionsweise der vorausschauenden Obligoverwaltung*

Bei Buchung eines Wareneingangs ❷ vor Rechnungsstellung wird im Ledger 0L ein Buchungsbeleg für die Istausgaben angelegt. Die vorausschauende Obligoverwaltung reagiert auf diesen Istbeleg, indem sie das entsprechende Obligo anpasst und im Idealfall durch Erfassung eines negativen Obligos in Höhe des Wertes des Wareneingangs komplett abbaut.

Sobald die Lieferantenrechnung ❸ erfolgt, wird im führenden Ledger ein Buchungsbeleg für diese Lieferantenrechnung angelegt.

Zur Auswertung von Obligos in jedem Sachkonto im Prediction-Ledger eignen sich die Fiori-Apps »Einzelposten im Hauptbuch anzeigen« (App-ID: F2217) und »Einzelposten anzeigen – Kostenrechnung« (App-ID: F4023).

Zur Auswertung von Kostenstellen können Sie die App »Obligo nach Kostenstelle« (App-ID: F3016) verwenden. Diese ermöglicht u. a. ein Drill-down zu den einzelnen Kostenarten sowie einen Vergleich zwischen Ist- und Planaufwendungen.

Die bereits im Abschnitt 3.8.4 beschriebene App »Kostenstellen Etatbericht« (App-ID: F3871) stellt Ihnen für die budgettragende Kostenstelle (siehe Abschnitt 3.8.1) Informationen zu Budget, Istkosten, Obligos und verfügbaren Budgets zusammen.

Mit der App »Einzelposten im Hauptbuch anzeigen« können Sie die Vorschaubelege aufrufen, die im Prediction-Ledger angelegt wurden, um dafür Budget festzuschreiben und den Einkaufsprozess abzubilden. Wie erwähnt, können diese Obligobelege in der Weise angepasst werden, dass im Vorschaubeleg auch ein *Veraltungsgrund* als Feld gepflegt wird. Wird eine Bestellanforderung oder Bestellung angelegt, ist das Feld Veraltungsbeleg leer (der Vorschaubeleg wird noch im Prediction-Ledger verwendet). Dies ist der initiale Vorschaubeleg.

Eine Anpassung des Ursprungsbelegs für das Obligo (bspw. durch Änderung der Einkaufsmenge) hat folgende Auswirkungen:

- Der Veraltungsgrund des initialen Vorschaubelegs wird von leer auf 1 (Der Vorschaubeleg ist veraltet) geändert, da es sich um eine veraltete Buchung handelt.
- Ein neuer Vorschaubeleg mit umgekehrten Vorzeichen des ursprünglichen Vorschaubelegs wird angelegt, um die Auswirkungen des Vorschaubelegs rückgängig zu machen. Hier ist der Veraltungsgrund 2 (Der Vorschaubeleg hebt die Auswirkung eines veralteten Vorschaubelegs auf). Dieses ist quasi der Stornobeleg zur veralteten Buchung.
- Für den geänderten Ursprungsbeleg wird eine neue Obligobuchung wiederum ohne Veraltungsgrund (leeres Feld) angelegt.

Durch Löschung des Ursprungsbelegs wird auch das entsprechende Obligo angepasst. Hier wird im initialen Vorschaubeleg der Veraltungsgrund auf 1 geändert und ein neuer Vorschaubeleg mit umgekehrten Vorzeichen und Veraltungsgrund 2 zur Stornierung der veralteten Buchung angelegt.

Bei Buchung eines bewerteten Warenausgangs oder einer Lieferantenrechnung im führenden Ledger wird ein zusätzlicher Vorschaubeleg im Prediction-Ledger mit umgekehrten Vorzeichen zum Abbau des initialen Obligos im Prediction-Ledger angelegt. Hier wird als Veraltungsgrund der neue Vorschaubeleg 3 (Der Vorschaubeleg baut die Aus-

WIRKUNGEN DES VORSCHAUBELEGS AB) angegeben. Dieses entspricht einer Abbaubuchung des Obligos (siehe ❷ in Abbildung 4.9).

Nach Upgrade auf das SAP-S/4HANA-Release 2022 werden die Obligos dynamisch auf die vorausschauende Obligoverwaltung migriert. Dieses gilt für die Obligoverwaltung, die sowohl in die ACDOCA- als auch die COOI-Tabellen gebucht hat (verfügbar für SAP S/4HANA 1809 bis 2021). Für ältere Versionen können Sie über den Report *Predictive-Accounting-Daten umbuchen* (FINS_PRED_REPOST) eine Erstdatenübernahme anstoßen. Beachten Sie hierzu die Hinweise innerhalb der Reportdokumentation im SAP-System.

**! Obligos im SAP GUI (On-Premise)**

Auch wenn die vorausschauende Obligoverwaltung aktiviert ist, werden weiterhin neben der Tabelle ACDOCA auch die alten Obligotabellen (COOI) parallel durchgebucht, damit die vergangenen Obligoberichte sowie die Budgetverwaltung weiterhin funktionieren. Die alten Obligoberichte weisen keine auf dem Prediction-Ledger basierenden Obligos aus. Weitere Informationen zu »Einschränkungen bei neuer Obligoverwaltung« (Release SAP S/4HANA 1809 und höher) erhalten Sie im SAP-Hinweis 2778793.

Wir schließen damit die Erläuterungen zu Obligo und Mittelbindung ab und widmen uns im nächsten Kapitel den Istbuchungen.

# 5 Istbuchungen

**Bisher haben wir uns um die Zukunft von Finanzdaten im Controlling (Planung, Budgetierung und künftige Verpflichtungen durch Obligo) gekümmert. Jetzt wenden wir uns der Gegenwart aus Sicht der Kostenstellenrechnung zu und befassen uns mit (manuellen) Istbuchungen, der Istdatenübernahme, aber auch mit verschiedenen Möglichkeiten der Verrechnung im Rahmen Ihres Periodenabschlusses im Controlling.**

Zum Tagesgeschäft in der Kostenstellenrechnung gehört neben der in den vorherigen Kapiteln vorgestellten Abbildung von künftigen Verpflichtungen durch Planung, Budgetierung oder Obligos auch die Frage, wie Sie betriebswirtschaftliche Vorgänge innerhalb des internen Rechnungswesens erfassen können. Hier möchten wir Ihnen einerseits die Istbuchungen und die Istdatenübernahme, andererseits aber auch die unterschiedlichen Möglichkeiten im Rahmen eines Periodenabschlusses innerhalb der Kostenstellenrechnung vorstellen. Im Wesentlichen betrachten wir die Entstehung von Istkosten in der Kostenstellenrechnung. Dies kann sowohl die Übernahme von Rechnungen aus dem externen Rechnungswesen im Controlling betreffen als auch Buchungen, die zur internen Verrechnung im internen Rechnungswesen – etwa im Rahmen eines Periodenabschlusses im Controlling – vorgenommen werden und die dadurch direkte Auswirkungen auf Ihre Kostenstellen haben.

## 5.1 Kostenverrechnung

Grundlage für das Controlling (d. h. für das interne Rechnungswesen) in der Kostenstellenrechnung sind die über die Finanzbuchhaltung erfassten Belege des externen Rechnungswesens. Damit diese Belege überhaupt im Controlling fortgeschrieben und in der Kostenstellenrechnung ausgewertet werden können, nutzen wir die automatische

Kontierung. Demgegenüber steht die manuelle Kostenverrechnung, über die wir selbst Belege im internen Rechnungswesen buchen.

### 5.1.1 Automatische Kontierung einstellen

Eine automatische Kontierungsfindung erfolgt bei Buchungen im externen Rechnungswesen, wenn für eine kostenrechnungsrelevante Buchungszeile kein Kostenträger (CO-Objekt wie Kostenstelle) eingetragen wurde. Dies ist bei automatisch erzeugten Buchungszeilen wie bspw. Skonti, Kursdifferenzen und Bankspesen oder Preis- und Kleindifferenzen der Fall. Daneben kann die automatische Kontierungsfindung auch als Vorschlagskontierung genutzt werden. Grundlage dafür ist, dass Sie im Customizing eine Standardkontierung für Kostenarten hinterlegen. Dies passiert unter CONTROLLING • KOSTENSTELLENRECHNUNG • ISTBUCHUNGEN • MANUELLE ISTBUCHUNGEN • STANDARDKONTIERUNGEN VERWALTEN (Transaktion *OKB9*).

Die automatische Kontierung besteht zum einen aus einer allgemeinen Ebene für die Zuordnung von Kostenstelle oder Innenauftrag je Kostenart, zum anderen aus einer Detailebene, auf der Sie Kostenarten automatisch auf bestimmte Kostenstellen oder Innenaufträge in Abhängigkeit vom Profitcenter bzw. vom jeweiligen Geschäftsbereich/ Bewertungskreis kontieren. Eine solch detaillierte Kontierungsfindung ist nur möglich, wenn Sie in der Spalte DETAIL KONTZUORDNUNG eine Regel eintragen, die die detaillierte Kontierungsfindung erlaubt. Zur Auswahl stehen folgende Regeln, die ein entsprechendes Feld im Buchungsbeleg obligatorisch machen:

1. Bewertungsbereich obligatorisch
2. Geschäftsbereich obligatorisch
3. Profitcenter obligatorisch

An dieser Stelle genügt uns ein Blick auf die allgemeine Ebene.

Um für eine Kostenart einen Vorschlagswert vorzugeben, klicken Sie auf [Neue Einträge] und gelangen so auf den in Abbildung 5.1 gezeigten Screen.

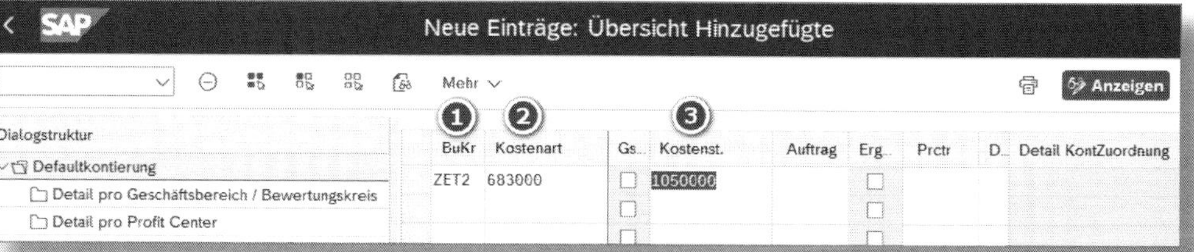


*Abbildung 5.1: Automatische Kontierung einstellen*

Hier tragen Sie den Buchungskreis (BUKR) ❶ und die KOSTENART ❷ ein. Dann geben Sie als Vorschlagskontierung entweder eine Kostenstelle (KOSTENST.) ❸ oder einen Innenauftrag (AUFTRAG) an. Anwendungsbeispiele für ein solches Szenario sind Telefon- oder Mietkosten, die Sie manuell in SAP FI erfassen und auf einer zentralen Kostenstelle sammeln möchten. Beachten Sie, dass es sich lediglich um einen Vorschlagswert handelt, der Anwender kann diesen manuell beim Buchen noch ändern.

**Automatische Kontierung in SAP S/4HANA nur noch über Transaktion OKB9**

In SAP ERP war es noch möglich, automatische Kontierungen direkt in den Stammdaten von Kostenarten zu pflegen. Da es in SAP S/4HANA keine Kostenarten mehr gibt, können Sie hier die automatischen Kontierungen nur noch in der Transaktion *OKB9* pflegen.

## 5.1.2 Manuelle Kostenverrechnung

Auch innerhalb der Kostenstellenrechnung können Sie direkt Belege erfassen. So haben Sie in SAP GUI unter RECHNUNGSWESEN • CONTROLLING • KOSTENSTELLENRECHNUNG • ISTBUCHUNGEN • MANUELLE KOSTENVERRECHNUNG die Möglichkeit, eine Kostenverrechnung zu erfassen (Transaktion *KB15N*), anzuzeigen (Transaktion *KB16N*) oder zu stornieren (Transaktion *KB17N*). Unter SAP Fiori stehen Ihnen diese Transaktionen ebenfalls als Apps zur Verfügung.

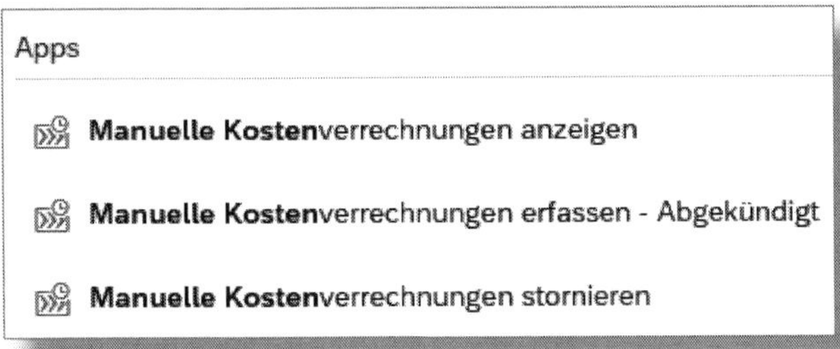


*Abbildung 5.2: Fiori-Apps zur manuellen Kostenverrechnung*

Lassen Sie sich in diesem Fall nicht von dem Hinweis ABGEKÜNDIGT irritieren (siehe Abbildung 5.2). Laut SAP-Hinweis 3266933 handelt es sich dabei um eine falsche Information, und Sie können die genannten Apps weiterhin verwenden.

Die Oberflächen der Fiori-App und der GUI-Transaktion sind identisch. In Abbildung 5.3 sehen Sie eine Umbuchung von Kosten zwischen zwei Kostenstellen.

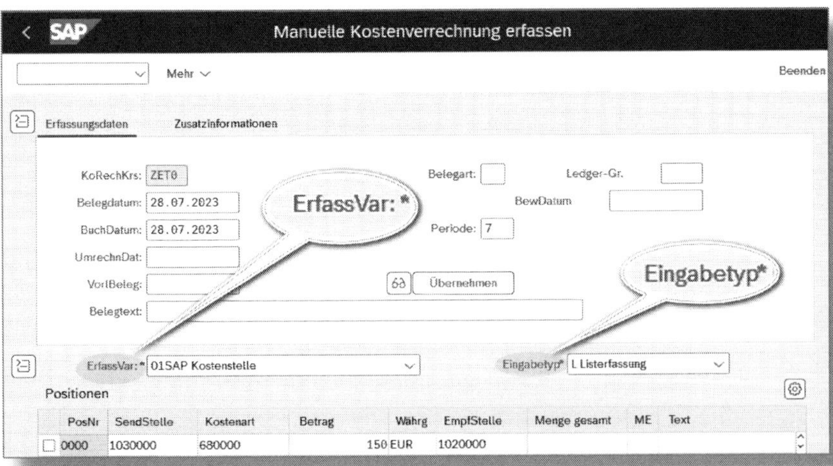


*Abbildung 5.3: Beispiel für manuelle Kostenumbuchung in CO*

Welche Felder dabei angezeigt werden, steuern Sie über die Erfassungsvariante (ERFASSVAR). Daneben haben Sie unter EINGABETYP die Auswahl zwischen einer List- und einer Einzelerfassung. Bei Letzterer haben Sie einen besseren Überblick über die zu pflegenden Felder, bei der Listerfassung können Sie komfortabler mehrere Positionen gleichzeitig erfassen. Weitere Empfänger/Sender können CO-Innenaufträge, PSP-Elemente und andere CO-Objekte sein.

### 5.1.3 Erfassungsvariante definieren

Eine "*Erfassungsvariante* enthält alle Voreinstellungen zu Aufbau und Aussehen der entsprechenden Transaktion. Sofern Ihnen die von SAP voreingestellten Erfassungsvarianten nicht genügen, können Sie sich im Customizing unter CONTROLLING • KOSTENSTELLENRECHNUNG • ISTBUCHUNGEN • MANUELLE ISTBUCHUNGEN • EIGENE ERFASSUNGSVARIANTEN FÜR BUCHUNGEN IM CONTROLLING eine eigene Variante definieren. Wie üblich gilt, dass Sie bestehende SAP-Varianten nicht verändern sollten. Entsprechend markieren Sie in Abbildung 5.4 die Erfassungsvariante (ERF.-VAR) *01SAP* ❶ und kopieren diese über die Schaltfläche [📋] ❷. In der Kopie können Sie einen eigenen Namen für unsere Variante eingeben ❸. Dieser darf nicht mit einer Zahl beginnen, daher haben wir in unserem Beispiel *ZET01* gewählt und per Schaltfläche [Übernehmen] im sich öffnenden Pop-up mit Klick auf [alle kopieren] ❹ jeden dahinterliegenden Eintrag kopiert.

Wenn Sie diese neue Erfassungsvariante markieren und DEFINITION DER ERFASSUNGSVARIANTEN PRO VORGANG wählen, gelangen Sie auf der Liste der relevanten Vorgänge ❷ zu unserer Erfassungsvariante *ZET01* ❶ (siehe Abbildung 5.5).

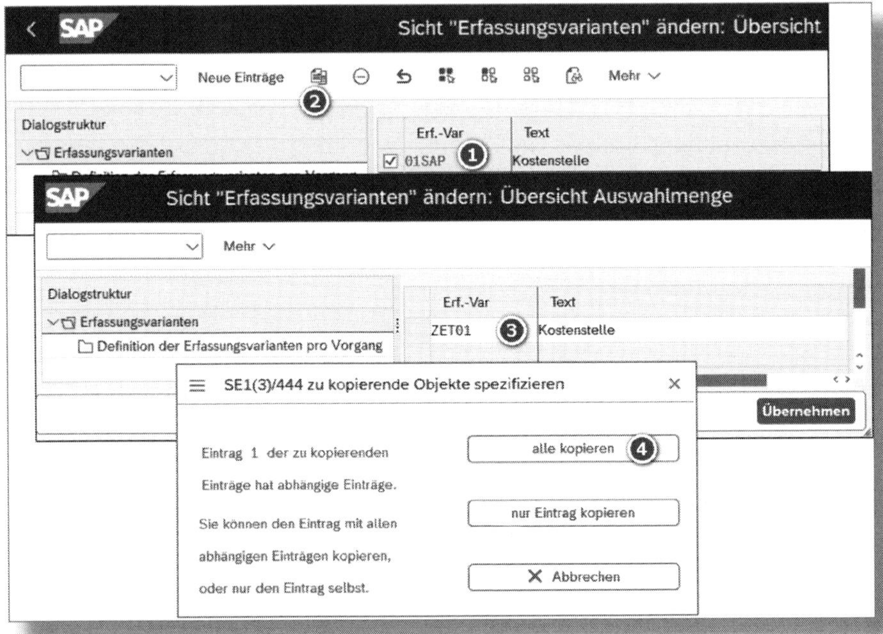


*Abbildung 5.4: Erfassungsvariante kopieren*

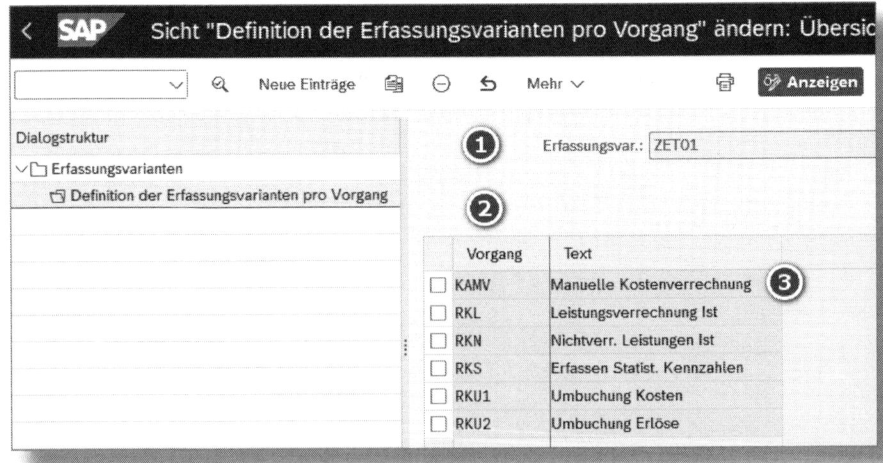


*Abbildung 5.5: Definition der Erfassungsvarianten pro Vorgang*

Mit *Vorgänge* sind an dieser Stelle die unterschiedlichen Geschäftsvorfälle gemeint, in deren Rahmen Sie manuelle Istbuchungen vornehmen können. Die Erfassungsvarianten können Sie für alle Vorgänge einsetzen; Sie pflegen für Ihre Variante je Vorgang, welche Felder angezeigt werden sollen.

Im Beispiel wählen wir den VORGANG *KAMV – Manuelle Kostenverrechnung* aus und gelangen per Doppelklick zur Definition der Erfassungsvariante je Vorgang (siehe Abbildung 5.6).

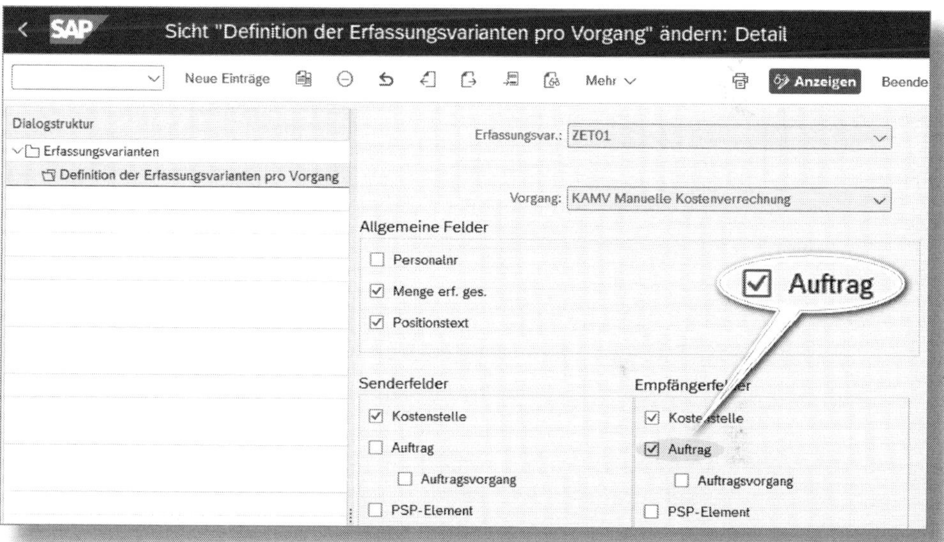


*Abbildung 5.6: Eigene Erfassungsvariante Sender-/Empfängerfelder*

Dort stellen Sie ein, welche Felder auf der Sender- und welche auf der Empfängerseite angezeigt werden sollen. Im Beispiel haben wir das Feld AUFTRAG noch zusätzlich ausgewählt.

Weiter unten im Block WEITERE DATEN legen Sie unter EINSTIEGSBILD fest, ob beim Aufruf der Transaktion zuerst die List- oder die Einzelerfassung dargestellt wird (siehe Abbildung 5.7).

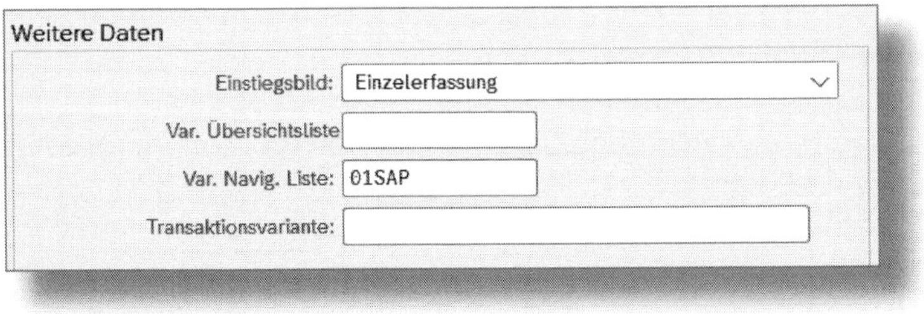

*Abbildung 5.7: Weitere Daten*

Über den Parameter VAR. ÜBERSICHTSLISTE können Sie eine Anzeigevariante für die Übersichtsliste voreinstellen. Die Anzeigevariante definieren Sie in der jeweiligen Erfassungstransaktion (Anwendung). Dabei sind bei folgenden Vorgängen die genannten Erfassungstransaktionen für die manuellen Istbuchungen im Controlling vorgesehen:

- Manuelle Umbuchung Kosten (*RKU1*) – Transaktion *KB11N*
- Manuelle Umbuchung Erlöse (*RKU2*) – Transaktion *KB41N*
- Leistungsverrechnung (*RKL*) – Transaktion *KB21N*
- Statistische Kennzahlen (*RKS*) – Transaktion *KB31N*
- Manuelle Kostenverrechnung (*KAMV*) – Transaktion *KB15N*

Die Anzeigevariante müssen Sie zunächst in der jeweiligen Erfassungstransaktion erstellen und mit dem Attribut NICHT BENUTZERSPEZIFISCH sichern, danach können Sie sie im Feld VAR. ÜBERSICHTSLISTE in Abbildung 5.7 eintragen. Entsprechend haben Sie die Möglichkeit, über VAR. NAVIG. LISTE eine Variante für die Navigationsliste zu hinterlegen. Auch diese müssen Sie zunächst in der Anwendung erstellen und sichern.

Als letztes Feld bleibt noch die TRANSAKTIONSVARIANTE. Sie gestattet beim Aufruf der Transaktion z. B. eine veränderte Reihenfolge der Eingabefelder oder deren Vorbelegung mit Werten. Transaktionsvarianten pflegen Sie im Customizing unter ABAP PLATTFORM • ALLGEMEINE EINSTELLUNGEN • ANZEIGEEIGENSCHAFTEN VON FELDERN • FELDER FÜR ANWENDUNGSTRANSAKTIONEN KONFIGURIEREN (Transaktion *SHD0*). Hier können Sie für einen Transaktionscode eine passende Transaktionsvariante und eine Screenvariante anlegen. Wir werden das im Rahmen dieses Buches nicht im Detail erläutern, da beides mehr in den Bereich der Basisadministration und Dynpro-Entwicklung gehört und nicht in unserem Fokus steht.

## 5.2 Istdatenübernahme

Im Prinzip werden in SAP CO die Istdaten aus allen anderen Modulen direkt übernommen. Für die Personalkosten aus SAP HCM lassen sich jedoch einige Voreinstellungen vornehmen.

### 5.2.1 Übernahme aus SAP HCM im Ist

Die Übernahme von Plandaten aus SAP HCM haben wir bereits im Abschnitt 3.10.1 erläutert. Bei der Istdatenübernahme werden die Personalkosten auf die Stammkostenstelle der betroffenen Mitarbeiter gebucht. Alternativ können Sie auch eine Kostenverteilung in SAP HCM an der Planstelle vornehmen. In manchen Fällen bietet es sich jedoch an, bestimmte Kostenarten (wie z. B. den Arbeitgeberanteil an den Sozialabgaben) zentral auf einer Kostenstelle zu sammeln. Dazu können Sie, vergleichbar mit der automatischen Kontierung im Abschnitt 5.1.1, je Buchungskreis und Kostenart eine Kostenstelle oder einen Innenauftrag hinterlegen, auf die bzw. den die Kosten gebucht werden sollen (siehe Abbildung 5.8).

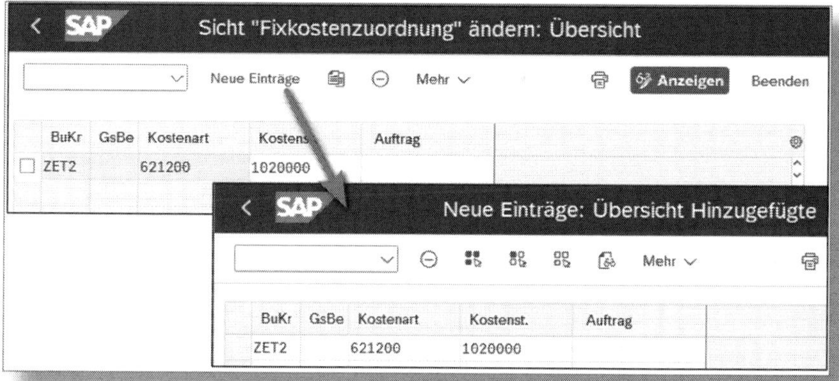


*Abbildung 5.8: Personalkosten zu Kostenstellen zuordnen*

Diese Einstellung finden Sie im Customizing unter CONTROLLING • KOSTENSTELLENRECHNUNG • ISTBUCHUNGEN • ISTDATENÜBERNAHME • ÜBERNAHME PERSONALKOSTEN AUS HR • PERSONALKOSTEN ZU KOSTENSTELLEN ZUORDNEN.

### 5.2.2 Ersatzkostenstelle für Personalabrechnung festlegen

Wie bereits erwähnt, wird bei der Personalabrechnung eines Mitarbeiters jeweils diejenige Kostenstelle belastet, der diese Person zugeordnet ist. Dies ist auch dann der Fall, wenn in der Kostenverteilung der Planstelle ein Innenauftrag hinterlegt ist, dieser aber schon abgeschlossen oder gesperrt ist. In manchen Fällen kann es jedoch passieren, dass eine Kostenstelle für Istbuchungen gesperrt wurde, da sie nicht mehr verwendet werden soll (siehe »Kostenstellen sperren« im Abschnitt 2.2.5). Sollten dieser Kostenstelle danach – z. B. durch ein Versäumnis in der Personalabteilung – noch immer Mitarbeiter zugeordnet sein, würde die Personalabrechnung mit einer Fehlermeldung abbrechen. Um Verzögerungen in diesem hochsensiblen Bereich zu vermeiden, hat SAP an dieser Stelle die Möglichkeit eingebaut, eine *Ersatzkostenstelle* zu pflegen. Im Customizing können Sie über CONTROLLING • KOSTENSTELLENRECHNUNG • ISTBUCHUNGEN • ÜBERNAHME PERSONALKOSTEN AUS HR • ERSATZKOSTENSTELLEN FÜR PERSONALABRECHNUNG FESTLEGEN je Buchungskreis eine solche Ersatzkostenstelle hinterlegen. Sollte die Personalabrechnung auf einen Fehler durch eine gesperrte Kostenstelle stoßen, bucht das System die entsprechenden Kosten dann auf die Ersatzkostenstelle.

### 5.2.3 BAdI zur Übernahme aus Fremdsystemen

Sie können Istdaten nicht nur aus anderen SAP-Komponenten, sondern auch aus Fremdsystemen übernehmen. Dafür steht ein Business Add-In (BAdI) zur Verfügung, das Sie über CONTROLLING • KOSTENSTELLENRECHNUNG • ISTBUCHUNGEN • DATENÜBERNAHME AUS FREMDSYSTE-

MEN • BADI: ÜBERNAHME VON EXTERNEN CO-ISTDATEN IMPLEMENTIEREN aufrufen.

## 5.3 Periodenabschluss

Zum Periodenabschluss haben Sie eine Reihe von Möglichkeiten der Istverrechnung von Kosten zwischen Kostenstellen und anderen Controlling-Objekten. Dazu zählen die periodische Umbuchung, Abgrenzung, Gemeinkostenzuschläge sowie die Verrechnungen per Verteilung, Umlage und Leistungsverrechnung. Wir stellen Ihnen im Folgenden die notwendigen Einstellungen im Customizing für diese Funktionen vor.

### 5.3.1 Abgrenzung

Eine *Abgrenzung* dient dazu, unregelmäßig anfallende Kosten unterjährig gleichmäßig zu verteilen, sofern sie das ganze Geschäftsjahr betreffen. Das System ermittelt dabei die abzugrenzenden Beträge anhand von Planwerten, die Sie auf einer Kostenstelle erfassen müssen.

#### Abgrenzung nach dem Zuschlagsverfahren

Wir erläutern zunächst das Zuschlagsverfahren an einem Beispiel: Nehmen wir an, in der IT-Abteilung fielen im Laufe des Jahres für ein Softwaresystem Lizenzgebühren und Wartungskosten an. Die Wartungskosten betragen zehn Prozent der Lizenzgebühren. Während der Lizenzgeber die Gebühren für die Lizenzen monatlich berechnet, werden die Wartungsgebühren nur einmal im Jahr in Rechnung gestellt. Die Abgrenzung per Zuschlagsverfahren können Sie im Customizing so einstellen, dass die monatlichen Wartungsgebühren jeweils zehn Prozent der im selben Monat angefallenen Lizenzgebühren betragen. Dazu legen Sie im Customizing zunächst ein *Zuschlagsschema* an, wie wir es in Abbildung 5.9 schematisch dargestellt haben.

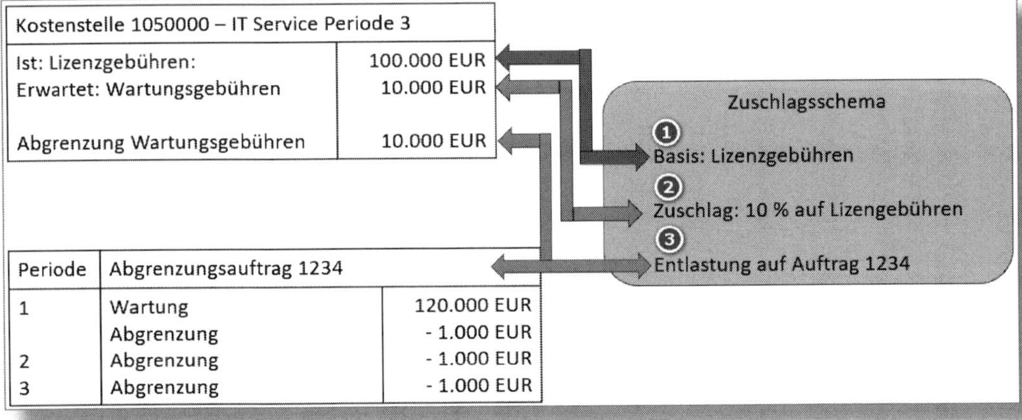


*Abbildung 5.9: Abgrenzung nach dem Zuschlagsverfahren*

Das Zuschlagsschema besteht aus einer Basis ❶, einem Zuschlag ❷ und einer Entlastung ❸.

- Die *Basis* definiert, von welcher Kostenart die Abgrenzung abhängig sein soll (in unserem Beispiel die Lizenzgebühren).
- Anhand des *Zuschlags* legen Sie die Höhe der Gebühren in Bezug auf die Basis fest (hier zehn Prozent, da ja die Wartungsgebühren zehn Prozent der Lizenzgebühren betragen sollen).
- Die *Entlastung* schließlich steuert, unter welcher Kostenart die Abgrenzung gebucht und gegen welches Controlling-Objekt die Kostenstelle belastet werden soll. Sie haben hier die Wahl zwischen einem Abgrenzungsauftrag und einer Abrechnungskostenstelle. Auf dieses Abgrenzungsobjekt werden sowohl die gesammelten Abgrenzungen als auch die tatsächlichen Kosten gebucht, die abgegrenzt werden (in unserem Beispiel also die Gesamtrechnung der Wartungsgebühren über 120.000 EUR).

Im Beispiel sind in Periode 3 auf der Kostenstelle »1050000 IT Service« 100.000 EUR an Lizenzgebühren angefallen. Beim Ausführen der Abgrenzung bucht das System eine Belastung von zehn Prozent der Lizenzgebühren, also 10.000 EUR, auf die Kostenstelle 1050000 und entlastet gleichzeitig den Abgrenzungsauftrag 1234 um denselben Betrag. Auf diesem Abgrenzungsauftrag wurden bereits im Januar die tatsächlichen Wartungsgebühren in Höhe von 120.000 EUR gebucht.

### Abgrenzungsaufträge anlegen

Wenn Sie sich dazu entschließen, für die Abgrenzung Abgrenzungsaufträge einzusetzen, können Sie im Customizing unter CONTROLLING • KOSTENSTELLENRECHNUNG • ISTBUCHUNGEN • PERIODENABSCHLUSS • ABGRENZUNG • AUFTRAGSARTEN FÜR ABGRENZUNGSAUFTRÄGE ANLEGEN (Transaktion *KOT2_OPA*) eigene Auftragsarten für diesen Zweck erstellen und bei Bedarf unter CONTROLLING • KOSTENSTELLENRECHNUNG • ISTBUCHUNGEN • PERIODENABSCHLUSS • ABGRENZUNG • AUFTRAGSLAYOUT FÜR ABGRENZUNGSAUFTRÄGE ANLEGEN eigene Layouts für diese Aufträge definieren. Beachten Sie dabei, dass die Abgrenzungsaufträge vom Auftragstyp 02 (Abgrenzungsauftrag) sein müssen.

Alternativ können Sie über den Punkt CONTROLLING • KOSTENSTELLENRECHNUNG • ISTBUCHUNGEN • PERIODENABSCHLUSS • ABGRENZUNG • ABGRENZUNGSKOSTENSTELLE ANLEGEN eine Kostenstelle für die Abgrenzung anlegen. Damit würde auch die Abgrenzung innerhalb der Kostenstellenrechnung erfolgen.

### Abgrenzungskosten anlegen

Unter dem Customizing-Punkt CONTROLLING • KOSTENSTELLENRECHNUNG • ISTBUCHUNGEN • PERIODENABSCHLUSS • ABGRENZUNG • ZUSCHLAGSVERFAHREN • ABGRENZUNGSKOSTENARTEN ANLEGEN erstellen Sie ein Sachkonto, das für die Abgrenzung eingesetzt werden soll.

**! Abgrenzungskostenart**

Beachten Sie, dass die Abgrenzungskostenart als Sachkontoart »Primärkosten« und als Kostenartentyp »3 (Abgrenzung per Zuschlag)« angelegt werden muss.

### Zuschlagsschema anlegen

Das Zuschlagsschema legen Sie über CONTROLLING • KOSTENSTELLENRECHNUNG • ISTBUCHUNGEN • PERIODENABSCHLUSS • ABGRENZUNG • ZUSCHLAGSVERFAHREN • ZUSCHLAGSSCHEMA DEFINIEREN (Transaktion *KSAZ*) an (siehe Abbildung 5.10). Über die Schaltfläche ❶ erstellen Sie zunächst ein neues Schema und vergeben einen Namen sowie eine BEZEICHNUNG ❷. Mit Klick auf SICHERN gelangen Sie in das Detailbild der Pflege des ZUSCHLAGSSCHEMAS.

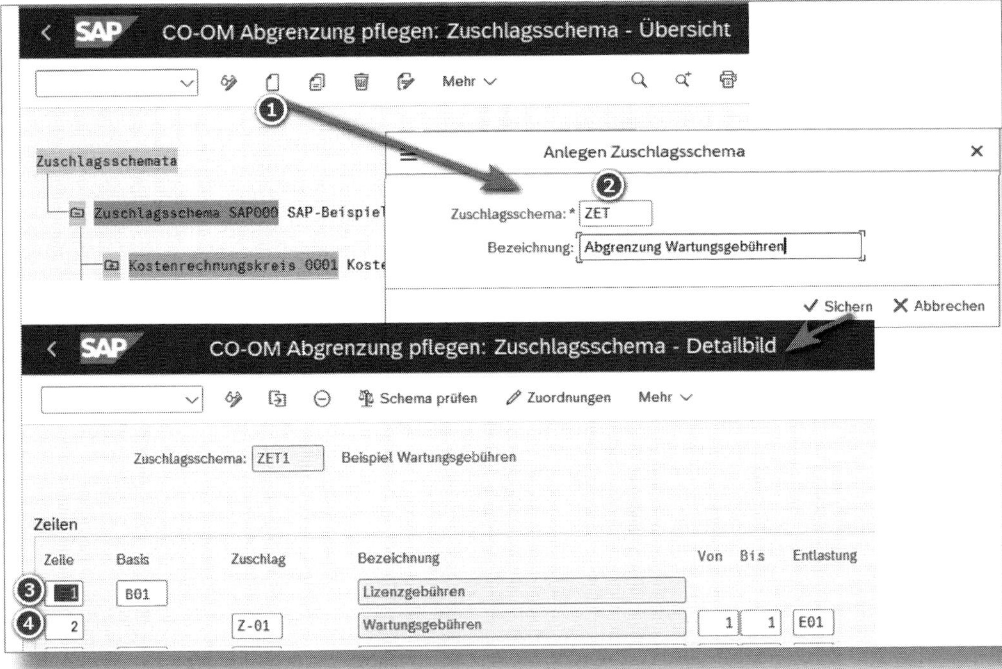


*Abbildung 5.10: Zuschlagsschema anlegen*

Das *Zuschlagsschema* ist wie die Konditionstechnik ein generisches Werkzeug, das an verschiedenen Stellen im SAP-ERP-System eingesetzt wird, z. B. auch bei den Gemeinkostenzuschlägen. Es besteht aus frei definierbaren Zeilen. Jede Zeile repräsentiert entweder eine Basis, einen Zuschlag (meist in Kombination mit einer Entlastung) oder eine Summierung. Im Beispiel haben wir in ZEILE *1* zunächst die BASIS *B01* ❸ eingetragen, die sich auf die Kostenart für Lizenzgebühren bezieht.

In der nächsten Zeile ❹ sehen Sie einen ZUSCHLAG *Z-01* für Wartungsgebühren in Kombination mit der ENTLASTUNG *E01*.

In den Spalten VON und BIS ist jeweils eingetragen, auf welche Zeile sich der Zuschlag und die Entlastung beziehen, nämlich auf ZEILE *1*, die die BASIS enthält.

Geben Sie in einer Zeile weder eine Basis noch eine Entlastung ein, interpretiert das System diese als Summenzeile. In den Spalten VON und BIS geben Sie an, welche Zeilen Sie summieren möchten. Entlastungen können sich auch auf Summenzeilen beziehen und damit, wenn nötig, beliebig komplexe Szenarien aufbauen.

Die Bestandteile des Zuschlagsschemas – Basis, Zuschlag und Entlastung – können Sie im Menü über MEHR • SPRINGEN pflegen. Wenn Sie in den Schemazeilen aus Abbildung 5.10 ein Element angeben, das noch nicht existiert, lässt Sie das System dieses auch direkt anlegen.

Im Folgenden gehen wir auf die einzelnen Elemente eines Zuschlagsschemas näher ein.

### Basis anlegen

Um eine *Basis* anzulegen, geben Sie neben einem Namen und einer Bezeichnung (im Beispiel der Name *B01* und die Bezeichnung LIZENZGEBÜHREN) mehrere Kostenstellenintervalle an, die als Bezugsbasis dienen sollen (siehe Abbildung 5.11).

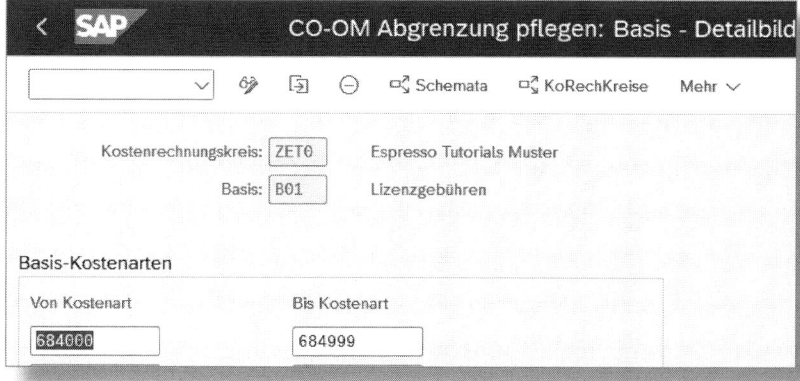


*Abbildung 5.11: Basis anlegen*

### Zuschlag definieren

Beim *Zuschlag* hinterlegen Sie einen Gültigkeitszeitraum sowie den Zuschlagsprozentsatz im IST und ggf. im PLAN (siehe Abbildung 5.12).

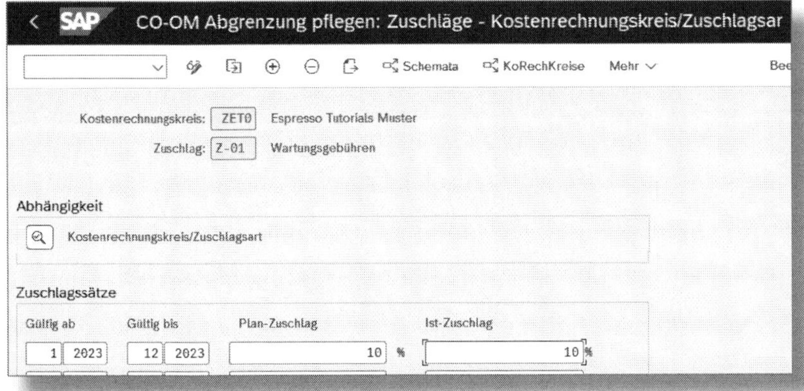


*Abbildung 5.12: Zuschlag erstellen*

### Entlastung definieren

In der *Entlastung* schließlich legen Sie fest, bis wann diese gelten soll, unter welcher Kostenart die Abgrenzung durchgeführt und gegen welches Controlling-Objekt dabei gebucht werden soll (Abgrenzungskostenstelle oder -auftrag). In Abbildung 5.13 haben wir eine Entlastungskostenstelle gewählt.

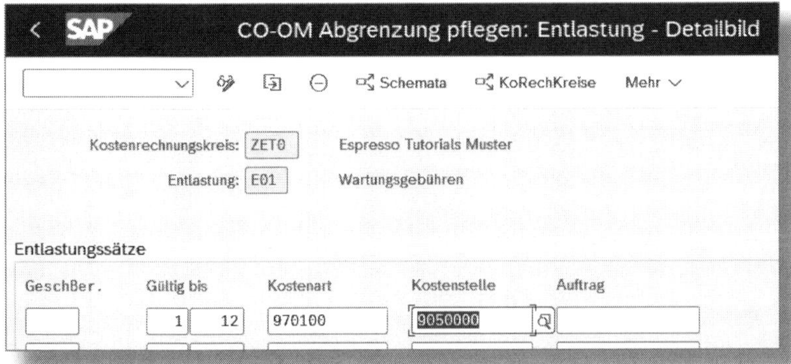


*Abbildung 5.13: Entlastung definieren*

### Zuschlagsschema einem Kostenrechnungskreis zuordnen

Zum Schluss müssen Sie das Zuschlagsschema noch Ihrem Kostenrechnungskreis zuordnen. Dazu gehen Sie in die Übersicht der Zuschlagsschemata (Transaktion *KSAZ*; siehe oberer Teil in Abbildung 5.10) und wählen Ihr Schema aus. Über die Schaltfläche Zuordnungen gelangen Sie zunächst in ein Dialogfenster, in dem Sie einen Kostenrechnungskreis auswählen und entscheiden, ob Sie das Zuschlagsschema für eine IST- oder PLAN-ABGRENZUNG einsetzen wollen (siehe Abbildung 5.14).

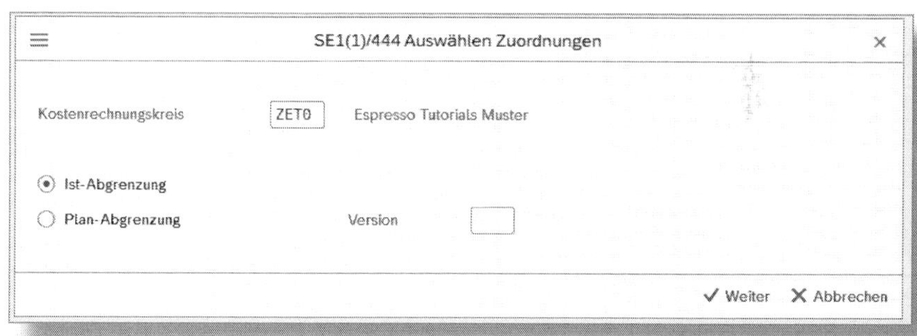


*Abbildung 5.14: Auswählen der Zuordnungen*

Danach tragen Sie zum ausgewählten KOSTENRECHNUNGSKREIS das Zuschlagsschema inklusive eines Gültigkeitszeitraums ein (siehe Abbildung 5.15).

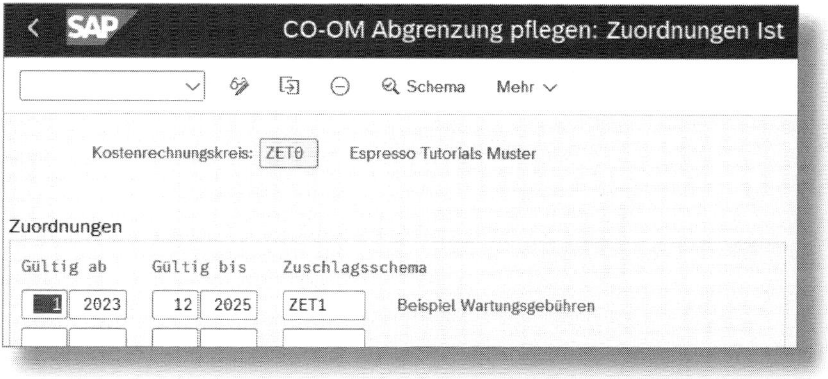

*Abbildung 5.15: Zuschlagsschema dem Kostenrechnungskreis zuordnen*

### Abgrenzung durchführen

Sie haben nun ein Zuschlagsschema angelegt und damit bestimmt, auf welche Basis sich die Abgrenzung bezieht, wie hoch der Prozentsatz für den Zuschlag ist und gegen welches Controlling-Objekt gebucht werden soll. Sie haben das Zuschlagsschema außerdem einem Kostenrechnungskreis zugeordnet. Damit können Sie diese Abgrenzung für alle Kostenstellen im entsprechenden Kostenrechnungskreis einsetzen – unter der Voraussetzung, dass Istkosten für diejenige(n) Kostenart(en) angefallen sind, die Sie im Element BASIS (siehe Abbildung 5.11) im Zuschlagsschema angegeben haben.

Sie führen die Abgrenzung im Ist im Anwendungsmenü über RECHNUNGSWESEN • CONTROLLING • KOSTENSTELLENRECHNUNG • PERIODENABSCHLUSS • EINZELFUNKTIONEN • ABGRENZUNG (Transaktion *KSA3*) durch. Für die Abgrenzung im Plan wählen Sie den Pfad RECHNUNGSWESEN • CONTROLLING • KOSTENSTELLENRECHNUNG • PLANUNG • PLANUNGSHILFEN • ABGRENZUNG (Transaktion *KSA8*). Dabei können Sie dann auswählen, für welche Kostenstelle(n) Sie die Abgrenzung vornehmen wollen.

## 5.3.2 Gemeinkostenzuschläge

### Was ist ein Gemeinkostenzuschlag?

Gemeinkostenzuschläge können Sie einsetzen, um indirekte Kosten von einer Kostenstelle in Abhängigkeit von bestimmten Kostenarten an andere Kostenstellen zu verrechnen. Ein gängiges Beispiel für die Verwendung von Gemeinkostenzuschlägen ist das Warenlager. Dort fallen Gemeinkosten wie Abschreibungen, Miete, Gebäudekosten oder Personalkosten an. Jedem Controlling-Objekt, wie z. B. Fertigungsauftrag, Kundenauftrag, Innenauftrag, Projekt oder auch Kostenstelle, für das Waren vom Lager entnommen werden, können Sie einen gewissen Betrag für die Inanspruchnahme des Lagers aufschlagen. Der Zuschlagsbetrag errechnet sich in Abhängigkeit von bestimmten Kostenarten (in diesem Fall »Materialverbrauch«) und anhand eines im Gemeinkostenzuschlag hinterlegten Zuschlagsprozentsatzes. Die Kostenstelle, die den Zuschlag erhebt, wird im Gegenzug um den Zuschlagsbetrag entlastet.

**Gemeinkostenzuschlag Lager**

Sie erheben für die Lagerkostenstelle einen Gemeinkostenzuschlag in Höhe von zwei Prozent auf den Verbrauch von Fertigprodukten. Entnimmt nun die F&E-Kostenstelle ein Fertigprodukt im Wert von 1.000 EUR vom Lager, wird der Gemeinkostenzuschlag in Höhe von 20 EUR von der Lagerkostenstelle auf die F&E-Kostenstelle gebucht.

### Kalkulationsschema für Gemeinkostenzuschläge

Für die Verrechnung von Gemeinkostenzuschlägen benötigen Sie ein Sachkonto mit der Sachkontoart »Sekundärkosten« und vom Kostenartentyp »41 (Gemeinkostenzuschläge)«, das Sie zunächst anlegen müssen. Grundlage für die Berechnung von Gemeinkostenzuschlägen ist ein Kalkulationsschema, dass Sie im Customizing unter CONTROLLING • KOSTENSTELLENRECHNUNG • ISTBUCHUNGEN • PERIODENABSCHLUSS • GEMEINKOSTENZUSCHLÄGE • KALKULATIONSSCHEMATA DEFINIEREN erstellen können.

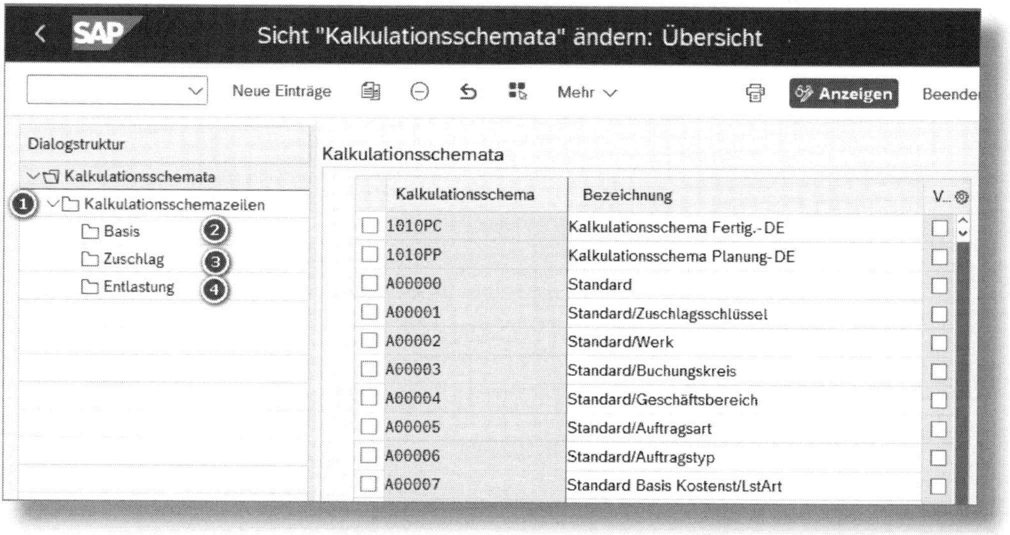

Sicht "Kalkulationsschemata" ändern: Übersicht

Neue Einträge | Mehr | Anzeigen | Beende

Dialogstruktur
- Kalkulationsschemata
  - (1) Kalkulationsschemazeilen
    - Basis (2)
    - Zuschlag (3)
    - Entlastung (4)

Kalkulationsschemata

| Kalkulationsschema | Bezeichnung | V... |
|---|---|---|
| 1010PC | Kalkulationsschema Fertig.-DE | |
| 1010PP | Kalkulationsschema Planung-DE | |
| A00000 | Standard | |
| A00001 | Standard/Zuschlagsschlüssel | |
| A00002 | Standard/Werk | |
| A00003 | Standard/Buchungskreis | |
| A00004 | Standard/Geschäftsbereich | |
| A00005 | Standard/Auftragsart | |
| A00006 | Standard/Auftragstyp | |
| A00007 | Standard Basis Kostenst/LstArt | |

*Abbildung 5.16: Übersicht Kalkulationsschema*

In Abbildung 5.16 sehen Sie, dass die einzelnen KALKULATIONSSCHEMATA aus KALKULATIONSSCHEMAZEILEN ❶ – ähnlich wie bei einer Abgrenzung nach dem Zuschlagsverfahren – bestehen. Sie legen in den Zeilen fest, auf welche Kostenarten Sie sich beziehen (BASIS) ❷, welcher Zuschlagsprozentsatz erhoben (ZUSCHLAG) ❸ und welche Kostenstelle entlastet werden soll (ENTLASTUNG) ❹.

Die einzelnen Optionen finden Sie im Customizing-Pfad unter CONTROLLING • KOSTENSTELLENRECHNUNG • ISTBUCHUNGEN • PERIODENABSCHLUSS • GEMEINKOSTENZUSCHLÄGE • KALKULATIONSSCHEMATA BESTANDTEILE.

Sie können die Bestandteile des Kalkulationsschemas unterschiedlich behandeln. So lässt sich die Berechnungsbasis entweder auf Kostenart und Herkunft oder auf Kostenstelle und Leistungsart definieren, und Zuschläge lassen sich entweder als prozentuale oder mengenbezogene Zuschlagssätze bestimmen.

#### Kalkulationsschema einem CO-Objekt (hier; Kostenstelle) zuordnen

Das angelegte Kalkulationsschema weisen Sie in den Stammdaten Ihrer Kostenstelle (Reiter TEMPLATE, Feld KALKULATIONSSCHEMA) zu.

#### Kalkulation Gemeinkostenzuschlagssatz ausführen

Sie führen die Verrechnung über Gemeinkostenzuschlagssätze in der Kostenstellenrechnung unter RECHNUNGSWESEN • CONTROLLING • KOSTENSTELLENRECHNUNG • PERIODENABSCHLUSS • EINZELFUNKTIONEN • VERRECHNUNGEN • ZUSCHLÄGE IST (Transaktion *KSI4*) im Ist oder unter KOSTENSTELLENRECHNUNG • PLANUNG • VERRECHNUNGEN • ZUSCHLÄGE (Transaktion *KSP4*) im Plan durch.

### 5.3.3 Periodische Verrechnungen

Unter dem Sammelbegriff *periodische Verrechnungen* beschreiben wir die vier Konzepte: **periodische Umbuchung**, **Verteilung**, **Umlage** und

**indirekte Leistungsverrechnung**. Sie werden allesamt anhand sogenannter Zyklen definiert und ausgeführt. Daher wollen wir die gemeinsam vorhandenen Elemente in diesem Abschnitt kurz erläutern.

#### Was ist ein Zyklus?

In einem *Zyklus* legen Sie fest,

- von welchem Senderobjekt (z. B. eine Kostenstelle oder eine Gruppe von Kostenstellen) Sie
- welche Kostenarten (z. B. alle Personalkosten oder alle Fahrzeugkosten)
- an welche Empfängerobjekte (z. B. andere Kostenstellen, Innenaufträge oder Geschäftsprozesse) weiterverrechnen wollen.

#### Was ist eine Empfängerbezugsbasis?

Nach welchen Kriterien Sie die zu verrechnenden Kosten den Empfängern zuordnen, steuern Sie über *Empfängerbezugsbasen*. Dies können z. B. feste Prozentsätze sein, der Saldo einer bestimmten Kostenart auf dem Empfänger oder auch eine statistische Kennzahl (weitere Informationen zum Anlegen von statistischen Kennzahlen finden Sie in Abschnitt 2.2.7).

Ein Zyklus enthält somit eine oder mehrere Regeln, wie Kosten verrechnet werden sollen. Sie sollten Ihre Zyklen jeweils zum Periodenende ausführen – idealerweise nach dem Schließen der Buchungsperioden in der Finanzbuchhaltung, um sicherzustellen, dass danach keine Buchungen mehr stattfinden können. Sie erhalten eine Auswertung über die gebuchten Belege und können dann entscheiden, ob Sie den Zyklus wieder stornieren. SAP bietet Ihnen damit ein sehr flexibles und praktisches Werkzeug an, um immer wiederkehrende monatliche Verrechnungen auszuführen.

### Übersicht über Zyklustechniken

Wir geben Ihnen zunächst eine Übersicht darüber, für welche Anwendungsfälle die vier verschiedenen Funktionalitäten am besten geeignet sind.

| | Periodische Umbuchung | Verteilung | Umlage | Indirekte Leistungsverrechnung |
|---|---|---|---|---|
| Mögliche Sender | Kostenstellen<br>Aufträge<br>Geschäftsprozesse<br>Projekte | Kostenstellen<br>Geschäftsprozesse | Kostenstellen<br>Geschäftsprozesse | Kostenstellen mit Leistungsart<br>Geschäftsprozesse |
| Verrechenbare Kostenarten | nur Primärkosten | | Primär- und Sekundärkosten | |
| Mögliche Empfänger | Kostenstellen<br>Aufträge<br>Geschäftsprozesse<br>Projekte | Kostenstellen<br>Aufträge<br>Geschäftsprozesse<br>Projekte | Kostenstellen<br>Aufträge<br>Geschäftsprozesse<br>Ergebnisobjekte<br>Projekte | Kostenstellen<br>Aufträge<br>Geschäftsprozesse<br>Ergebnisobjekte (nur Ist)<br>Projekte |
| Senderinformationen | nur Einzelposten | Summensatz und Einzelposten | | |
| Ursprungs-kostenarten | bleiben erhalten | | verdichtet zu Umlagekostenarten | verdichtet (Verrechnung über Leistungsarten) |

*Abbildung 5.17: Überblick über die verschiedenen Verrechnungsarten*

In der tabellarischen Darstellung in Abbildung 5.17 können Sie schon einmal die Unterschiede zwischen den vier Verrechnungsarten auf einen Blick sehen. In den nachfolgenden Abschnitten stellen wir Ihnen die einzelnen Funktionen vor und zeigen Ihnen anschließend, wie Sie einen Verrechnungszyklus anlegen.

## 5.3.4 Periodische Umbuchung

Die *periodische Umbuchung* dient dazu, Kosten von einem Controlling-Objekt auf ein anderes zu übertragen. Im Prinzip entspricht das Ergebnis einer manuellen Kostenumbuchung – allerdings ermöglicht Ihnen dieses Werkzeug einen gebündelten Vorgang einmalig zum Monatsende. Sie können periodische Umbuchungen zwischen allen möglichen Controlling-Objekten vornehmen; neben Kostenstellen sind auch Aufträge, Geschäftsprozesse oder Projekte als Sender und Empfänger einsetzbar.

### Kostenartengerechte Verrechnung

Die Umbuchung erfolgt grundsätzlich kostenartengerecht, d. h., die zu verrechnenden Kosten werden unter der Originalkostenart weitergebucht. Da sich Sekundärkosten nicht direkt umbuchen lassen, können Sie die periodische Umbuchung nur für Primärkosten durchführen.

### Keine Fortschreibung des Senders in Summensätzen

Die Besonderheit der periodischen Umbuchung ist, dass Informationen den Sender betreffend nicht in den Summensätzen fortgeschrieben werden, sondern nur in den Einzelposten sichtbar sind. In der Summentabelle wird an dieser Stelle kein Partnerobjekt erfasst. Dies dient laut der SAP dazu, den Speicherbedarf für die Belege zu reduzieren. Die Konsequenz daraus ist, dass Sie in Berichten, die auf Summentabellen basieren, nicht auswerten können, von welchem Sender die periodische Umbuchung ausging; Sie können diese Information nur abrufen, indem Sie sich die gebuchten Einzelposten anzeigen lassen. Die periodische Umbuchung sollten Sie daher nur verwenden, wenn der Sender der Verrechnung für die Verantwortlichen der Empfängerkostenstellen bzw. Controlling-Objekte irrelevant ist.

Da in SAP S/4HANA keine Summentabellen mehr verwendet werden, hat die periodische Umbuchung ihre Relevanz verloren. Wir haben diese Funktionalität hier dennoch erläutert, um ihre Funktionsweise im Vergleich zur Verteilung darzustellen.

Die periodische Umbuchung können Sie z. B. einsetzen, wenn Sie Kosten wie Telefon, Porto oder Energie auf einer Verwaltungskostenstelle sammeln und zum Monatsende an die Verursacher weiterbelasten.

**Periodische Umbuchung von Telefonkosten**

Sie buchen alle Kosten für Telefon auf einer Verwaltungskostenstelle, da Sie eine Sammelrechnung vom Anbieter bekommen. Es ist für Sie zu aufwendig, die Telefonkosten verursachergerecht den Kostenstellen zuzuordnen, Sie verrechnen die Kosten daher prozentual auf die Empfängerkostenstellen.

Die Ausgangssituation ist wie folgt:

**Verwaltungskostenstelle 1**

Telefonkosten: 1.000 EUR

| Kostenstelle 2 | Kostenstelle 3 | Kostenstelle 4 |
|---|---|---|
| 20 Prozent | 30 Prozent | 50 Prozent |

Nachdem die periodische Umbuchung durchgeführt wurde, sehen die Salden der Kostenstellen wie folgt aus:

**Verwaltungskostenstelle 1**

Telefonkosten: 0 EUR

| Kostenstelle 2 | Kostenstelle 3 | Kostenstelle 4 |
|---|---|---|
| Telefonkosten | | |
| 200 EUR | 300 EUR | 500 EUR |

## 5.3.5 Verteilung

Die Verteilung funktioniert sehr ähnlich wie die periodische Umbuchung dahingehend, dass auch hier nur Primärkosten kostenartengerecht verrechnet werden können. Die Unterschiede zwischen beiden Methoden bestehen zum einen darin, dass die Verteilung nur für Kostenstellen und Geschäftsprozesse als Sender eingesetzt werden kann (als Empfänger stehen Kostenstellen, Aufträge und Geschäftsprozesse zur Verfügung) und zum anderen, dass bei der Verteilung die Informationen über den Sender auch in den Summensätzen fortgeschrieben werden.

Die Verteilung bietet sich für ähnliche Szenarien wie die periodische Umbuchung an, also für die Verrechnung von Kosten, die auf Verwaltungskostenstellen gesammelt werden.

**Verteilung von Mietkosten**

Sie buchen alle Kosten für die Miete Ihres Bürogebäudes auf einer Verwaltungskostenstelle. Die gesamten Mietkosten verrechnen Sie zum Monatsende mittels einer Verteilung an alle Kostenstellen, die Büros in dem Gebäude nutzen. Als Schlüssel für die Verteilung verwenden Sie eine statistische Kennzahl für »Quadratmeter Bürofläche«.

Die Ausgangssituation ist wie folgt:

**Verwaltungskostenstelle 1**
Mietkosten: 6.000 EUR

| Kostenstelle 2 | Kostenstelle 3 | Kostenstelle 4 |
|---|---|---|
| 100 qm Bürofläche | 200 qm Bürofläche | 300 qm Bürofläche |

Insgesamt werden 600 qm Bürofläche genutzt, also belastet die Verteilung die Empfängerkostenstellen mit 6.000/600 = 10 EUR pro Quadratmeter Bürofläche. Nachdem die Verteilung durchgeführt wurde, sehen die Salden der Kostenstellen wie folgt aus:

**Verwaltungskostenstelle 1**
Mietkosten: 0 EUR

| Kostenstelle 2 | Kostenstelle 3 | Kostenstelle 4 |
|---|---|---|
| 100 qm Bürofläche | 200 qm Bürofläche | 300 qm Bürofläche |
| Mietkosten | | |
| 1.000 EUR | 2.000 EUR | 3.000 EUR |

## 5.3.6 Umlage

Umlagen können Sie für Kostenstellen und Geschäftsprozesse als Sender einsetzen; als Empfänger stehen Ihnen zusätzlich Aufträge, Projekte und auch Ergebnisobjekte zur Verfügung. Beachten Sie jedoch, dass für die Umlage auf Ergebnisobjekte eine eigene Pflegetransaktion für Zyklen im Modul CO-PA existiert. Diese finden Sie im Customizing unter CONTROLLING • ERGEBNIS- UND MARKTSEGMENTRECHNUNG • WERTEFLÜSSE IM IST • GEMEINKOSTEN ÜBERNEHMEN. Dort nehmen Sie im Ordner VORBEREITUNGEN die notwendigen Einstellungen vor. Wir stellen Ihnen allerdings im Folgenden weiterhin die Umlage im Kontext der Kostenstellenrechnung vor.

### Verrechnung unter Sekundärkostenart

Bei einer Umlage entlasten Sie – im Unterschied zur periodischen Umbuchung und zur Verteilung – die Senderkostenstelle unter einer Sekundärkostenart (Sachkontoart »Sekundärkosten« und Kostenartentyp »42 [Umlage]«). Zum einen bedeutet dies, dass Sie auch Sekundärkostenarten weiterbelasten können, die z. B. von anderen Kostenstellen über eine andere Umlage oder eine Leistungsverrechnung belastet wurden. Zum anderen können Sie mit einer Umlage die zu verrechnenden Kostenarten zusammenfassen, sodass beim Empfänger das Ergebnis der Verrechnung unter einer oder wenigen Kostenarten übersichtlich erkennbar ist. Dies hat außerdem zur Folge, dass der Saldo der weiterbelasteten Kostenarten auf der Senderkostenstelle bestehen bleibt. Dadurch ist auf der Senderkostenstelle besser erkennbar, welches die originär gebuchten Kosten (nämlich die Primärkosten) und welche das Ergebnis von Verrechnungen (also die Sekundärkosten ) waren.

Die Umlage bietet sich somit für Fälle an, in denen Sie komplexe, mehrstufige Verrechnungen durchführen und für eine bessere Übersicht die Detailinformationen beim Empfänger reduzieren wollen.

**Umlage von Personalkosten**

Auf Ihrer Reisekostenstelle haben Sie Personalkosten mit unterschiedlichen Kostenarten gebucht. Diese Kosten legen Sie auf alle Kostenstellen in Abhängigkeit von den dort gebuchten Reisekosten um. Im Beispiel hatten in der betroffenen Periode nur die IT und der Vertrieb Reisekosten.

Die Ausgangssituation ist wie folgt:

**Kostenstelle Reiseabteilung**

| | |
|---|---|
| Gehälter: | 10.000 EUR |
| Zuschlag Krankenversicherung: | 2.000 EUR |
| Sozialversicherung: | 3.000 EUR |
| **Gesamt** | **15.000 EUR** |

| Kostenstelle IT | Kostenstelle Vertrieb |
|---|---|
| Reisekosten: 50.000 EUR | Reisekosten: 100.000 EUR |

Die Personalkosten werden zu einem Drittel auf die IT und zu zwei Dritteln auf den Vertrieb umgelegt. Die Entlastung erfolgt dabei unter der Sekundärkostenart »Umlage Personal«. Nach der Umlage sehen die Salden der Kostenstellen wie folgt aus:

**Kostenstelle Reiseabteilung**

| | |
|---|---|
| Gehälter: | 10.000 EUR |
| Zuschlag Krankenversicherung: | 2.000 EUR |
| Sozialversicherung: | 3.000 EUR |
| Umlage Personal: | −15.000 EUR |
| **Gesamt:** | **0 EUR** |

**Kostenstelle IT**

| | |
|---|---|
| Reisekosten: | 50.000 EUR |
| Umlage Personal: | 5.000 EUR |

**Kostenstelle Vertrieb**

| | |
|---|---|
| Reisekosten: | 100.000 EUR |
| Umlage Personal: | 10.000 EUR |

### 5.3.7 Indirekte Leistungsverrechnung

Die indirekte Leistungsverrechnung setzen Sie ein, wenn ein Empfängerobjekt – dies kann eine Kostenstelle, ein Auftrag, ein Geschäftsprozess, ein Projekt oder ein Ergebnisobjekt sein – Leistungen von einer Kostenstelle oder einem Geschäftsprozess in Anspruch nimmt, aber es entweder nicht möglich oder nicht zumutbar ist, die verbrauchte Leistung am Sender oder Empfänger zu messen. In einem Zyklus zur indirekten Leistungsverrechnung können Sie je Empfänger Gewichtungsfaktoren, wie z. B. Istkosten bzw. Plankosten einer bestimmten Kostenart, Istverbrauch bzw. Planverbrauch einer Leistungsart oder statistische Kennzahlen, einsetzen, um den Leistungsverbrauch zu bestimmen. Beim Sender können Sie sich entweder auf die manuell erfasste Leistung beziehen (falls vorhanden), eine feste Menge vorgeben oder die Leistungsmenge retrograd ermitteln.

### Retrograde Ermittlung von Leistungen

Im Zuge der retrograden Ermittlung bestimmt das System die erbrachte Leistung anhand der bei den Empfängern im Zyklus eingestellten Gewichtungsfaktoren.

#### Indirekte Leistungsverrechnung

Die Kantine bietet die Leistung »Zubereitete Menüs« an, gemessen in Stück. Die Kosten der Kantine sollen an alle Kostenstellen verrechnet werden. Es ist jedoch weder zumutbar, die auf der Senderseite zubereiteten noch die auf der Empfängerseite verzehrten Menüs zu zählen. Bei den Empfängern wird daher der Leistungsbezug in Abhängigkeit von der Zahl der Mitarbeiter je Kostenstelle geschätzt, die als statistische Kennzahl erfasst werden. Im Begleitvideo zum Abschnitt 2.2.7 sind weitere Beispiele zur Erfassung von nichtmonetären Kennzahlen als statistische Kennzahl beschrieben. Auf der Senderseite wird die Leistung retrograd ermittelt, also gleichgesetzt mit der von den Empfängern verbrauchten Menge. Einfachheitshalber beziehen wir hier nur die Empfängerkostenstellen IT und Vertrieb ein.

Die Ausgangssituation ist wie folgt:

**Kostenstelle Kantine**
Leistungsart: »Zubereitete Menüs« mit Tarif »5 EUR/St.«

| **Kostenstelle IT** | **Kostenstelle Vertrieb** |
|---|---|
| 10 Mitarbeiter | 30 Mitarbeiter |

Die Gesamtzahl der Mitarbeiter auf den betroffenen Kostenstellen beträgt 40, also geht die indirekte Leistungsverrechnung von 40 verzehrten Menüs aus.

Dies ist gleichzeitig die retrograd ermittelte Senderleistung. Es werden damit von der Kantine 50 EUR an die IT verrechnet (5 × 10 EUR) und 150 EUR an den Vertrieb (5 × 30 EUR).

Beachten Sie, dass sowohl bei der periodischen Umbuchung als auch bei der Verteilung und der Umlage in der Regel alle Kosten der Senderobjekte verrechnet werden. Bei der indirekten Leistungsverrechnung ist dies jedoch nicht der Fall, denn die Verrechnung erfolgt anhand der festgelegten Tarife und der ermittelten Leistung, unabhängig von den tatsächlichen Kosten. Mithilfe der Isttarifermittlung können Sie jedoch die Tarife nachträglich an die tatsächlichen Istkosten anpassen.

## 5.4 Periodische Verrechnung einrichten

Nachfolgend beschreiben wir, wie Sie im Customizing die Zyklen für die ab Abschnitt 5.3.3 vorgestellten Konzepte – periodische Umbuchung (siehe Abschnitt 5.3.4), Verteilung (siehe Abschnitt 5.3.5), Umlage (siehe Abschnitt 5.3.6) und indirekte Leistungsverrechnung (siehe Abschnitt 5.3.7) – anlegen.

Beachten Sie bitte, dass es unterschiedliche Pflegetransaktionen für die verschiedenen Sender gibt. Wir beziehen uns an dieser Stelle nur auf Kostenstellen als Sender.

### 5.4.1 Sender- und Empfängertyp festlegen

Zunächst müssen Sie festlegen, welche Objekte Sie überhaupt in Zyklen als Sender bzw. Empfänger verwenden möchten und wie deren

Eingabe erfolgen soll. Für die periodische Umbuchung nehmen Sie diese Einstellung unter CONTROLLING • KOSTENSTELLENRECHNUNG • ISTBUCHUNGEN • PERIODENABSCHLUSS • PERIODISCHE UMBUCHUNG • TYPEN VON SENDERN/EMPFÄNGERN DER PERIOD. UMBUCHUNG FESTLEGEN (Transaktion *KCAP*) vor.

Sie finden dort jedes Objekt zweimal, da diese unabhängig voneinander sind: einmal für Verrechnungen im Ist und einmal für solche im Plan. Im Beispiel rufen wir die Einstellungen zur KOSTENSTELLE IST per Doppelklick auf (siehe Abbildung 5.18).

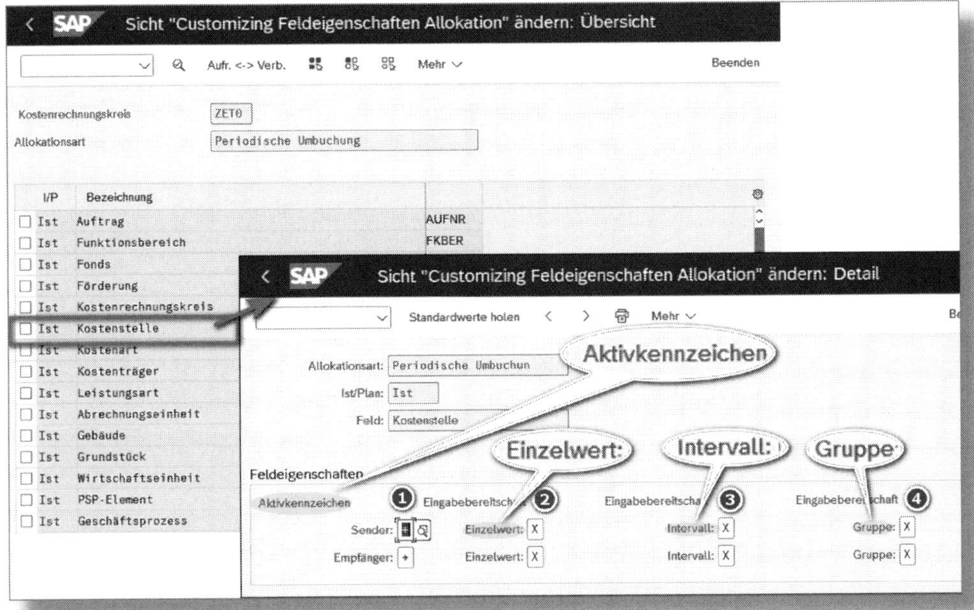


Abbildung 5.18: Typen von Sendern/Empfängern festlegen

Sie pflegen unter AKTIVKENNZEICHEN ❶, ob das Objekt ein Pflichtfeld (Eingabe +) oder optional (*X*) ist bzw. ausgeblendet werden soll (leerer Eintrag). Für manche Objekte, die sowohl als Sender als auch als Empfänger infrage kommen (wie unsere Kostenstelle), finden Sie hier zwei Zeilen mit Parametern jeweils für Sender und Empfänger, bei anderen nur eine.

Darüber hinaus legen Sie fest, ob in das entsprechende Feld ein EINZELWERT (*X*) ❷ eingegeben werden kann oder nichts (leerer Eintrag) und ob als INTERVALL ❸ und/oder als GRUPPE ❹.

**! Sichtbarkeit von Controlling-Objekten**

Bitte beachten Sie, dass Sie Objekte wie Kostenstellen, Aufträge, Geschäftsprozesse, Projekte etc. nur dann in Verrechnungen verwenden können, wenn Sie die entsprechenden Komponenten im Kostenrechnungskreis aktiviert haben (siehe Abschnitt 2.1).

Die gezeigten Einstellungen können Sie für die drei anderen Verrechnungsarten in gleicher Weise vornehmen. Sie finden den Eintrag

- für die *Verteilung* unter CONTROLLING • KOSTENSTELLENRECHNUNG • ISTBUCHUNGEN • PERIODENABSCHLUSS • VERTEILUNG • TYPEN VON SENDERN/EMPFÄNGERN DER VERTEILUNG FESTLEGEN (Transaktion *KCAV*),
- für die *Umlage* unter CONTROLLING • KOSTENSTELLENRECHNUNG • ISTBUCHUNGEN • PERIODENABSCHLUSS • UMLAGE • TYPEN VON SENDERN/EMPFÄNGERN DER UMLAGE FESTLEGEN (Transaktion *KCAU*) und
- für die *indirekte Leistungsverrechnung* unter CONTROLLING • KOSTENSTELLENRECHNUNG • ISTBUCHUNGEN • PERIODENABSCHLUSS • LEISTUNGSVERRECHNUNG • INDIREKTE LEISTUNGSVERRECHNUNG • TYPEN VON SENDERN/EMPFÄNGERN DER IN. LEIST. VERR. FESTLEGEN (Transaktion *KCAL*).

## 5.4.2 Segmente im Zyklus

Ein Verrechnungszyklus besteht aus einem oder mehreren Segmenten (siehe Abbildung 5.19). Jedes Segment kann eigene und von den anderen Segmenten unabhängige Regeln zur Verrechnung enthalten. Jedes Segment wiederum besteht aus fünf Bestandteilen, die wir nachfolgend kurz vorstellen.

### Segmentkopf

Im *Segmentkopf* ❶ legen Sie fest, welche Senderwerte überhaupt verrechnet werden sollen (z. B. der aktuelle Saldo des Senders oder aber ein fester Betrag) und anhand welcher Empfängerbezugsbasis Sie die zu verrechnenden Kosten auf die Empfänger aufteilen wollen (z. B. prozentual oder über eine statistische Kennzahl).

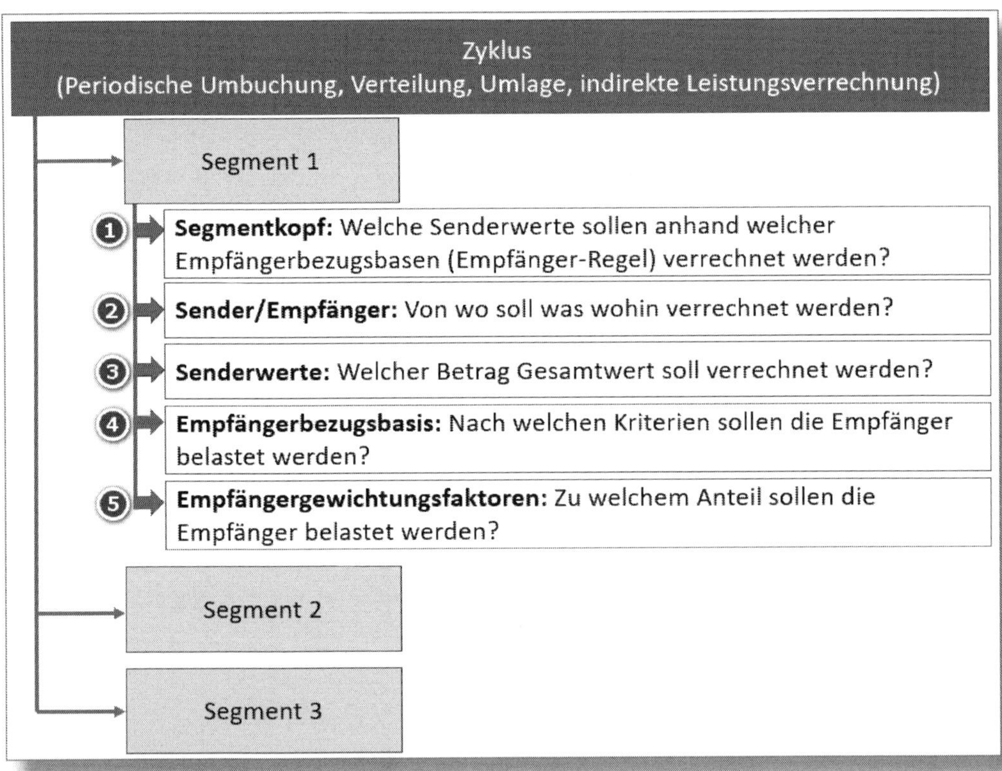


*Abbildung 5.19: Übersicht über einen Verrechnungszyklus*

### Sender und Empfänger

Im nächsten Bestandteil eines Segments bestimmen Sie die Sender und Empfänger ❷: Von welcher Kostenstelle und welchen Kostenarten soll auf welche Empfänger verrechnet werden?

**Senderwerte**

Unter den Senderwerten ❸ spezifizieren Sie Ihre Angaben aus dem Segmentkopf näher: Wenn Sie einen festen Betrag verrechnen wollen, tragen Sie diesen hier ein. Wollen Sie z. B. Plankosten verrechnen, geben Sie an dieser Stelle die betroffene Planversion an.

**Empfängerbezugsbasis**

Sofern Sie im Segmentkopf als Empfängerbezugsbasis ❹ eine andere Option als feste Prozentsätze gewählt haben, müssen Sie hier u. a. festlegen, anhand welcher Kostenart oder welcher statistischen Kennzahl die Kosten den Empfängern zugeordnet werden sollen.

**Empfängergewichtungsfaktoren**

Schließlich geben Sie Empfängergewichtungsfaktoren ❺ an, wobei Sie für jedes Empfängerobjekt festlegen, zu welchem Prozentsatz es belastet werden soll.

## 5.4.3 Zyklus anlegen

Wir zeigen Ihnen nun, wie Sie Verrechnungszyklen anlegen. Dabei bauen wir parallel die oben genannten Beispiele nach.

**Beispiele periodische Verrechnung**

Wir stellen Ihnen folgende Beispiele für die einzelnen Typen der periodischen Verrechnung vor:

- periodische Umbuchung von Telefonkosten (Beispiel 1)
  Hintergrund siehe Abschnitt 5.3.4
- Verteilung von Mietkosten (Beispiel 2)
  Hintergrund siehe Abschnitt 5.3.5
- Umlage von Personalkosten (Beispiel 3)
  Hintergrund siehe Abschnitt 5.3.6

Diese Beispiele werden genutzt, um Ihnen die Unterschiede zwischen den einzelnen Zyklen und Segmenten praktisch aufzuzeigen.

Den jeweiligen Zyklus legen Sie an unterschiedlichen Stellen im Customizing an:

- periodische Umbuchung über CONTROLLING • KOSTENSTELLENRECHNUNG • ISTBUCHUNGEN • PERIODENABSCHLUSS • PERIODISCHE UMBUCHUNG • PERIODISCHE UMBUCHUNGEN DEFINIEREN (Transaktion *KSW1*)
- Verteilungen über CONTROLLING • KOSTENSTELLENRECHNUNG • ISTBUCHUNGEN • PERIODENABSCHLUSS • VERTEILUNG • VERTEILUNG DEFINIEREN (Transaktion *KSV1*)
- Umlagen über CONTROLLING • KOSTENSTELLENRECHNUNG • ISTBUCHUNGEN • PERIODENABSCHLUSS • UMLAGE • UMLAGE DEFINIEREN (Transaktion *KSU1*)
- indirekte Leistungsverrechnung über CONTROLLING • KOSTENSTELLENRECHNUNG • ISTBUCHUNGEN • PERIODENABSCHLUSS • LEISTUNGSVERRECHNUNG • INDIREKTE LEISTUNGSVERRECHNUNG • INDIREKTE LEISTUNGSVERRECHNUNG DEFINIEREN (Transaktion *KSC1*)

Geben Sie einen Namen für den ZYKLUS an (dieser muss im Kostenrechnungskreis eindeutig sein) und ein Datum, ab dem der Zyklus ausgeführt werden darf (siehe Abbildung 5.20).

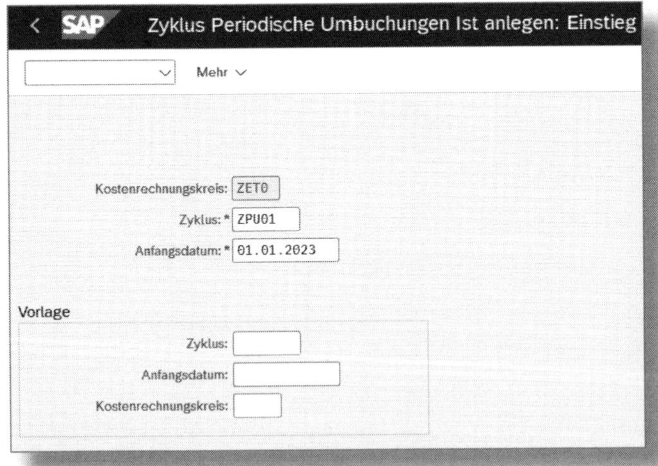


*Abbildung 5.20: Verrechnungszyklus anlegen*

### 5.4.4 Zyklus-Kopfdaten

Anschließend pflegen Sie die Kopfdaten des Zyklus, der Steuerungsdaten enthält, die für alle Segmente gültig sind (siehe Abbildung 5.21). Zunächst müssen Sie ein Enddatum eingeben; dies bedeutet, dass der Zyklus nach diesem Datum nicht mehr ausgeführt werden darf. Sie können dieses Datum – im Gegensatz zum ANFANGSDATUM – auch nachträglich noch ändern. Außerdem können Sie einen TEXT eintragen.

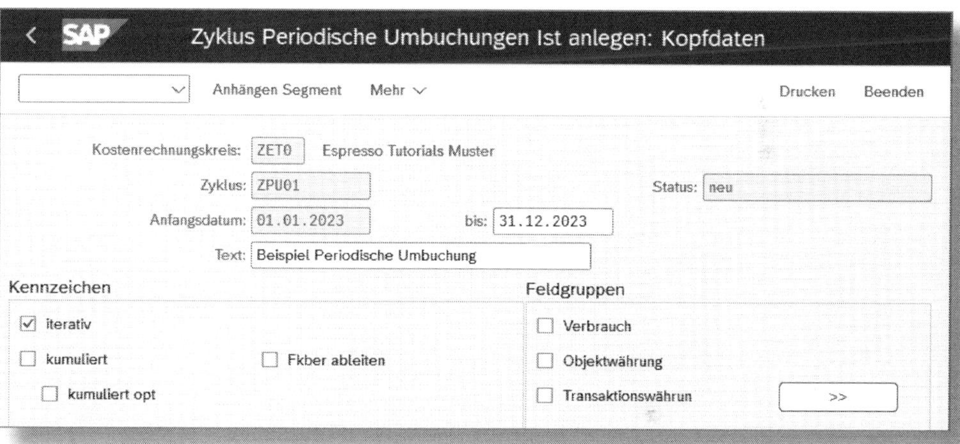


*Abbildung 5.21: Kopfdaten pflegen*

In den Kopfdaten finden Sie darüber hinaus zwei Blöcke mit Parametern: KENNZEICHEN und FELDGRUPPEN. Welche Parameter hier verwendbar sind, hängt von der Art des Verrechnungszyklus ab.

#### Iterative Verrechnung

Das Kennzeichen ITERATIV bedeutet, dass wechselseitige Beziehungen zwischen Sendern und Empfängern berücksichtigt werden (für alle Verrechnungsarten außer der indirekten Leistungsverrechnung). Die Ausführung des Zyklus wird so lange wiederholt, bis die Sender vollständig entlastet sind.

### Iteration im Verrechnungszyklus

Im ersten Segment verrechnet eine Verwaltungskostenstelle zehn Prozent ihrer Gesamtkosten von 3.000 EUR an die IT.

Im zweiten Segment belastet die IT zehn Prozent ihrer Gesamtkosten von 6.000 EUR an die Finanzbuchhaltung.

**Die Ausgangssituation ist wie folgt:**

| | |
|---|---|
| Verwaltung: | 3.000 EUR |
| IT: | 6.000 EUR |
| Finanzbuchhaltung: | 0 EUR |

Alle Segmente werden beim Aufruf des Zyklus gleichzeitig ausgeführt. Nach der ersten Iteration hat die Verwaltung alle Kosten weiterbelastet, 300 EUR davon an die IT. Die IT wiederum hat 6.000 EUR verrechnet, 2.000 EUR davon an die Finanzbuchhaltung, gleichzeitig jedoch 300 EUR von der Verwaltung belastet bekommen.

**Situation nach der ersten Iteration:**

| | |
|---|---|
| Verwaltung: | 0 EUR |
| IT: | 300 EUR |
| Finanzbuchhaltung: | 600 EUR |

Beim Durchlaufen der zweiten Iteration belastet dann die IT die verbliebenen 300 EUR weiter, 30 EUR davon an die Finanzbuchhaltung.

**Situation nach der zweiten Iteration:**

| | |
|---|---|
| Verwaltung: | 0 EUR |
| IT: | 0 EUR |
| Finanzbuchhaltung: | 630 EUR |

Beachten Sie, dass durchaus auch komplexere Szenarien möglich sind. Würde z. B. die IT die Verwaltung rückbelasten, müsste die Iteration noch häufiger durchlaufen werden, bis alle Kosten verrechnet sind.

### Kumulierte Verrechnung

Wenn der Parameter KUMULIERT aktiviert ist, werden die Empfängerbezugsbasen über das Geschäftsjahr kumuliert (wird in allen Verrechnungsarten außer der indirekten Leistungsverrechnung verwendet). Das bedeutet, dass bei jedem Aufruf des Zyklus die Bezugsbasen von der ersten bis zur aktuellen Periode gesammelt betrachtet werden und somit nicht für jede Periode isoliert. Das System bucht dann in der aktuellen Periode lediglich die Differenz zu den bisher im laufenden Geschäftsjahr kumuliert gebuchten Beträgen.

Diesen Parameter können Sie nur einsetzen, wenn Sie die Sender-Empfänger-Beziehungen unterjährig nicht ändern und in allen Segmenten des Zyklus als SENDER-REGEL *gebuchte Beträge* sowie als EMPFÄNGERBEZUGSBASIS *variable Anteile* wählen (vgl. Abbildung 5.22).

**Kumulierte Verrechnung**

Betrachten wir unser Beispiel für eine Umlage der Personalkosten anhand der gebuchten Reisekosten für den Fall einer kumulierten Verrechnung.

**Die Ausgangssituation in Periode 1** stellt sich wie folgt dar:

**Kostenstelle Reiseabteilung**

| | |
|---|---|
| Gehälter: | 10.000 EUR |
| Zuschlag Krankenversicherung: | 2.000 EUR |
| Sozialversicherung: | 3.000 EUR |
| Gesamt: | 15.000 EUR |

**Kostenstelle IT**

Reisekosten: 50.000 EUR

**Kostenstelle Vertrieb**

Reisekosten: 100.000 EUR

**Nach der Umlage in Periode 1** werden die Kostenstellen wie folgt belastet:

**Kostenstelle IT**

Reisekosten: 50.000 EUR

Umlage Personal: 5.000 EUR

**Kostenstelle Vertrieb**

Reisekosten: 100.000 EUR

Umlage Personal: 10.000 EUR

**Nun betrachten wir Periode 2**. Die Personalkosten der Reiseabteilung sind gleich geblieben, die Reisekosten von IT und Vertrieb sehen aber wie folgt aus:

| **Kostenstelle IT** | **Kostenstelle Vertrieb** |
| --- | --- |
| Reisekosten: 100.000 EUR | Reisekosten: 50.000 EUR |

**Kumuliert über die Perioden 1 und 2** ergibt sich:

| **Kostenstelle IT** | **Kostenstelle Vertrieb** |
| --- | --- |
| Reisekosten: 150.000 EUR | Reisekosten: 150.000 EUR |

Die kumulierten Personalkosten der Reiseabteilung von 30.000 EUR werden somit zu je 50 Prozent auf die IT und den Vertrieb umgelegt. In Periode 2 wird die Differenz zu den bisherigen Verrechnungen gebucht:

| **Kostenstelle IT** | **Kostenstelle Vertrieb** |
| --- | --- |
| Umlage Personal: 10.000 EUR | Umlage Personal: 5.000 EUR |

Wenn Sie den Parameter VERBRAUCH aktivieren, werden neben den Kosten auch die mit den Primärkosten gebuchten Verbrauchswerte mitverteilt (nur für die periodische Umbuchung und die Verteilung relevant).

Bei der indirekten Leistungsverrechnung steht Ihnen der Parameter *Ausbringungsmenge* zur Verfügung. Damit können Sie festlegen, ob retrograde Verbrauchswerte, die durch das Ausführen des Zyklus ermittelt werden, beim Sender fortgeschrieben werden.

### Verrechnung in Objektwährung

Standardmäßig werden alle Verrechnungen in der Kostenrechnungskreiswährung durchgeführt. Wenn Sie jedoch den Parameter OBJEKTWÄHRUNG im Block FELDGRUPPEN (Abbildung 5.21) aktivieren, können Sie für Sender und Empfänger, die eine abweichende Objektwährung führen, alle Verrechnungen zusätzlich auch in der Objektwährung vornehmen. Voraussetzung dafür ist, dass in einer Verrechnung alle Sender und Empfänger dieselbe Objektwährung führen. Zur Erinnerung:

Unter Kostenstellenparameter im Abschnitt 2.2.5 haben wir beschrieben, wie Sie für Kostenstellen eine eigene Objektwährung einstellen.

**Verrechnung in Transaktionswährung**

Der Parameter TRANSAKTIONSWÄHRUNG bewirkt, dass in einer Verrechnung alle Belege, die in einer Fremdwährung gebucht sind (also in einer von der Kostenrechnungskreiswährung abweichenden Währung), sowohl in Kostenrechnungskreiswährung als auch in Fremdwährung verrechnet werden.

Die Parameter OBJEKTWÄHRUNG und TRANSAKTIONSWÄHRUNG können Sie nur in der periodischen Umbuchung, der Verteilung und der Umlage verwenden.

## 5.4.5 Segment anlegen

Nachdem Sie die Kopfdaten des Zyklus bearbeitet haben, legen Sie über Anhängen Segment in Abbildung 5.21 das erste Segment an.

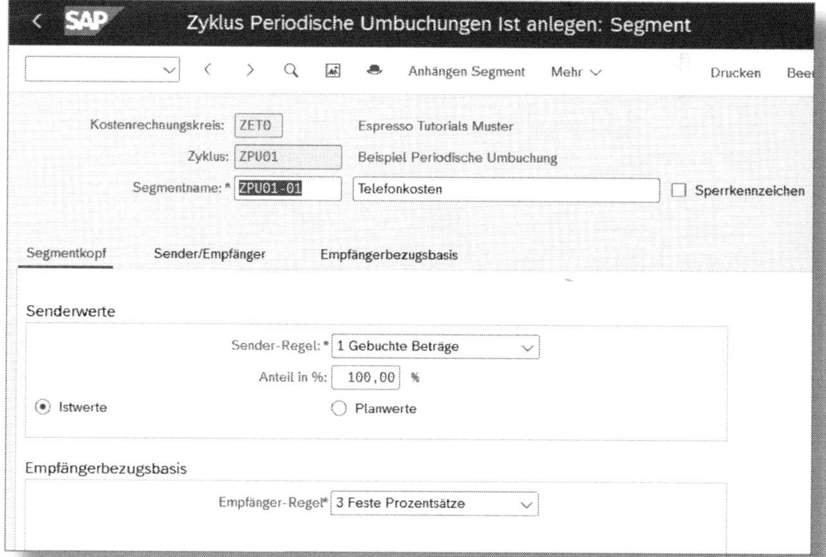


*Abbildung 5.22: Segment anlegen*

### Segmentkopf pflegen

Im Segmentkopf vergeben Sie zunächst einen Namen (dieser muss innerhalb des Zyklus eindeutig sein) und eine Bezeichnung. Das SPERRKENNZEICHEN können Sie später einmal nutzen, um einzelne Segmente eines Zyklus zu sperren. Damit können Sie den Rest des Zyklus weiterverwenden und müssen keinen neuen anlegen.

**☛ Segmentname**

Es kann sinnvoll sein – wie in unserem Beispiel – den Namen des Segments aus dem Zyklusnamen und einer durchlaufenden Nummer zu kombinieren. Mithilfe des Belegtextes zu einer Verrechnung kann an dieser Stelle die technische Herkunft der Verrechnung leichter festgestellt werden.

### Senderregel

Im Block SENDERWERTE pflegen Sie als Erstes die SENDER-REGEL. Diese gibt vor, welcher Wert auf dem Sender entlastet werden soll. In der Regel werden Sie hier den Wert *Gebuchte Beträge* wählen, denn dieser bewirkt, dass der Periodensaldo des Senders bzgl. der Kostenarten, die Sie auf der Registerkarte SENDER/EMPFÄNGER angeben, komplett entlastet wird. Stattdessen könnten Sie auch *Feste Beträge* auswählen; in diesem Fall geben Sie auf der Registerkarte SENDERWERTE einen Betrag an, zu dem der Sender entlastet werden soll. Wählen Sie *Feste Tarife*, können Sie unter SENDERWERTE einen Tarif angeben, der je Empfänger mit dem Wert unter EMPFÄNGERGEWICHTUNGSFAKTOREN multipliziert wird, um den Verrechnungswert zu ermitteln. Im Beispiel wollen wir die Telefonkosten der Verwaltungskostenstelle verrechnen und wählen daher GEBUCHTE BETRÄGE.

**☛ Flexible Darstellung der Sichten**

Im oben beschriebenen Beispiel sind die Sichten SENDERWERTE und EMPFÄNGERGEWICHTUNGSFAKTOREN nicht sichtbar. Dies liegt daran, dass wir unter EMPFÄNGERBEZUGSBASIS den Wert *Feste Prozentsät-*

ze ausgewählt haben; in diesem Fall müssen Sie in den betroffenen Sichten nichts eintragen, weshalb sie automatisch ausgeblendet sind.

Mittels des Parameters ANTEIL IN % können Sie festlegen, dass vom Senderwert nur ein bestimmter Prozentsatz verrechnet wird. In unserem Beispiel könnten wir hier also »80 %« eintragen, um nur 80 Prozent der Telefonkosten weiterzubelasten.

Wenn Sie als Senderwert *Gebuchte Beträge* gewählt haben, geht das System standardmäßig davon aus, dass Sie sich dabei auf Istwerte beziehen – der Parameter ISTWERTE ist daher voreingestellt. Wählen Sie jedoch stattdessen PLANWERTE, werden beim Ausführen des Zyklus die Planwerte des Senders herangezogen und im Ist verrechnet.

### Empfängerregel

Auf dem Reiter EMPFÄNGERBEZUGSBASIS steuern Sie über die EMPFÄNGER-REGEL, wie die zu verrechnenden Werte den Empfängern zugeordnet werden sollen. Wenn Sie hier *Variable Anteile* wählen, können Sie die Empfängerwerte auch anhand anderer Kostenarten, statistischer Kennzahlen und Ähnlichem ermitteln lassen. In diesem Fall werden zusätzliche Parameter eingeblendet, die wir im nächsten Beispiel erläutern. Alternativ können Sie die Aufteilung auf die Empfänger anhand von *festen Beträgen*, *festen Prozentsätzen* oder *festen Anteilen* vornehmen. Bei festen Beträgen tragen Sie direkt in der Sicht EMPFÄNGERBEZUGSBASIS die Beträge ein, die auf den jeweiligen Empfänger verrechnet werden sollen. Bei festen Prozentsätzen geben Sie je Empfänger einen eigenen Prozentsatz vor, das System verrechnet dann jeweils den angegebenen Prozentsatz des Senderwertes.

Feste Anteile funktionieren ähnlich wie feste Prozentsätze: Sie tragen dabei je Empfänger einen beliebigen Wert ein, das System addiert diese Werte und verrechnet an jeden Empfänger den Senderwert in Relation zum jeweiligen Anteil der Summe der Anteile.

**Empfängerwerte als feste Anteile**

Der Senderwert sei 1.000. Sie geben für drei Empfänger feste Anteile an:

Empfänger 1: 10.000, Empfänger 2: 100.000, Empfänger 3: 300.

Der Gesamtwert der Anteile beträgt 110.300. Der Senderwert wird wie folgt verrechnet:

*Empfängerwert = Senderwert × Anteil/Summe Anteile*

Damit ergibt sich:

- Empfängerwert 1 = 1000 × 10.000 /110.300 = 90,66
- Empfängerwert 2 = 1000 × 100.000 /110.300 = 906,62
- Empfängerwert 3 = 1000 × 300 /110.300 = 2,72

Im Block EMPFÄNGERBEZUGSBASIS stehen noch weitere Parameter zur Verfügung, die aber nur eingeblendet werden, wenn Sie als EMPFÄNGER-REGEL die Einstellung *Variable Anteile* auswählen. Diese weiteren Parameter sehen wir uns nun im nächsten Beispiel an (siehe Abbildung 5.23).

Hier haben wir *Variable Anteile* als EMPFÄNGER-REGEL gewählt und sehen nun zwei weitere Parameter: Über die Art der variablen Anteile (ART VAR. ANTEILE) geben Sie an, anhand welcher Kriterien die Empfängerwerte ermittelt werden sollen. Zur Auswahl stehen Istkosten, Plankosten, Istverbrauch bzw. Planverbrauch einer bestimmten Leistungsart, statistische Kennzahlen im Ist bzw. im Plan, Ist- bzw. Planleistung einer bestimmten Leistungsart sowie statistische Ist- und Plankosten. Für unser Beispiel haben wir STATIST. KENNZAHLEN IST gewählt.

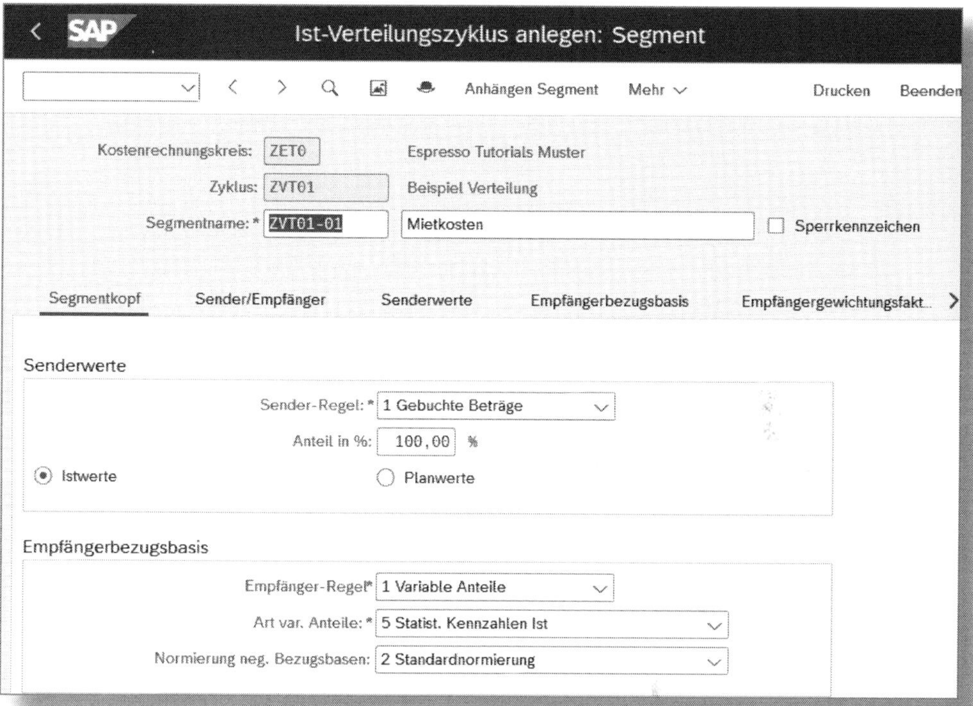


*Abbildung 5.23: Beispiel für eine Verteilung*

## Normierung negativer Bezugsbasen

Der zweite Parameter im Block EMPFÄNGERBEZUGSBASIS, die NORMIERUNG NEGATIVER BEZUGSBASEN (NORMIERUNG NEG. BEZUGSBASEN), dient dazu, Bezugsbasen zu verarbeiten, die unterschiedliche Vorzeichen haben. Sind die Bezugsbasen nicht normiert und kommen Empfänger mit positiver wie negativer Bezugsbasis vor, würde dies dazu führen, dass die Empfänger mit negativer Bezugsbasis nicht be-, sondern entlastet würden.

### Bezugsbasen mit gemischten Vorzeichen

Nehmen wir an, der Senderwert sei 1.000 EUR. Diesen wollen Sie an zwei Empfänger mittels einer variablen Empfängerbezugsbasis (z. B. Istkosten) verteilen. Dabei sei die Bezugsbasis von Empfänger 1 »70«, die von Empfänger 2 »-50«. Um den zu verrechnenden Wert je Empfänger zu ermitteln, geht das System genauso vor, wie wir es im Beispiel oben zu den variablen Anteilen beschrieben haben:

*Empfängerwert = Senderwert × Empfängerbezugsbasis/Summe aller Empfängerbezugsbasen*

Daraus ergeben sich folgende Werte:

- Die Summe der Bezugsbasen ist: 70 - 50 = 20.
- Für Empfänger 1 ist der Empfängerwert:
  1000 EUR × 70/20 = 3500 EUR.
- Für Empfänger 2 ergibt sich als Empfängerwert:
  1000 EUR × -50/20 = -2500 EUR.

In diesem Fall würde also Empfänger 2 um einen Betrag entlastet werden, der höher wäre als der Senderwert, während Empfänger 1 mit einem umso höheren Betrag belastet würde.

Dieses Problem lässt sich durch eine Normierung beheben. Die gebräuchlichste Form ist die *Standardnormierung*. Ist die Summe der Bezugsbasen positiv oder null, setzt das System die Bezugsbasis mit dem höchsten negativen Wert auf null und erhöht alle anderen Bezugsbasen im Verhältnis.

Beispiel: Bei den drei Bezugsbasen 100, -20 und -50 würde das System die -50 auf null setzen; aus -20 würde 30 und aus 100 würde 150.

Für den Fall, dass die Summe der Bezugsbasen negativ oder null wäre, würde entsprechend umgekehrt verfahren.

Daneben stehen noch weitere Normierungsverfahren zur Verfügung, deren ausführliche Beschreibung an dieser Stelle den Rahmen sprengen würde. Genauere Informationen entnehmen Sie bitte der Hilfe zum Feld NORMIERUNG NEG. BEZUGSBASEN, aufrufbar durch die Taste F1.

Der Segmentkopf der Umlage sieht sehr ähnlich aus wie derjenige der Verteilung oder der periodischen Umbuchung (siehe Abbildung 5.24). Wir verwenden hier erneut die SENDER-REGEL *Gebuchte Beträge* und die EMPFÄNGER-REGEL *Variable Anteile*. In unserem Beispiel wollen wir die Personalkosten der Reisekostenstelle anhand der Reisekosten der anderen Kostenstellen verrechnen. Daher wählen wir als Art der variablen Anteile (ART VAR. ANTEILE) den Eintrag *Istkosten*.

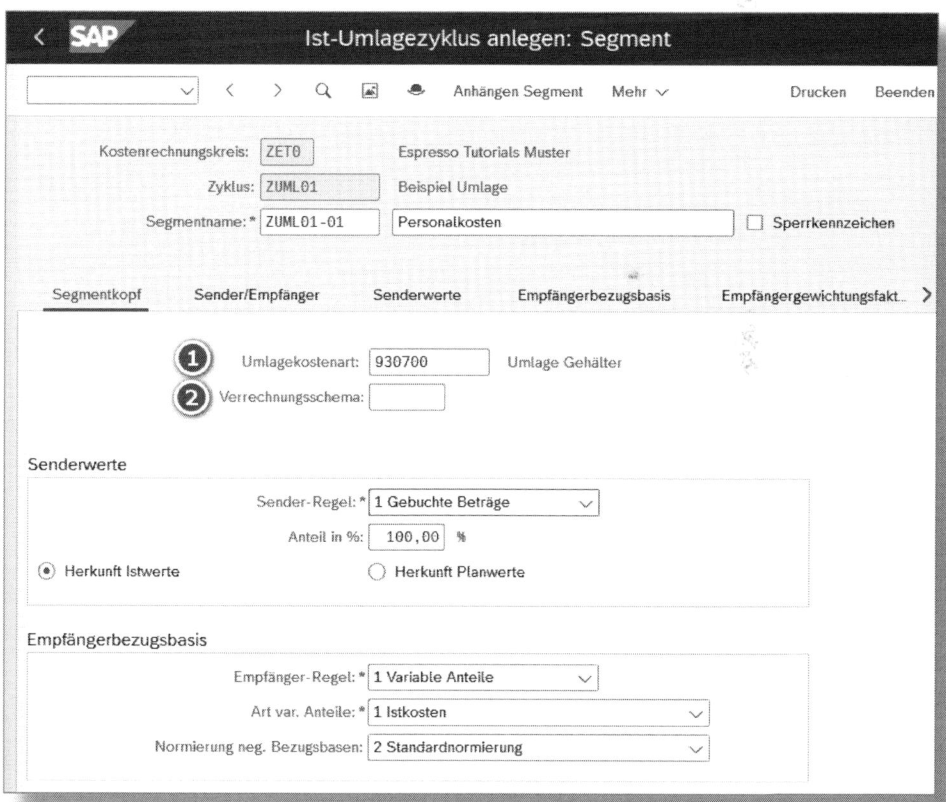


*Abbildung 5.24: Beispiel für eine Umlage*

### Umlagekostenart angeben

Der Segmentkopf der Umlage weist noch einen wesentlichen Unterschied gegenüber der periodischen Verrechnung und der Verteilung auf: Sie können hier eine UMLAGEKOSTENART ❶ angeben, anhand derer im betroffenen Segment alle Kostenarten verrechnet werden. Sie legen das entsprechende Sachkonto im Customizing über CONTROLLING • KOSTENSTELLENRECHNUNG • ISTBUCHUNGEN • PERIODENABSCHLUSS • UMLAGE • UMLAGEKOSTENART ANLEGEN oder direkt über die Sachkontenpflege (Transaktion *FS00*) an. Beachten Sie dabei, dass hier die Sachkontoart »Sekundärkosten« und unter Steuerungsdaten der Kostenartentyp »42 (Umlage)« zu wählen sind.

## 5.4.6 Verrechnungsschema einsetzen

Falls Sie Ihre Kosten noch genauer differenzieren wollen (z. B. Gehälter unter einer anderen Umlagekostenart verrechnen als die Gehaltsnebenkosten), können Sie ein VERRECHNUNGSSCHEMA ❷ (siehe Abbildung 5.24) verwenden, das Sie statt der UMLAGEKOSTENART ❶ im Segment hinterlegen. Ein Verrechnungsschema ermöglicht Ihnen, zu verrechnende Kostenarten jeweils unterschiedlichen Umlagekostenarten zuzuordnen. Dieses Konzept ist sehr hilfreich, da Sie ansonsten in unserem Beispiel für die Gehälter und die Nebenkosten jeweils eigene Segmente mit jeweils einer eigenen Umlagekostenart definieren müssten.

Sie erstellen ein Verrechnungsschema im Customizing unter KOSTENSTELLENRECHNUNG • ISTBUCHUNGEN • PERIODENABSCHLUSS • VERTEILUNG • VERTEILUNG DEFINIEREN (Transaktion *KSV1*), Umlagen über CONTROLLING • KOSTENSTELLENRECHNUNG • ISTBUCHUNGEN • PERIODENABSCHLUSS • UMLAGE • VERRECHNUNGSSCHEMATA DEFINIEREN (Transaktion *KSES*), indem Sie auf [Neue Einträge] klicken.

Zu diesem SCHEMA (siehe ❶ in Abbildung 5.25 ) können Sie dann beliebig viele sogenannte ZUORDNUNGEN ❷ vornehmen. Für jede Zuordnung können Sie Regeln festlegen, unter welcher Umlagekostenart bestimmte Kostenarten bei einer Umlage verrechnet werden sollen.

Im Beispiel wollen wir die Gehälter von den Personalnebenkosten getrennt verrechnen und erstellen daher zwei entsprechende Zuordnungen.

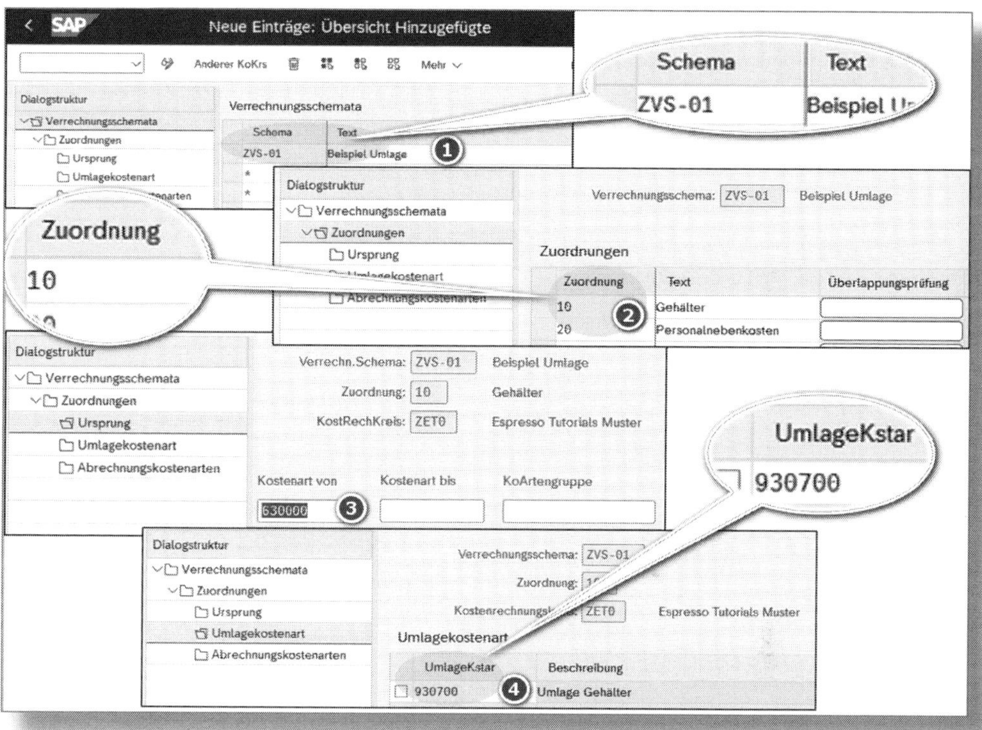


*Abbildung 5.25: Verrechnungsschema pflegen*

Für jede Zuordnung tragen Sie anschließend im Punkt URSPRUNG ein, welche KOSTENARTEN jeweils berücksichtigt werden sollen ❸. In der ZUORDNUNG *10* für *Gehälter* haben wir die entsprechende Kostenart eingetragen; neben Einzelwerten können Sie hier auch Intervalle oder Kostenartengruppen pflegen.

Schließlich verknüpfen Sie unter UMLAGEKOSTENART die zu verrechnenden Kostenarten mit einer Umlagekostenart ❹. Diese Einstellung bewirkt, dass alle Gehaltskostenarten in Umlagen unter der Umlagekostenart *930700* verrechnet werden, während die Personalnebenkosten einer anderen Umlagekostenart zugeordnet sind.

## 5.4.7 Indirekte Leistungsverrechnung

Nachdem Sie nun die Einstellungen zum Segmentkopf der Umlage kennengelernt haben, zeigen wir Ihnen im Folgenden die Konfiguration der indirekten Leistungsverrechnung (siehe Abbildung 5.26).

*Abbildung 5.26: Beispiel für eine indirekte Leistungsverrechnung*

### Senderregel bei Leistungsverrechnung

Bei der indirekten Leistungsverrechnung bezieht sich die Senderregel auf Mengen anstelle von Werten, daher stehen Ihnen hier die folgenden Einträge zur Verfügung:

- **Gebuchte Mengen**: Analog zu gebuchten Werten verrechnen Sie hier sämtliche auf dem Sender erfassten Leistungsmengen.
- **Feste Mengen**: Sie geben vor, welche Menge verrechnet werden soll.
- **Retrograd ermittelte Mengen**: Die zu verrechnende Menge wird anhand der Empfängerwerte gefunden; wenn Sie in den Kopfeinstellungen des Zyklus den Parameter AUSBRINGUNGSMENGE (in Transaktion *KSC1* für die indirekte Leistungsverrechnung unter FELDGRUPPEN) aktiviert haben, wird die retrograd ermittelte Menge auch auf dem Sender fortgeschrieben.

Alle weiteren Parameter im Segmentkopf haben die gleiche Bedeutung wie bei den anderen bereits vorgestellten Verrechnungsarten. In unserem Beispiel wollen wir die zubereiteten Menüs retrograd ermitteln und haben den entsprechenden Wert als Senderwert ausgewählt. Die Empfängerbezugsbasis soll anhand einer statistischen Kennzahl (Zahl der Mitarbeiter) ermittelt werden.

### Sender/Empfänger angeben

Auf der nächsten Registerkarte SENDER/EMPFÄNGER hinterlegen Sie, von welchen Sendern unter welchen Kostenarten Sie an welche Empfänger verrechnen wollen (siehe Abbildung 5.27).

Im Beispiel der periodischen Umbuchung der Telefonkosten haben wir als SENDER die (Verwaltungs-)KOSTENSTELLE *1050000* ❶ und die KOSTENARTEN für Telefonkosten ❷ angegeben. Als EMPFÄNGER wählen wir alle Kostenstellen ❸ aus, die Telefonkosten verursacht haben.

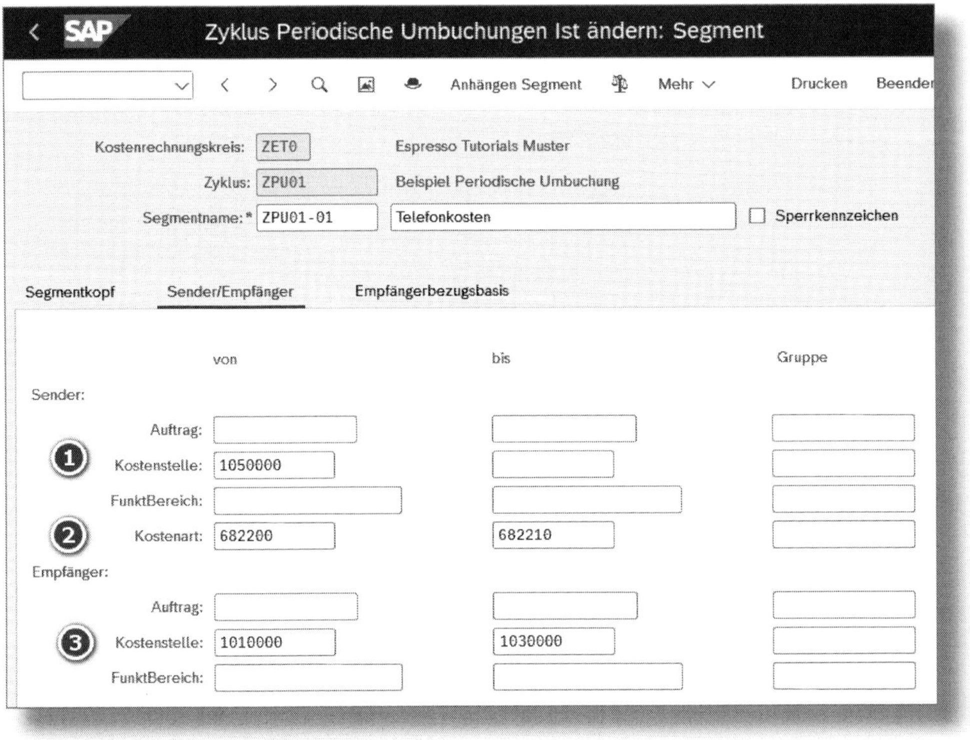

Abbildung 5.27: Sender und Empfänger im Verrechnungszyklus

Welche Felder hier angeboten werden, hängt davon ab, welche Controlling-Komponenten Sie aktiviert haben und welche Einstellungen unter CONTROLLING • KOSTENSTELLENRECHNUNG • ISTBUCHUNGEN • PERIODENABSCHLUSS • PERIODISCHE UMBUCHUNG • TYPEN VON SENDERN/EMPFÄNGERN DER PERIOD. UMBUCHUNG FESTLEGEN (Transaktion *KCAP*) vorgenommen wurden (siehe Abschnitt 5.4.1).

Dieser Reiter sieht in allen vier Verrechnungsarten gleich aus, mit dem einzigen Unterschied, dass Sie bei der indirekten Leistungsverrechnung anstelle von Senderkostenarten eine Senderleistungsart angeben.

**☛ Leistungsartentypen bei der indirekten Leistungsverrechnung**

Beachten Sie, dass Sie eine indirekte Leistungsverrechnung nur für Leistungsarten vom Typ 2 (indirekte Ermittlung, indirekte Verrechnung) oder Typ 3 (manuelle Ermittlung, indirekte Verrechnung) erstellen und durchführen können. Für Leistungsarten vom Typ 1 (manuelle Ermittlung, manuelle Verrechnung) können Sie nur eine direkte Leistungsverrechnung vornehmen, und Leistungsarten vom Typ 4 können Sie gar nicht verrechnen. Weitere Informationen zum Leistungsartentyp finden Sie im Abschnitt 2.2.6.

### 5.4.8 Senderwerte pflegen

Wenn Sie als SENDER-REGEL im Segmentkopf *Feste Beträge* bzw. *Mengen* oder *Feste Tarife* bzw. *Mengen* gewählt haben, tragen Sie auf der Registerkarte SENDERWERTE den Betrag bzw. die Menge ein, um die der Sender entlastet werden soll. Im Übrigen geben Sie an dieser Stelle eine Planversion an, falls Sie als HERKUNFT der Senderwerte PLANWERTE ausgewählt haben (siehe Abbildung 5.28). Anderenfalls brauchen Sie an dieser Stelle keine Einträge vorzunehmen bzw. die Registerkarte wird Ihnen gar nicht angezeigt.

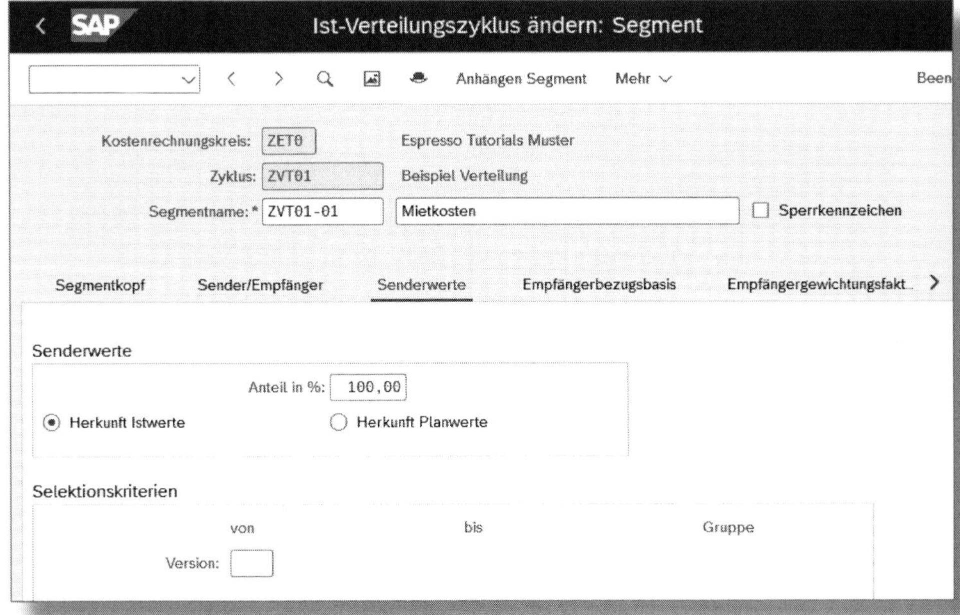


*Abbildung 5.28: Senderwerte pflegen*

## 5.4.9 Empfängerbezugsbasis einstellen

Auf der Registerkarte EMPFÄNGERBEZUGSBASIS legen Sie fest, wie die Empfängerwerte zu ermitteln sein sollen; welche Felder hier angezeigt werden, hängt von den Einstellungen ab, die Sie im Segmentkopf vorgenommen haben.

Bei der periodischen Umbuchung der Telefonkosten wollen wir anhand von festen Prozentsätzen verrechnen; entsprechend geben wir hier für jeden der Empfänger, die wir unter SENDER/EMPFÄNGER eingetragen haben, einen Prozentsatz an (siehe Abbildung 5.29).

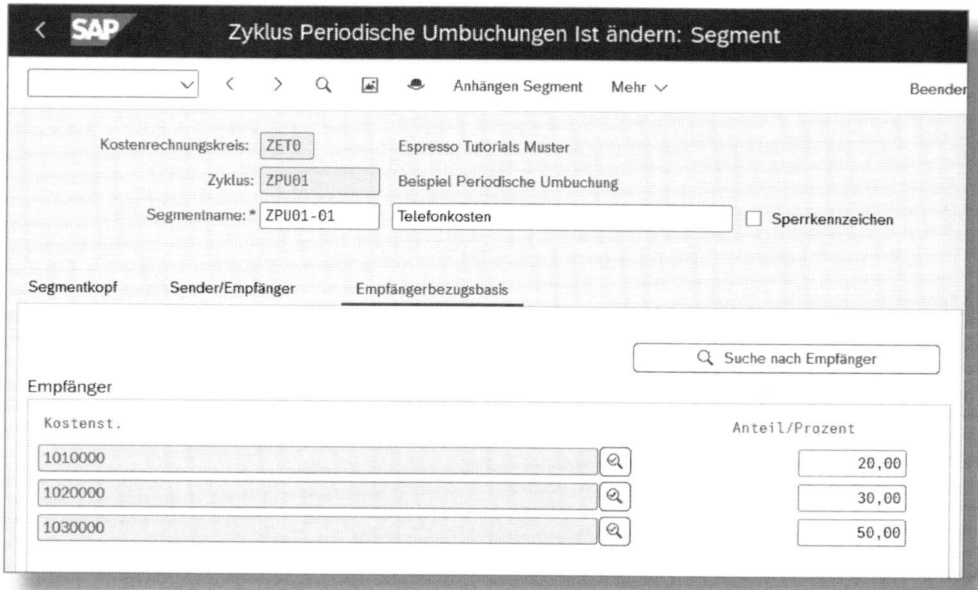


*Abbildung 5.29: Empfängerbezugsbasis anhand von festen Prozentsätzen*

Die Verteilung der Mietkosten wiederum soll anhand einer statistischen Kennzahl für Büroflächen erfolgen (siehe Abbildung 5.30). Hierfür greifen wir auf die in Abschnitt 2.2.7 angelegte statistische Kennzahl *HNF* (Hauptnutzfläche) zurück. Auf die gleiche Weise sind wir bei der indirekten Leistungsverrechnung vorgegangen, bei der die Anzahl der zubereiteten Menüs anhand einer statistischen Kennzahl für die Anzahl der Mitarbeiter ermittelt werden soll.

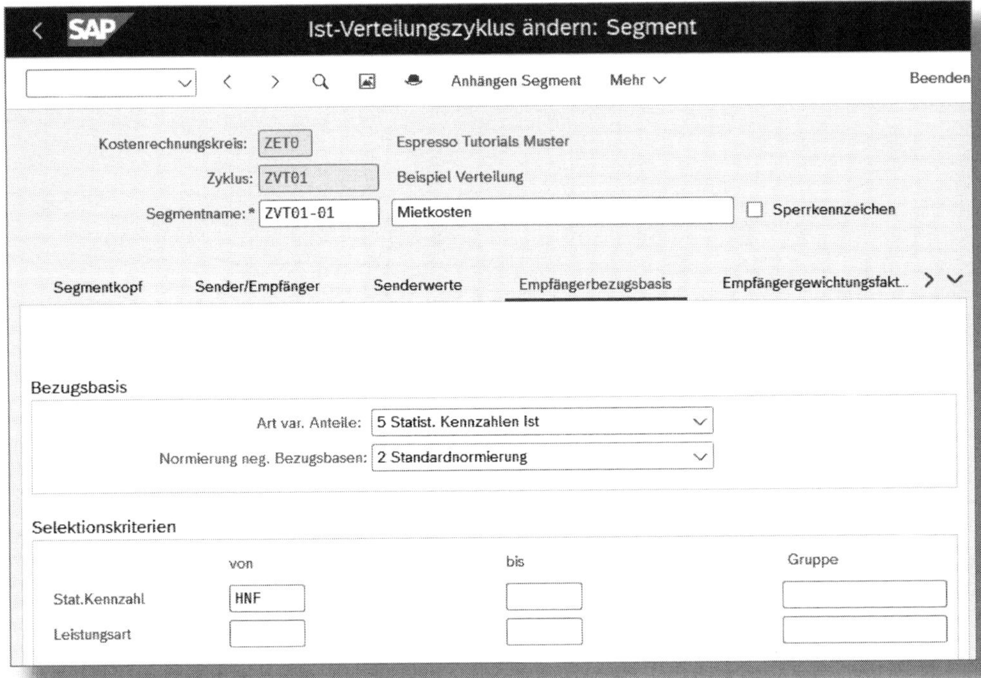


*Abbildung 5.30: Empfängerbezugsbasis aufgrund von statistischen Kennzahlen*

Für die Umlage der Personalkosten der Reisekostenstelle schließlich beziehen wir die Empfängerbezugsbasis auf die Kostenart *685100* (Reisekosten), die wir an dieser Stelle eintragen (siehe Abbildung 5.31). Damit sollen die Personalkosten anhand der gebuchten Reisekosten umgelegt werden.

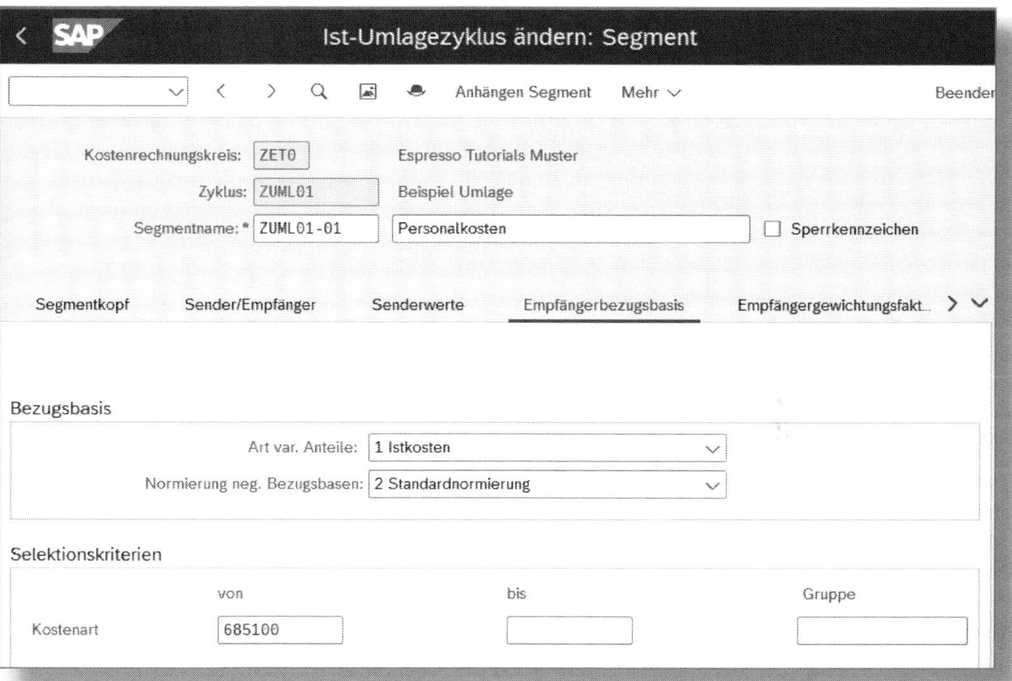


*Abbildung 5.31: Empfängerbezugsbasis anhand von Kostenarten*

## 5.4.10 Empfängergewichtungsfaktoren definieren

Zu guter Letzt haben Sie auf der Registerkarte EMPFÄNGERGEWICHTUNGSFAKTOREN noch die Möglichkeit, einzelne Empfänger mehr oder weniger zu belasten, als aufgrund der Empfängerbezugsbasis vorgesehen ist (siehe Abbildung 5.32). Tragen Sie hier für einen Empfänger einen Faktor größer 100 ein, erhöht sich dessen Empfängerwert im Verhältnis zu den anderen Empfängern; bei einem Faktor unter 100 verringert sich der Wert entsprechend im Verhältnis. Der Gesamtwert für alle Sender bzw. Empfänger verändert sich dadurch nicht.

> **☛ Ausschließen von Empfängern durch Gewichtung 0**
>
> Falls Sie unter SENDER/EMPFÄNGER ein Intervall von Kostenstellen angegeben haben und einige davon in einem bestimmten Segment nicht belasten wollen, können Sie genau diese Kostenstellen von der Verrechnung ausschließen, indem Sie dort einen Wert von null als Empfängergewichtungsfaktor (KOSTENST. *2010000*) eintragen.

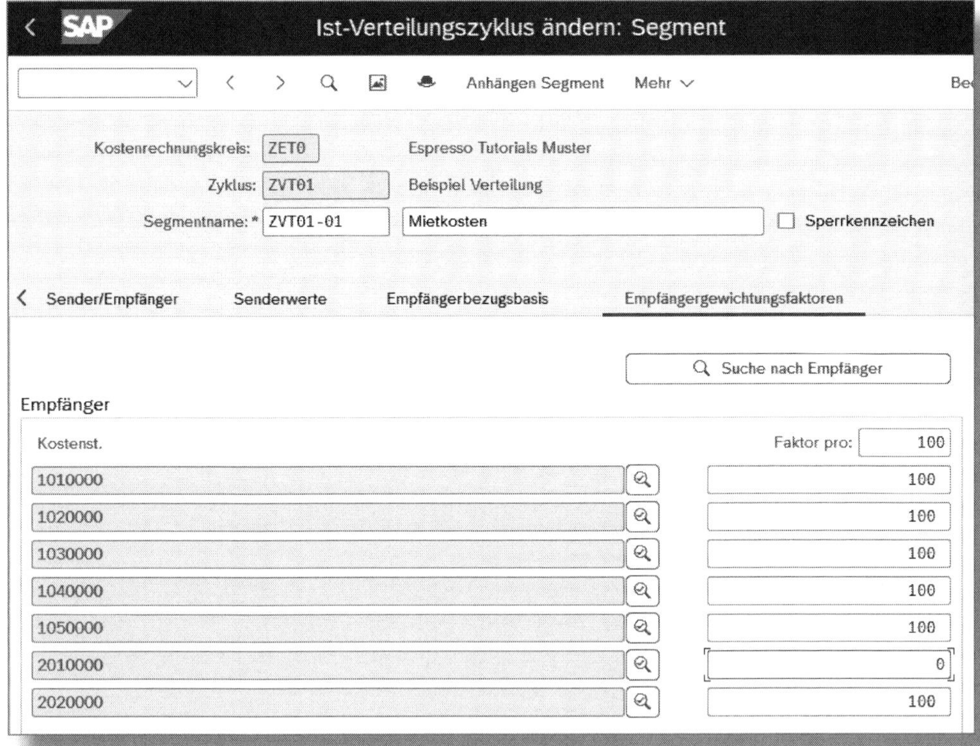


*Abbildung 5.32: Empfängergewichtungsfaktoren*

### 5.4.11 Verrechnungen ausführen

Sie haben inzwischen für jede Ihrer Verrechnungen ein erstes Segment angelegt und können dieses nun jeweils ausführen. Gehen Sie dafür im Anwendungsmenü zu RECHNUNGSWESEN • CONTROLLING • KOSTENSTELLENRECHNUNG • PERIODENABSCHLUSS • EINZELFUNKTIONEN, und rufen Sie die Transaktion *KSW5* (Periodische Umbuchung) bzw. im Unterordner VERRECHNUNG wahlweise die Transaktion *KSV5* (Verteilung), *KSU5* (Umlage) oder *KSC5* (Indirekte Leistungsverrechnung) auf.

Wie im Abschnitt 3.11 beschrieben, können Sie Verrechnungen auch im Plan nutzen. Hier starten Sie die Verrechnung im Anwendungsmenü unter RECHNUNGSWESEN • CONTROLLING • PLANUNG • VERRECHNUNGEN und rufen anschließend die Transaktion *KSVB* (Verteilung), *KSUB* (Umlage) bzw. *KSCB* (Indirekte Leistungsverrechnung) auf.

Sie haben damit die vier unterschiedlichen Methoden zur periodischen Verrechnung auf der Basis von Zyklen kennengelernt.

## 5.5 Periodenabschluss Leistungsverrechnung

In diesem Abschnitt möchten wir auf die Besonderheiten in den Einstellungen zur Leistungsverrechnung und zur Splittung eingehen.

### 5.5.1 Splittung

Wenn Sie auf einer Senderkostenstelle Leistungsmengen und Tarife planen, können Sie die Primärkosten miteinbeziehen, indem Sie sie leistungsabhängig planen (siehe Abschnitt 3.2). Falls Sie in den Grundeinstellungen des Kostenrechnungskreises den Parameter KONTIERUNG LEISTART aktiviert haben (siehe ❸ in Abbildung 2.1), können Sie beim Buchen der Primärkosten zusätzlich auch die Leistungsart mitangeben und sie so direkt zuordnen. Bei dieser leistungsabhängigen Planung mit Kontierung der Istkosten auf die Leistungsarten können

Sie zum Periodenende sehr einfach die Sollkosten und -leistungen mit dem Ist vergleichen.

Wenn Sie weder leistungsabhängig geplant noch die Istkosten auf die Leistungsarten kontiert haben und mehr als eine Leistungsart berücksichtigen wollen, ist es schwieriger, die Istkosten den Leistungen gegenüberzustellen. In diesem Fall können Sie die *Splittung* einsetzen. Bei der Splittung geben Sie über Regeln vor, nach welchen Kriterien die Istkosten auf die Leistungsarten aufgeteilt werden sollen. Die Kriterien, die Sie dabei einsetzen können, sind von der SAP fest vorgegeben, so z. B. anhand der Leistungsmenge, der Kapazität im Plan oder einer statistischen Kennzahl. Um die Splittung (im Anwendungsmenü über die Transaktion *KSS2*) durchführen zu können, müssen Sie zunächst im Customizing unter CONTROLLING • KOSTENSTELLENRECHNUNG • ISTBUCHUNGEN • PERIODENABSCHLUSS • LEISTUNGSVERRECHNUNG • SPLITTUNG • SPLITTUNGSSCHEMA DEFINIEREN (Transaktion *OKES*) ein Splittungsschema erstellen. Im *Splittungsschema* legen Sie anhand von Zuordnungen fest, welche Kostenarten nach welcher Regel gesplittet werden sollen. Splittungsregeln erstellen Sie, indem Sie in der DIALOGSTRUKTUR den entsprechenden Eintrag ❶ auswählen und die Felder rechts füllen ❷ (siehe Abbildung 5.33). Geben Sie der Regel in der Spalte TEXT einen Namen, und wählen Sie eines der fest vorgegebenen Verfahren (VERF.): Im Beispiel haben wir uns für *25 – Disp. Leistung Plan* entschieden. Für bestimmte Verfahren, wie z. B. statistische Kennzahlen oder Planwerte, müssen Sie außerdem angeben, um welche Kennzahl es sich handeln soll oder auf welche Planversion Sie sich beziehen möchten. Diese Informationen hinterlegen Sie im Bereich SELEKTION FÜR REGELN ❸ unter ❹ (siehe Pfeil).

*Abbildung 5.33: Splittungsregel definieren*

Nachdem Sie eine Splittungsregel festgelegt haben, können Sie das Splittungsschema selbst erstellen (siehe Abbildung 5.34). Legen Sie dafür zunächst einen neuen Eintrag an ❶. Rufen Sie dann in der Dialogstruktur ZUORDNUNGEN ❷ auf, und definieren Sie eine oder mehrere ZUORDNUNGEN ❸. Um schließlich festzulegen, für welche Kostenarten die einzelnen Zuordnungen gelten sollen, wählen Sie SELEKTION FÜR ZUORDNUNG ❹ und tragen die entsprechenden Werte ein ❺.

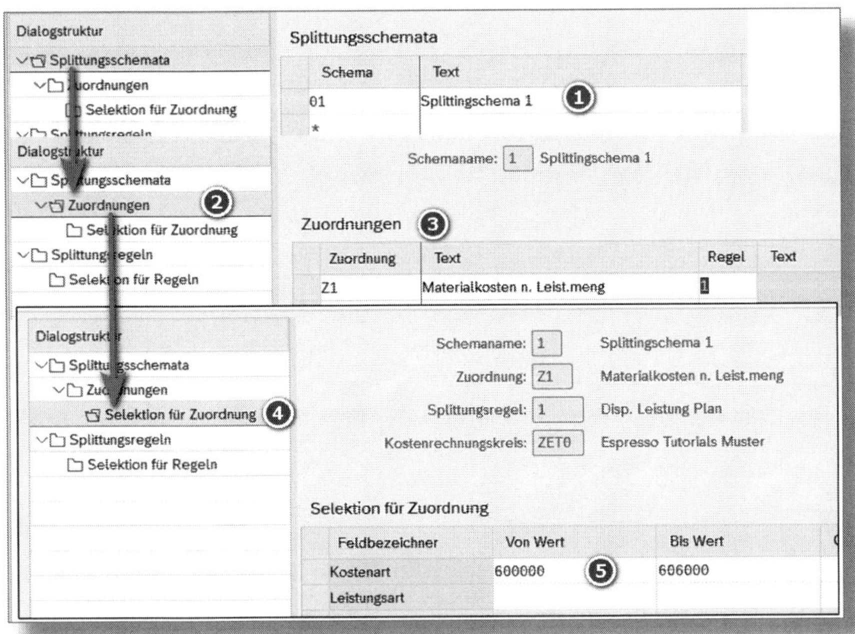


*Abbildung 5.34: Splittungsschema erstellen*

## 5.5.2 Tarifermittlung

Bisher waren wir bei der Leistungsverrechnung immer von Plantarifen ausgegangen, die im Vorhinein entweder manuell festgelegt oder über die Plantarifermittlung errechnet wurden. Typischerweise wird es auf der Senderkostenstelle immer Abweichungen zwischen dem Ist und den geplanten Kosten bzw. der geplanten Leistungsmenge geben. Es verbleiben nach der Verbuchung der Leistungsverrechnung Restkosten auf der Senderkostenstelle, die entweder positiv oder negativ sein können, je nachdem, ob die Istkosten und -leistungen höher oder niedriger waren als der Plan. Die Tarifermittlung ermöglicht es Ihnen, die Tarife im Nachhinein anhand der Istkosten und der Istleistung ermitteln zu lassen und die Differenz an die Leistungsempfänger weiterzubelasten.

Die Art und Weise, wie die Tarifermittlung erfolgen soll, legen Sie in der *Version* fest (siehe Abschnitt 1.2.3). In den geschäftsjahresabhängigen Parametern zum Kostenrechnungskreis entscheiden Sie im Abschnitt TARIFERMITTLUNG, nach welchem Verfahren die Ermittlung der Tarife erfolgen und wie die Nachbewertung verbucht werden soll (siehe Abbildung 5.35). Über den Parameter NACHBEWERTUNG legen Sie fest, ob Sie eine nachträgliche Belastung der Leistungsempfänger anhand eines eigenen Vorgangs wünschen (diese also in Berichten deutlich als Nachbelastung erkennbar sein soll) oder ob diese im Originalvorgang nachträglich verbucht werden soll. Bei der zweiten Option wäre der Einfluss der Tarifermittlung dann jedoch nicht mehr erkennbar.

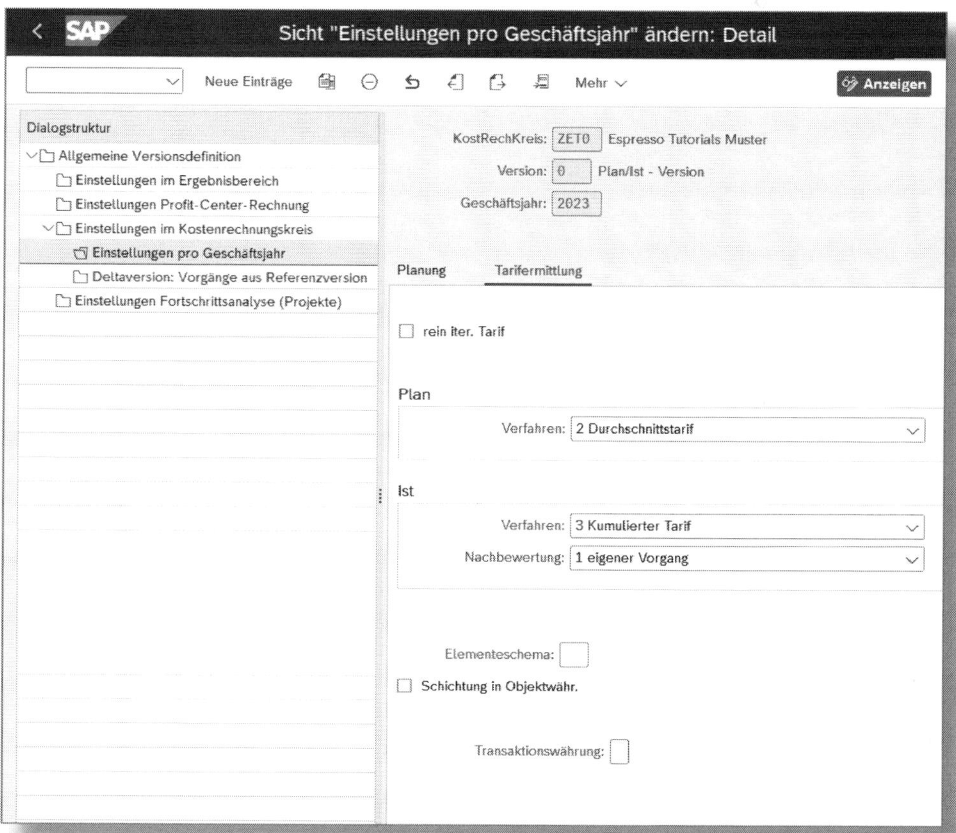


*Abbildung 5.35: Einstellungen zur Tarifermittlung in der Version*

Den Parameter VERFAHREN können Sie für die Plan- und Isttarifermittlung festlegen. Sie haben die Wahl zwischen

- Periodentarif,
- durchschnittlichem Tarif oder
- kumuliertem Tarif (nur für die Isttarifermittlung).

Beim *Periodentarif* wird der Tarif für jede Periode anhand der angefallenen Kosten und Leistungen ermittelt und kann daher schwanken. Der *durchschnittliche Tarif* berücksichtigt bei der Ermittlung neben der aktuellen auch die vergangenen Perioden und bildet hieraus den Durchschnitt. Der *kumulierte Tarif* errechnet sich genau wie der durchschnittliche; Sie haben hier aber die Möglichkeit, die Isttarife auch rückwirkend in die vergangenen Perioden nachzubuchen. Wir illustrieren die verschiedenen Methoden nun anhand eines Beispiels.

Wir betrachten eine Senderkostenstelle und nehmen an, in den ersten drei Perioden des Geschäftsjahres wurden die in Tabelle 5.1 dargestellten Werte gebucht.

| Periode | Fixkosten | Variable Kosten | Leistungsmenge |
|---|---|---|---|
| 1 | 5.000 EUR | 6.000 EUR | 1.000 h |
| 2 | 5.000 EUR | 600 EUR | 100 h |
| 3 | 5.000 EUR | 3.000 EUR | 500 h |

*Tabelle 5.1: Gebuchte Werte des Geschäftsjahres*

Während die fixen Kosten gleich geblieben sind, schwankte die Leistungsmenge deutlich – und entsprechend auch die variablen Kosten. Als **periodischer Tarif** ergibt sich somit je Periode aus der Summe der Kosten geteilt durch die Leistungsmenge:

```
Periode 1: 11.000 EUR/1000 h = 11,00 EUR/h

Periode 2: 5.600 EUR/100 h = 56,00 EUR/h

Periode 3: 8.000 EUR/500 h = 16,00 EUR/h
```

Betrachten wir nun den **Durchschnittstarif**. Dieser ermittelt sich jeweils anhand der kumulierten Kosten geteilt durch die kumulierte Leistungsmenge:

```
Periode 1: 11.000 EUR/1000 h = 11,00 EUR/h

Periode 2: 16.600 EUR/1100 h = 15,09 EUR/h

Periode 3: 24.600 EUR/1600 h = 15,38 EUR/h
```

Der Tarif schwankt mit jeder weiteren Periode weniger als der periodische Tarif. Da in Periode 1 der periodische dem durchschnittlichen Tarif entspricht, ist der Saldo der Kostenstelle bei der Bewertung zu Isttarifen null. Die bewertete Leistung entspricht den in Periode 1 in Tabelle 5.1 gebuchten 11.000 EUR Istkosten (5.000 EUR Fixkosten + 6.000 EUR variable Kosten):

```
Periode 1: 1000 × 11,00 EUR/h = 11.000 EUR
```

Bewertet man allerdings in den Perioden 2 und 3 die erbrachte Leistung zum Durchschnittstarif, ergibt sich eine Über- bzw. Unterdeckung auf der Kostenstelle:

```
Periode 2: 100 × 15,09 EUR/h = 1.537,50 EUR;
die Istkosten der Periode betragen jedoch 5.600 EUR

Periode 3: 500 × 15,38 EUR/h = 7.687,50 EUR;
die Istkosten der Periode betragen jedoch 8.000 EUR
```

Verwenden Sie nun die **kumulierte Tarifermittlung**, können Sie zu jedem Periodenabschluss den jeweiligen Durchschnittstarif rückwirkend in den früheren Perioden nachbuchen. Die Voraussetzung dafür ist, dass Sie die Periodensperre in SAP CO für diese Perioden nicht gesetzt haben. Sie erhalten dann zwar in jeder Periode eine Unter- bzw. Überdeckung, kumuliert beträgt der Saldo der Kostenstelle jedoch wieder null:

```
Periode 1: 1000 h × 15,38 EUR = 15.375,00 EUR

Periode 2: 100 h × 15,38 EUR = 1.537,50 EUR
```

Periode 3: 500 h × 15,38 EUR = 7.687,50 EUR

Kumuliert ergibt sich: 15.375 EUR + 1.537,50 EUR + 7.687,50 EUR = 24.600 EUR. Dies entspricht genau den kumulierten Istkosten.

Neben den bereits erwähnten Parametern in der Version können Sie noch weitere Einstellungen zur Tarifermittlung im Customizing-Pfad CONTROLLING • KOSTENSTELLENRECHNUNG • ISTBUCHUNGEN • PERIODENABSCHLUSS • LEISTUNGSVERRECHNUNG • TARIFERMITTLUNG • VERÄNDERUNG DER GRUNDEINSTELLUNGEN ZUR TARIFERMITTLUNG (Transaktion *OKET*) vornehmen (siehe Abbildung 5.36).

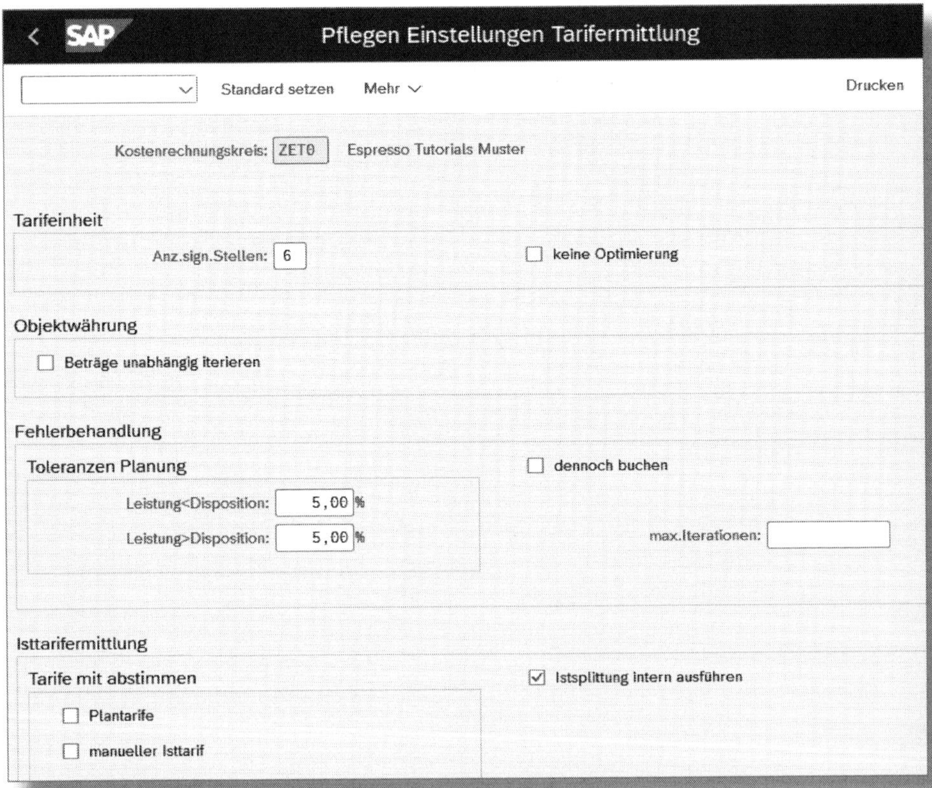

*Abbildung 5.36: Grundeinstellungen zur Tarifermittlung*

Der Parameter Anz.sign.Stellen dient dazu, die Zahl der internen Stellen festzulegen, mit denen das System bei der Tarifermittlung rechnet. Je höher die Zahl, desto genauer ist das Ergebnis. Der Standardwert ist 6. Wenn Sie für den Parameter keine Optimierung aktivieren, wird die eingegebene Zahl der signifikanten Stellen ignoriert. Bei der Verwendung von parallelen Währungen bedeutet Beträge unabhängig iterieren, dass die Tarifermittlung je Währung iterativ durchgeführt wird – und nicht von der Kostenrechnungskreiswährung umgerechnet wird, was zu Rundungsdifferenzen führt.

**! Anzahl der internen Stellen**

Die Anzahl der internen Stellen bei der Tarifermittlung hat eine größere Bedeutung als es zunächst den Anschein hat. Stellen Sie hier zu wenige Stellen ein, so kann es passieren, dass das System die Isttarife nicht korrekt ermitteln kann, sodass ein Restsaldo auf den Kostenstellen verbleibt. In Abbildung 5.37 sehen Sie ein Beispiel für eine iterative Tarifermittlung von zwei Kostenstellen, die gegenseitig Leistung aneinander abgegeben haben. Im Beispiel wird mit vier Nachkommastellen gerechnet; würden Sie weniger Stellen zugrunde legen, könnte es vorkommen, dass das Ergebnis nicht ganz korrekt ist.

Für den Fall, dass die geplante Ausbringungsmenge einer Kostenstelle nicht mit den disponierten Leistungen (nach Abschluss der Leistungsaufnahmeplanung) der jeweiligen Empfänger übereinstimmt, gibt das System bei der Tarifermittlung Warnungen oder Fehlermeldungen aus. Bezogen auf die Parameter Leistung<Disposition und Leistung>Disposition können Sie einen Prozentsatz für die Fehlertoleranz angeben, um die Meldungen zu unterdrücken. Die Option dennoch buchen bewirkt, dass die ermittelten Tarife trotz Fehlermeldungen bzgl. Planabweichungen verbucht werden. Über max. Iterationen können Sie festlegen, dass das System nur eine maximale Anzahl von Rechenschritten bei der Tarifermittlung durchläuft – und damit extrem lange Laufzeiten verhindern.

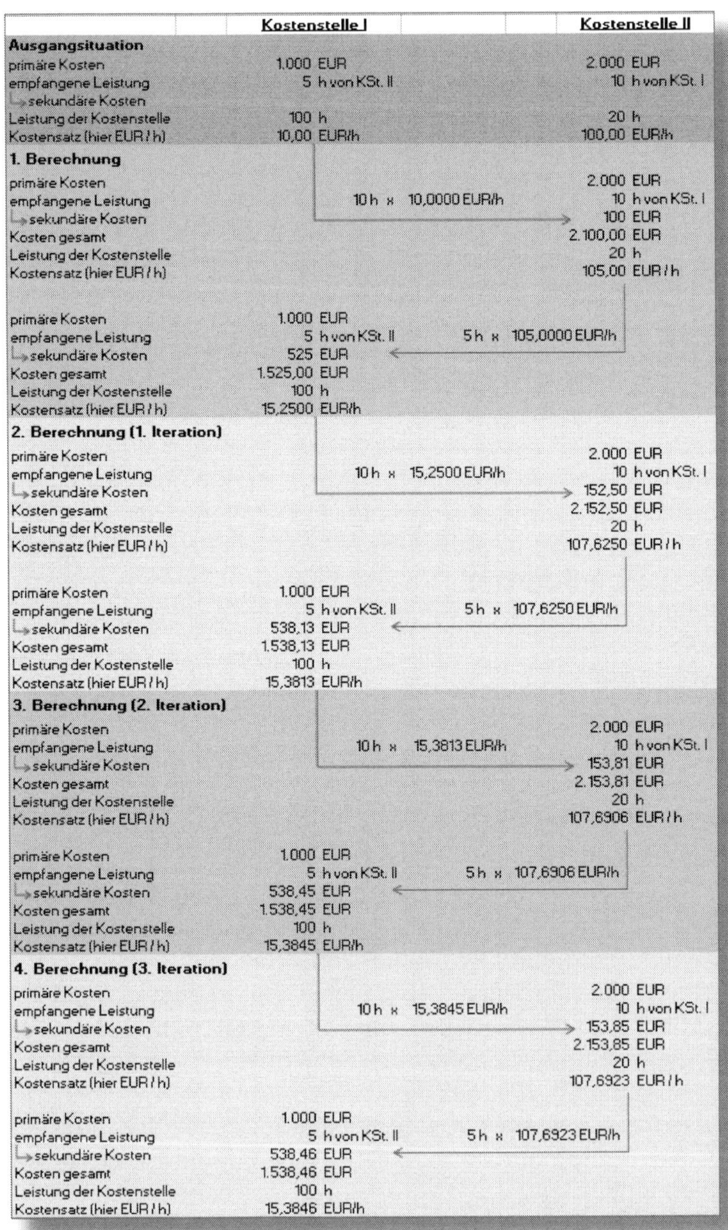

| | Kostenstelle I | | | Kostenstelle II | |
|---|---|---|---|---|---|
| **Ausgangssituation** | | | | | |
| primäre Kosten | 1.000 | EUR | | 2.000 | EUR |
| empfangene Leistung | 5 | h von KSt. II | | 10 | h von KSt. I |
| ↳ sekundäre Kosten | | | | | |
| Leistung der Kostenstelle | 100 | h | | 20 | h |
| Kostensatz (hier EUR / h) | 10,00 | EUR/h | | 100,00 | EUR/h |
| **1. Berechnung** | | | | | |
| primäre Kosten | | | | 2.000 | EUR |
| empfangene Leistung | | | 10 h × 10,0000 EUR/h | 10 | h von KSt. I |
| ↳ sekundäre Kosten | | | | 100 | EUR |
| Kosten gesamt | | | | 2.100,00 | EUR |
| Leistung der Kostenstelle | | | | 20 | h |
| Kostensatz (hier EUR / h) | | | | 105,00 | EUR / h |
| primäre Kosten | 1.000 | EUR | | | |
| empfangene Leistung | 5 | h von KSt. II | 5 h × 105,0000 EUR/h | | |
| ↳ sekundäre Kosten | 525 | EUR | | | |
| Kosten gesamt | 1.525,00 | EUR | | | |
| Leistung der Kostenstelle | 100 | h | | | |
| Kostensatz (hier EUR / h) | 15,2500 | EUR/h | | | |
| **2. Berechnung (1. Iteration)** | | | | | |
| primäre Kosten | | | | 2.000 | EUR |
| empfangene Leistung | | | 10 h × 15,2500 EUR/h | 10 | h von KSt. I |
| ↳ sekundäre Kosten | | | | 152,50 | EUR |
| Kosten gesamt | | | | 2.152,50 | EUR |
| Leistung der Kostenstelle | | | | 20 | h |
| Kostensatz (hier EUR / h) | | | | 107,6250 | EUR / h |
| primäre Kosten | 1.000 | EUR | | | |
| empfangene Leistung | 5 | h von KSt. II | 5 h × 107,6250 EUR/h | | |
| ↳ sekundäre Kosten | 538,13 | EUR | | | |
| Kosten gesamt | 1.538,13 | EUR | | | |
| Leistung der Kostenstelle | 100 | h | | | |
| Kostensatz (hier EUR / h) | 15,3813 | EUR/h | | | |
| **3. Berechnung (2. Iteration)** | | | | | |
| primäre Kosten | | | | 2.000 | EUR |
| empfangene Leistung | | | 10 h × 15,3813 EUR/h | 10 | h von KSt. I |
| ↳ sekundäre Kosten | | | | 153,81 | EUR |
| Kosten gesamt | | | | 2.153,81 | EUR |
| Leistung der Kostenstelle | | | | 20 | h |
| Kostensatz (hier EUR / h) | | | | 107,6906 | EUR / h |
| primäre Kosten | 1.000 | EUR | | | |
| empfangene Leistung | 5 | h von KSt. II | 5 h × 107,6906 EUR/h | | |
| ↳ sekundäre Kosten | 538,45 | EUR | | | |
| Kosten gesamt | 1.538,45 | EUR | | | |
| Leistung der Kostenstelle | 100 | h | | | |
| Kostensatz (hier EUR / h) | 15,3845 | EUR/h | | | |
| **4. Berechnung (3. Iteration)** | | | | | |
| primäre Kosten | | | | 2.000 | EUR |
| empfangene Leistung | | | 10 h × 15,3845 EUR/h | 10 | h von KSt. I |
| ↳ sekundäre Kosten | | | | 153,85 | EUR |
| Kosten gesamt | | | | 2.153,85 | EUR |
| Leistung der Kostenstelle | | | | 20 | h |
| Kostensatz (hier EUR / h) | | | | 107,6923 | EUR / h |
| primäre Kosten | 1.000 | EUR | | | |
| empfangene Leistung | 5 | h von KSt. II | 5 h × 107,6923 EUR/h | | |
| ↳ sekundäre Kosten | 538,46 | EUR | | | |
| Kosten gesamt | 1.538,46 | EUR | | | |
| Leistung der Kostenstelle | 100 | h | | | |
| Kostensatz (hier EUR / h) | 15,3846 | EUR/h | | | |

*Abbildung 5.37: Beispiel für eine Iteration bei der Isttarifermittlung*

Die Isttarifermittlung ist nur für solche Leistungsarten und Geschäftsprozesse möglich, für die ein entsprechendes Tarifkennzeichen gesetzt wurde (siehe Tarifkennzeichen im Abschnitt 2.2.6). Setzen Sie an dieser Stelle jedoch den Parameter PLANTARIFE im Abschnitt TARIFE MIT ABSTIMMEN, werden mit der Durchführung der Isttarifermittlung die erbrachten Leistungen zum aktuell gültigen Plantarif nachbewertet und ggf. nachverrechnet. Die Option MANUELLER ISTTARIF bedeutet, dass auch für Leistungsarten bzw. Geschäftsprozesse mit dem Tarifkennzeichen 7 die Isttarife nachbewertet und ggf. nachverrechnet werden. ISTSPLITTUNG INTERN AUSFÜHREN besagt, dass die Splittung der Tarife automatisch zusammen mit der Isttarifermittlung erfolgt und nicht gesondert gestartet werden muss.

# 6 Universelle Verrechnung

**In SAP Fiori werden viele bestehende Transaktionen weiterentwickelt und in neuen Apps zusammengeführt. Für die Verrechnung ist insbesondere die universelle Verrechnung zu erwähnen, die zahlreiche der vorab angesprochenen Funktionen in einer App vereint und dabei auch noch zusätzliche Funktionen anbietet, auf die wir nun näher eingehen möchten.**

Mit Release SAP S/4HANA 1909 hat SAP die Möglichkeit der *universellen Verrechnung* eingeführt. Damit kombiniert das Unternehmen die Ihnen in den vorherigen Abschnitten vorgestellte Funktionen der periodischen Verrechnung aus unterschiedlichen Verrechnungskontexten mit diversen Verrechnungsarten sowohl für Verrechnungen im Ist als auch im Plan. Ihnen stehen unter SAP Fiori die folgenden drei Apps zur Verfügung:

- »Verrechnungen verwalten« (App-ID: F3338)
- »Verrechnungen ausführen« (App-ID: F3548)
- »Ergebnisse der Verrechnung« (App-ID: F4363)

Dabei werden die zuvor getrennten Verrechnungen zur Umlage und Verteilung in einer gemeinsamen Oberfläche zusammengefasst, sodass Sie Verrechnungen verwalten und zentral die zugehörigen Zyklen und Segmente pflegen können.

**! Pflege von Zyklen**

Verrechnungszyklen, die Sie mithilfe der universellen Verrechnung erstellt haben, können Sie anschließend nicht mit den herkömmlichen Transaktionen im SAP GUI verwalten – und umgekehrt können Sie mit den Fiori-Apps zur universellen Verrechnung keine Zyklen öffnen, die noch aus SAP GUI stammen.

Die schematische Darstellung eines solchen Zyklus in Abbildung 6.1 zeigt Ihnen die zentralen Elemente dieser universellen Verrechnung.

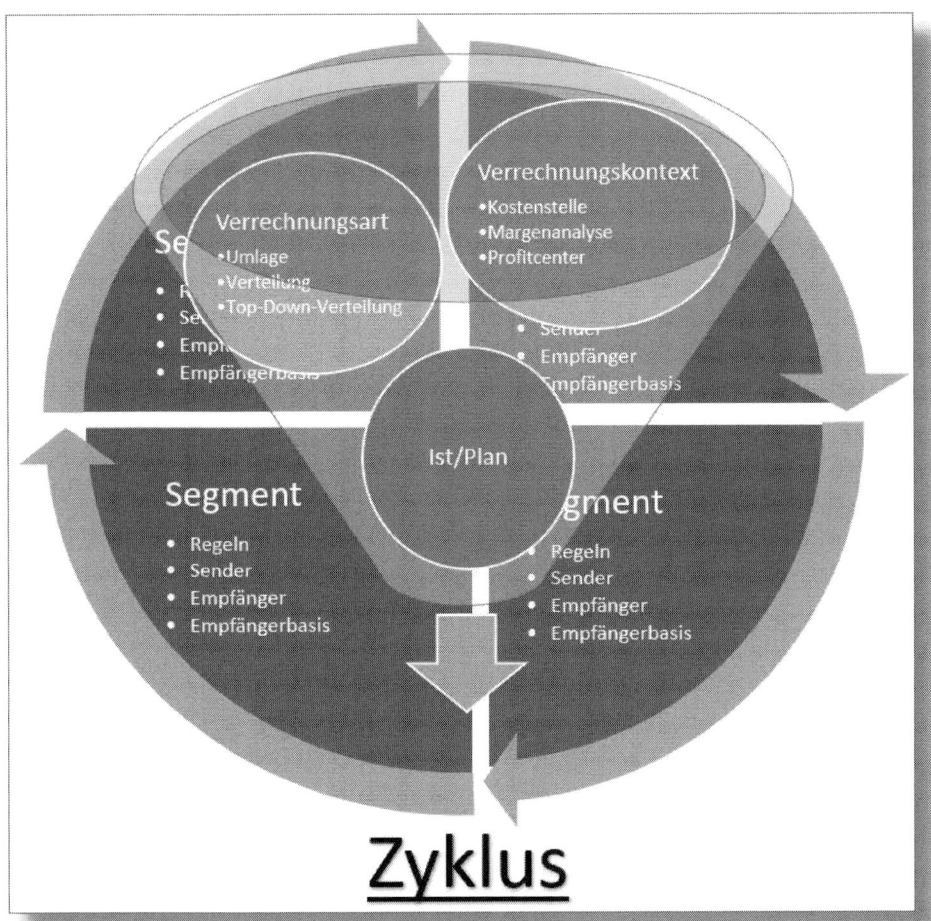


*Abbildung 6.1: Zyklus einer universellen Verrechnung*

Die Segmente eines Zyklus sollten Ihnen schon vertraut vorkommen. Da die Technik vergleichbar mit der Umlage und Verteilung ist, möchten wir hier nur kurz die einzelnen Möglichkeiten im Verrechnungskontext der Kostenstellenrechnung darstellen.

**Verrechnungskontext: Profitcenter**

Im Zusammenhang mit der Verrechnungsart »Verteilung« im Verrechnungskontext »Profitcenter« möchten wir an dieser Stelle auf eine Besonderheit dieser Fiori-App hinweisen, die in der klassischen SAP-GUI-Verteilung von Profitcentern (Transaktionen *4KE5 – Verteilung [Ist]* und *4KEB Verteilung [Plan]*) nicht relevant ist. Eine Verteilung ist innerhalb der Profitcenter-Rechnung mit der universellen Verrechnung nur für Bestandskonten (Sachkontenart X, Bestandskonto) und neutrale Sachkonten (Sachkontenart N, nicht betriebliche Aufwendungen und Erträge) möglich. Ansonsten sollten hier die originären CO-Objekte, wie in unserem Beispiel die Kostenstellen, als Verrechnungskontext gewählt werden, da anderenfalls die Belege der Profitcenter von den zugeordneten CO-Objekten (z. B. Kostenstellen) abweichen würden. Da wir uns in diesem Buch um die Kostenstellenrechnung kümmern, ist dieses nur als Hinweis zu sehen, sofern Sie im Berichtswesen die Profitcenter-Rechnung (EC-PCA) intensiver nutzen und eine Verteilung ausschließlich unter EC-PCA verwenden. Näheres dazu finden Sie auch im SAP-Hinweis 3114399 – »Verrechnung von Beträgen zwischen Profitcentern in der universellen Verrechnung«.

## 6.1 Verrechnungen verwalten

Mit der Fiori-App »Verrechnungen verwalten« können Sie über Anlegen ˅ einen eigenen Zyklus erstellen und innerhalb dessen die einzelnen Segmente pflegen. In Abbildung 6.2 haben wir dieses im VERRECHNUNGSKONTEXT ❶ *Kostenstellen* dargestellt. Alternativ wären auch *Profitcenter* oder *Margenanalyse* (aus der Ergebnis- und Marktsegmentrechnung über eine Top-down-Verteilung) als Kontext auswählbar.

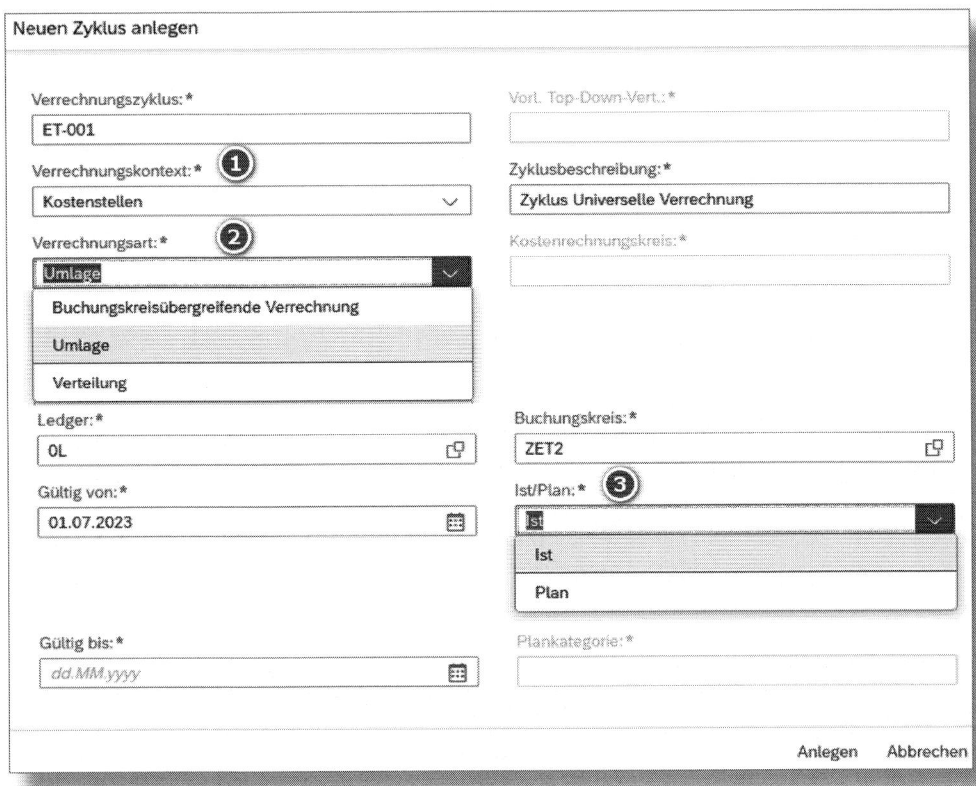


*Abbildung 6.2: Neuer Zyklus – Verrechnungskontext »Kostenstelle«*

Über die VERRECHNUNGSART ❷ wählen Sie zwischen *Umlage* und *Verteilung* und über IST/PLAN ❸ bestimmen Sie, ob dieser Zyklus im *Ist* oder im *Plan* ausgeführt werden soll.

Innerhalb der Segmente können Sie ebenfalls Sender und Empfänger definieren sowie ein Verrechnungsschema nutzen.

Daneben können Sie in der App auch nach vorhandenen Verrechnungszyklen filtern, um diese zu bearbeiten oder einen angelegten Zyklus direkt auszuwählen und über die Schaltfläche AUSFÜHREN zu starten (siehe Abbildung 6.3).

*Abbildung 6.3: Fiori-App »Verrechnungen verwalten« – Verrechnungszyklen*

Es öffnet sich daraufhin die App »Verrechnungen ausführen«.

> **Universelle Verrechnung im Plan**
>
> Die universelle Verrechnung im Plan findet **in Plankategorien** statt, die Sie mit den entsprechenden Fiori-Berichten auswerten können. Sollten Sie Bedarf an einer Auswertung **per Version** statt Plankategorie haben (bspw. durch die klassischen CO-Berichte in SAP GUI), verweisen wir an dieser Stelle auf die entsprechenden Reports zur Übertragung von Planwerten aus der Plankategorie in die Version und umgekehrt, die wir in Abschnitt 1.2.4 vorgestellt haben.

## 6.2 Verrechnungen ausführen

In der Fiori-App »Verrechnungen ausführen« können Sie mehrere Zyklen für die Durchführung einer Verrechnung auswählen (siehe Abbildung 6.4). In unserem Beispiel haben wir in der Selektionsmaske nach BEISPIEL KOSTENSTELLEN ❶ gesucht und den Verrechnungszyklus *BUCH02* ❷ markiert. Damit ist dieser Verrechnungszyklus ausgewählt ❸ und kann per OK übernommen werden.

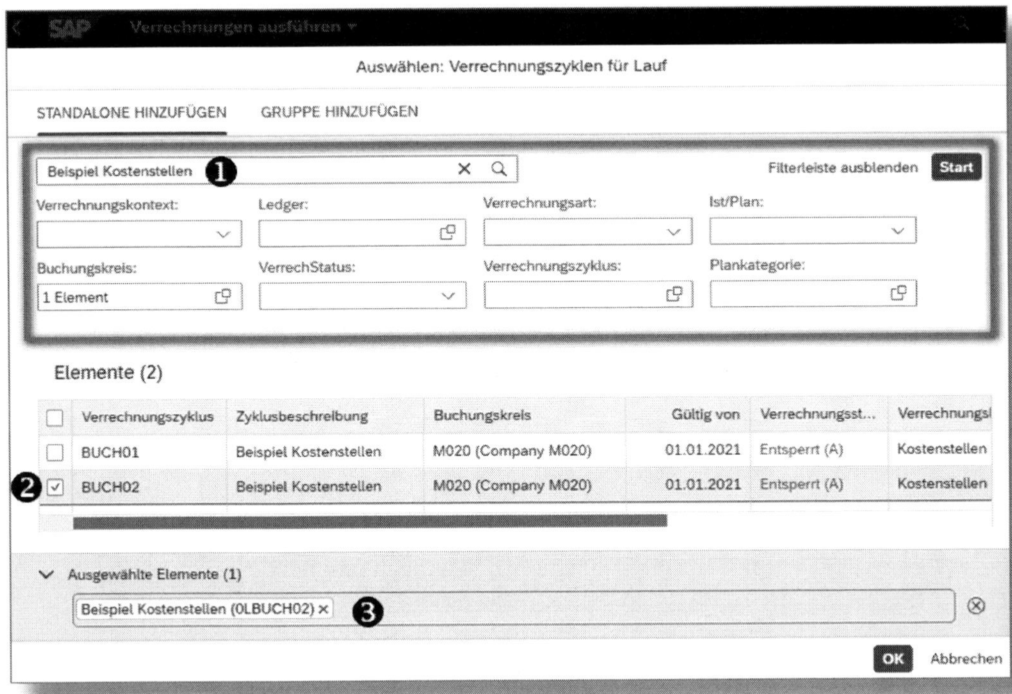


*Abbildung 6.4: Verrechnungszyklen für Lauf auswählen*

Einen ausgewählten Verrechnungszyklus können Sie danach direkt ausführen, wie in Abbildung 6.5 zu sehen.

Neuen Lauf anlegen — Abgeschlossene Läufe anzeigen — Verrechnungen verwalten

Verrechnungszyklen — ❶ Lauf — ❷ Testlauf

| ☑ | Zyklus/Gruppe | Zyklusbeschreibung | Gültig von | Verrechnungskontext | Ledger | Verrechnungsart | Ist/Plan | Ausgeführt am | VerrechStatus |
|---|---|---|---|---|---|---|---|---|---|
| ☑ | **BUCH02** | Beispiel Ko... | 01.01.2021 | Kostenstellen | 0L | Verteilung | Ist | | Entsperrt |

*Abbildung 6.5: Neuen Lauf anlegen bzw. ausführen*

Mit Klick auf LAUF ❶ starten Sie direkt, oder Sie simulieren zunächst in einem TESTLAUF ❷. Sowohl im TESTLAUF als auch im LAUF bekommen Sie die Ergebnisse der Verrechnung dargestellt.

## 6.3 Ergebnisse der Verrechnung

Über die App »Ergebnisse der Verrechnung« erhalten Sie das Verrechnungsergebnis für jeden Zyklus (siehe Abbildung 6.6).

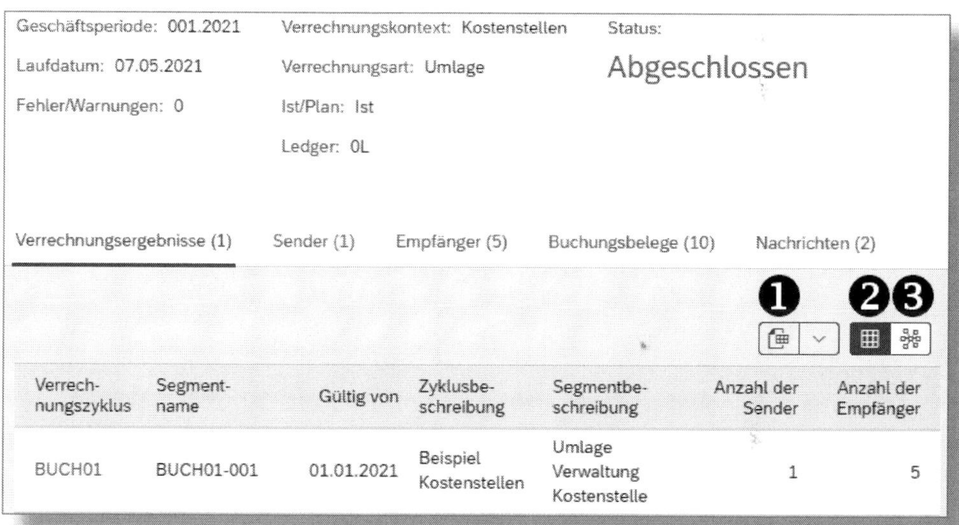


*Abbildung 6.6: Verrechnungsergebnis*

Dieses Ergebnis können Sie direkt exportieren ❶ oder von der tabellarischen Darstellung ❷ auf eine Darstellung der Verrechnung als Netzwerkgrafik ❸ umstellen. Letztere wird Ihnen in Abbildung 6.7 gezeigt.

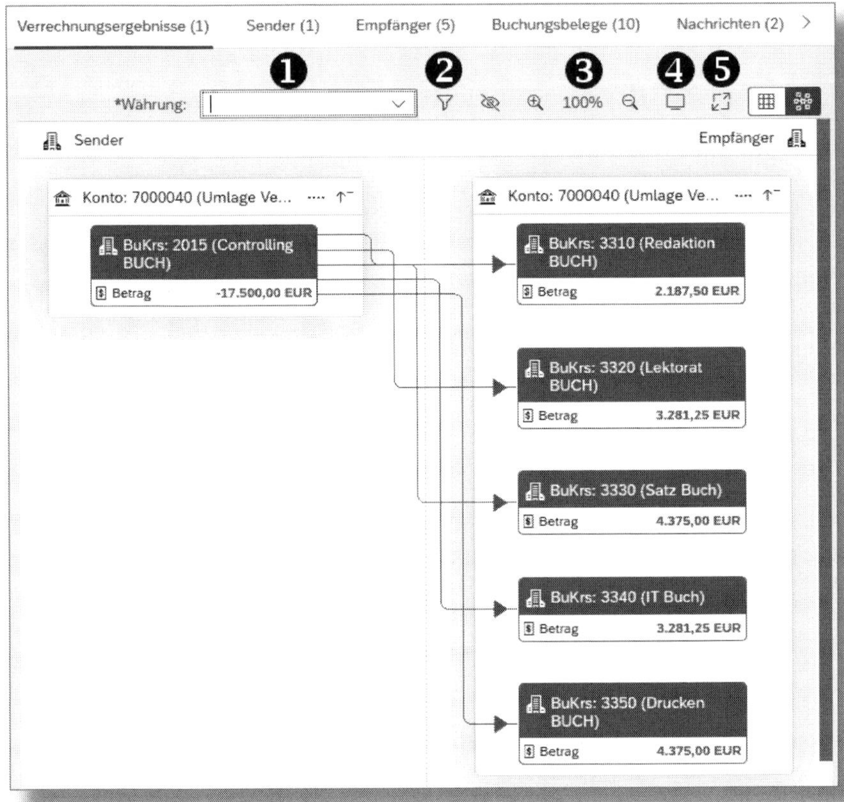


*Abbildung 6.7: Verrechnung als Netzwerkgrafik*

In dieser Übersicht können Sie unter ❶ zwischen der Buchungskreiswährung und einer übergreifenden Währung wechseln sowie unter ❷ nach bestimmten Kriterien in den Bereichen »Allgemein« (Segmentname, Zyklus, Periode), »Sender« und »Empfänger« (Kontonummer, Kostenstelle, Buchungskreis) filtern.

Um die Ansicht zu vergrößern oder zu verkleinern, nutzen Sie die Zoomfunktion ❸, über ❹ passen Sie die Breite des Fensters an oder wechseln mit ❺ in den Vollbildmodus.

## 6.4 Weiterentwicklung der universellen Verrechnung

Im Laufe der Releases sind immer mehr Funktionen aus den bisher vertrauten Einzeltransaktionen in die globale universelle Verrechnung aufgenommen worden. Unter anderem werden seit Release S/4HANA 2020 die in Abschnitt 5.4.6 vorgestellten Verrechnungsschemata unterstützt. Künftig sollen auch CO-Innenaufträge in der On-Premise-Version von SAP S/4HANA als Empfänger der universellen Verrechnung hinzukommen. In der Cloud-Variante sind die CO-Innenaufträge durch die PSP-Elemente aus dem Modul SAP CO-PS (Projektsteuerung) ersetzt worden.

**Buchempfehlung**

In unserem Buch »Abschlussarbeiten im Gemeinkosten-Controlling in SAP S/4HANA« (Espresso Tutorials, 2022) erläutern wir die universelle Verrechnung anhand praktischer Beispiele, etwa zum Betriebsabrechnungsbogen, und die Koordination der Abschlussarbeiten im Controlling im Detail. An dieser Stelle wollen wir Ihnen lediglich die neuen Möglichkeiten vorstellen, die sich mit der universellen Verrechnung ergeben.

Gerade im Vergleich zu den Transaktionen zur Verrechnung per Umlage und Verteilung punktet die universelle Verrechnung unserer Meinung nach durch die gemeinsame Oberfläche, die Möglichkeit der Simulation und durch eine ansprechende Darstellung der Ergebnisse.

**Video zur universellen Verrechnung**

In der Videosammlung »Controlling mit SAP S/4HANA – Customizing Kostenstellenrechnung«, die Sie über den frei zugänglichen Bereich unserer SAP-Lernplattform aufrufen, zeigen wir Ihnen im Video »Universelle Verrechnung« die wesentlichen Aspekte dieser Form der Verrechnung am System. Wie Sie den Zugang zum Video erhalten, haben wir im Vorwort beschrieben.

# 7 Berichtswesen

**Das Thema Berichtswesen hat über alle SAP-Module hinweg eine besondere Bedeutung. In diesem Kapitel möchten wir nur kurz auf die Entwicklung von eigenen Berichten in SAP S/4HANA mit Fokus auf die Kostenstellenrechnung eingehen.**

Obwohl immer mehr Anwendungen von der SAP in Richtung Fiori-App entwickelt werden, finden Sie weiterhin in jedem SAP-Menübaum zu den einzelnen CO-Komponenten einen eigenen Menüpfad für das INFOSYSTEM, wie in Abbildung 7.1 gezeigt.

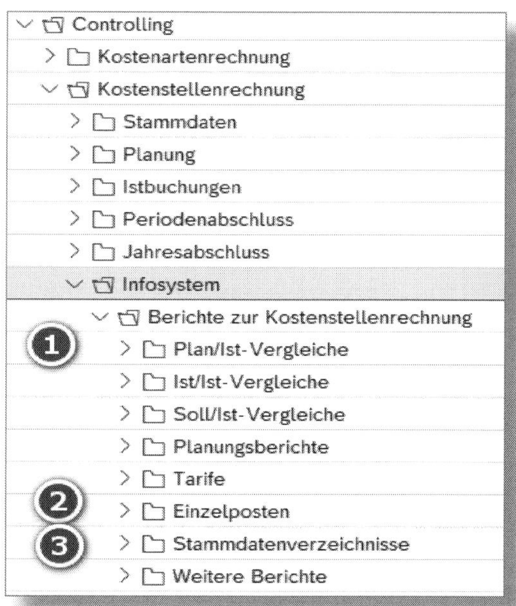


*Abbildung 7.1: Berichte zur Kostenstellenrechnung*

Unter BERICHTE ZUR KOSTENSTELLENRECHNUNG wird zwischen Summenberichten wie PLAN/IST-VERGLEICHEN ❶ oder EINZELPOSTEN ❷ und Stammdatenlisten unter STAMMDATENVERZEICHNISSEN ❸ unterschieden. Viele der hier aufgeführten Berichte basieren auf Report-Painter-/ Report-Writer-Berichten, die insbesondere in der Kostenstellenrechnung weiterhin noch funktionieren, allerdings mit der Einschränkung, dass Sie aktuelle Berichtstools eher in der neuen Welt von SAP Fiori finden (bspw. den Etatbericht zur Auswertung von Budgets aus Abschnitt 3.8.4).

Im SAP-Hinweis »2997574 – S4TWL – Report Writer/Report Painter im Finanzwesen und Controlling« erhalten Sie Informationen darüber, welche Report-Writer- und Report-Painter-Berichtsbibliotheken zum Kompatibilitätsumfang von SAP S/4HANA gehören. In der Anlage zum Hinweis sehen Sie bspw., dass die Bibliotheken zum Gemeinkostencontrolling (Bibliothek 1VK »Berichtstabelle Gemeinkostencontrolling« und Berichtstabelle CCSS »Berichtstabelle Gemeinkostencontrolling«) weiterhin zur Verfügung stehen und dass Sie daher die altbekannten oder auch von Ihnen per Report Painter entwickelten Berichte nach wie vor nutzen können.

Dieses ist durch *Kompatibilitätsviews* der bisherigen Tabellen auf das Universal Journal mit den Tabellen ACDOCA (Ist) und ACDOCP (Plan) möglich.

Sollten Sie im Rahmen von Report Painter weitere Berichtsanforderungen haben, dürfte auch der SAP-Hinweis »2476144 – ACDOCP in Berichtstabelle ACDOCT verfügbar« für Sie interessant sein. Hier wird erläutert, dass Ihnen für Reporting eine Summentabelle für die ACDOCA und ACDOCP zur Verfügung steht. Sie können nun eine eigene Berichtsbibliothek, basierend auf den neuen Berichtstabellen, anlegen.

Dieses ist im SAP-Menü unter INFOSYSTEME • AD-HOC-BERICHTE • REPORT PAINTER • REPORT WRITER • BIBLIOTHEK ANLEGEN (Transaktion *GR21*) möglich.

Gemäß Abbildung 7.2 geben Sie der BIBLIOTHEK einen eigenen dreistelligen Namen und weisen als TABELLE die ACDOCT zu.

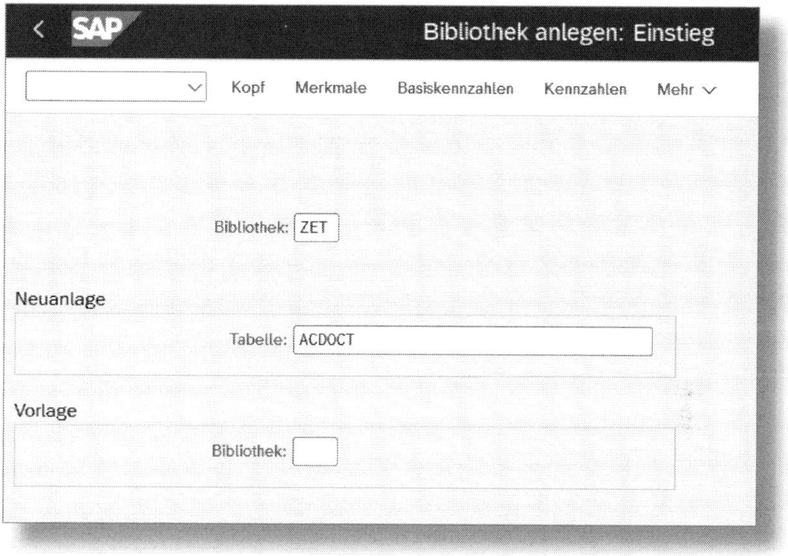

*Abbildung 7.2: Bibliothek anlegen – ACDOCT*

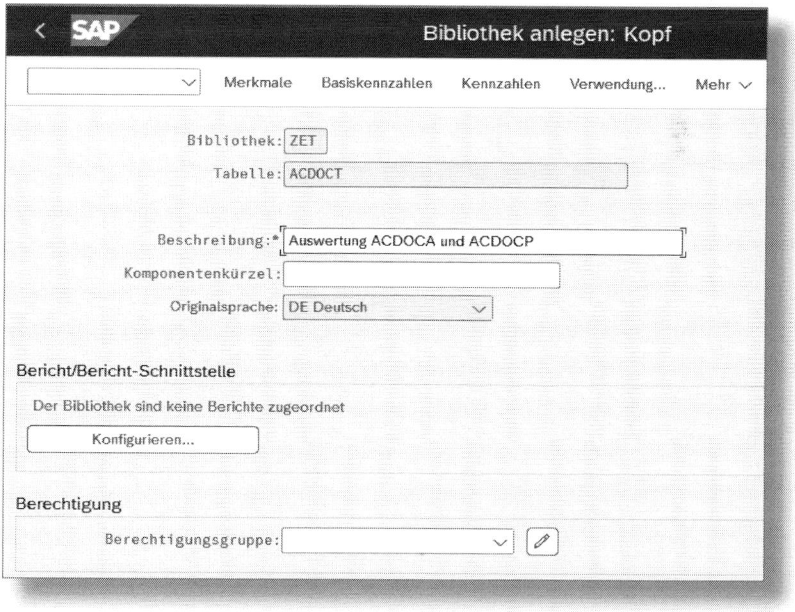

*Abbildung 7.3: Berichtsbibliothek zu ACDOCT*

Im Folgebild tragen Sie eine BESCHREIBUNG zu Ihrer Bibliothek ein (siehe Abbildung 7.3). Sie klicken dann auf den Button Merkmale, um durch Setzen eines Hakens die gewünschten Merkmale aus dem umfassenden Journal zur Auswertung zu aktivieren (siehe Abbildung 7.4). Basiskennzahlen (wie Belege in den unterschiedlichen Währungen oder Mengen) und Kennzahlen (Kombination von Basiskennzahlen und Merkmalen) stehen Ihnen ebenfalls zur Verfügung.

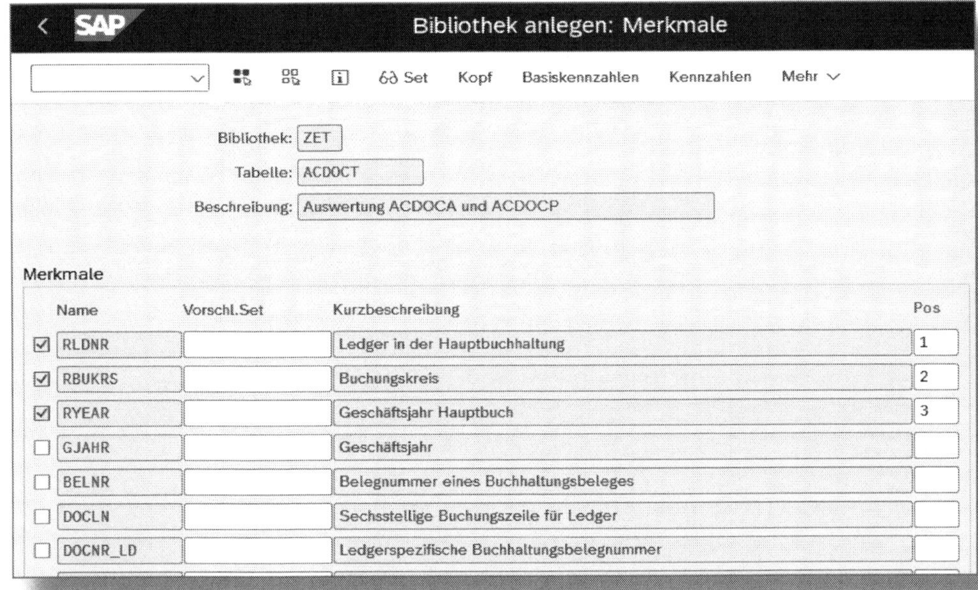


*Abbildung 7.4: Auszug der Merkmale zur Tabelle ACDOCT*

In diesem Buch werden wir nicht näher auf den Aufbau von kundeneigenen Berichten im Controlling eingehen, verweisen aber an dieser Stelle auf das Buch »Berichtswesen im SAP-Controlling« (Unkelbach, Espresso Tutorials, 2017), das sich ausführlich mit dieser Thematik befasst.

### Online-Trainings zum Berichtswesen

Espresso Tutorials bietet in regelmäßigen Abständen Online-Trainings u. a. zu den verschiedenen Möglichkeiten für den Aufbau eines Berichtswesens unter SAP S/4HANA an. Unter *https://www.unkelbach.link/et.reportpainter/* finden Sie aktuelle Termine zum Online-Training »Rechercheberichte mit SAP Report Painter« von Andreas Unkelbach.

### Video zum Berichtswesen

In der Videosammlung »Controlling mit SAP S/4HANA – Customizing Kostenstellenrechnung«, die Sie über den frei zugänglichen Bereich unserer SAP-Lernplattform aufrufen, wird im Video »Berichtswesen« ausführlicher das Herzensthema von Andreas Unkelbach behandelt. Neben der Ausarbeitung eines Berichtskonzepts und der Vorstellung von Berichtstools unter SAP werden Besonderheiten rund um den Report-Painter vorgestellt wie auch einige Tipps und Tricks als Anregungen für Ihr eigenes Reporting gegeben. Wie Sie den Zugang zum Video erhalten, haben wir im Vorwort beschrieben

# 8 Fazit

Sie haben in diesem Buch alle wesentlichen Customizing-Einstellungen zur Kostenstellenrechnung kennengelernt. Neben den grundlegenden Typen von Stammdaten wie Kostenstellen, Leistungsarten und statistischen Kennzahlen sind Ihnen nun auch die verschiedenen Möglichkeiten, diese zu gruppieren, vertraut. Wir haben Ihnen gezeigt, welche Möglichkeiten zur Planung und Budgetierung auf Kostenstellen verfügbar sind und wie Sie die Funktionalitäten Obligo und Mittelbindung konfigurieren. Im Rahmen der Istbuchungen haben wir Ihnen die Customizing-Einstellungen zu manuellen Istbuchungen, zur Istdatenübernahme und zu den verschiedenen automatischen Verrechnungsmethoden für den Periodenabschluss vorgestellt. Einen kurzen Blick haben wir außerdem auf die universelle Verrechnung und abschließend auf das Berichtswesen für die Kostenstellenrechnung geworfen.

**☛ Verantwortung und Kostenstellen**

Gerade durch die Gestaltung von Verantwortungsbereichen in Form von Kostenstellen haben Sie direkt die Adressaten Ihres internen Berichtswesens identifiziert und können die hierarchische Struktur Ihrer Kostenstellenrechnung als Ausgangspunkt für die Gestaltung Ihres Berichtswesens nutzen – z. B. über weitere Controlling-Objekte wie CO-Innenaufträge, die mit den Kostenstellen verknüpft sind.

Nun liegt es an Ihnen, das erworbene Wissen für den Aufbau Ihrer eigenen Kostenstellenrechnung nach unterschiedlichen Gesichtspunkten auszugestalten und einen Ort für die Entstehung von Kosten innerhalb Ihres Unternehmens einzubeziehen.

Dabei sollten Sie die Möglichkeiten der Verrechnung stets mit den Anforderungen Ihres internen und externen Berichtswesens in Beziehung setzen und die vorgestellten Möglichkeiten kreativ nutzen, um ein aussagekräftiges Controlling zur Steuerung und Unterstützung Ihres Unternehmens zu gestalten.

Für einen weitergehenden Austausch verweisen wir gerne auf das von Espresso Tutorials angebotene SAP-Forum (*https://forum.espresso-tutorials.com/*), die jedes Jahr im Herbst stattfindenden FICO-Forum-Infotage in Köln sowie auf den Blog von Andreas Unkelbach (*https://www.andreas-unkelbach.de/*), in dem immer wieder aktuelle Artikel zum Thema SAP mit Schwerpunkt auf Controlling und Berichtswesen erscheinen.

# A Die Autoren

Autor, Blogger und Controller **Andreas Unkelbach** studierte Betriebswirtschaftslehre an der FH Gießen Friedberg (heute: Technische Hochschule Mittelhessen [THM]) mit den Schwerpunkten Wirtschaftsrecht und Wirtschaftsinformatik. Von 2005 bis 2011 war er an der THM als Controller beschäftigt. Anschließend wechselte er in den Bereich Ressourcen-Controlling der Justus-Liebig-Universität Gießen, wo bis heute sein Tätigkeitsschwerpunkt im Berichtswesen und Controlling mit SAP liegt. Bei Espresso Tutorials bietet er neben seinen Büchern Online-Trainings zu verschiedenen SAP-Themen an.

Schon während seines Studiums legte er mit *andreas-unkelbach.de* einen »Wissenspool« in Form eines Blogs an, in dem er regelmäßig Artikel aus seinem Arbeitsbereich – u. a. Controlling, SAP (insbesondere die Module SAP CO, SPA PSM, SAP FI und SAP BC) – aber auch zu anderen, oft IT-nahen Themen veröffentlicht. Unter *https://www.unkelbach.expert/* bietet Andreas Unkelbach Seminare und Workshops zu unterschiedlichen Themen rund um das Berichtswesen im Bereich des Hochschulcontrollings sowie allgemein zu SAP an. Seit 2022 offeriert er in Kooperation mit Espresso Tutorials zudem verschiedene Online-Trainings.

**Martin Munzel** ist seit mehr als 30 Jahren im SAP-Umfeld tätig und hat in verschiedenen Positionen als Berater und Inhouse-Berater einen breiten praktischen Erfahrungsschatz erworben. Er hat erfolgreich SAP-Projekte in Europa, Asien und Nordamerika durchgeführt und hält regelmäßig Vorträge bei internationalen SAP-Konferenzen. Martin Munzel ist Mitgründer und Geschäftsführer von Espresso Tutorials, einem globalen Anbieter für SAP-Weiterbildung. Vor seiner beruflichen Laufbahn studierte er Betriebswirtschaftslehre und Wirtschaftsinformatik in Göttingen, Paderborn und Nottingham.

# B Index

## I



## K



## L



## M

## T



## U



## V



## W



## Z

# C Disclaimer

Die in diesem Werk wiedergegebenen Gebrauchsnamen, Handelsnamen, Warenbezeichnungen usw. können auch ohne besondere Kennzeichnung Marken sein und als solche den gesetzlichen Bestimmungen unterliegen. Sämtliche in diesem Werk abgedruckten Bildschirmabzüge unterliegen dem Urheberrecht der SAP SE, Dietmar-Hopp-Allee 16, 69190 Walldorf.

In dieser Publikation wird auf Produkte der SAP SE Bezug genommen. SAP®, ABAP®, ExpenseIt®, Joule, OpenSAP®, SAP ActiveAttention®, SAP® Adaptive Server® Enterprise, SAP® Advantage Database Server®, SAP® AppGyver®, SAP Ariba®, SAP Business ByDesign®, SAP® Business Explorer®, SAP® Bex, SAP® BusinessObjects, SAP® BusinessObjects Explorer®, SAP® BusinessObjects Web Intelligence®, SAP Business One®, SAP Business Workflow®, SAP BW/4HANA®, SAP Concur®, SAP® Crystal Reports®, SAP EarlyWatch®, SAP® Emarsys®, SAP Fieldglass®, SAP Fiori®, SAP Garden®, SAP® Global Trade Services (SAP® GTS®), SAP HANA®, SAP® Jam, SAP Lumira®, SAP MaxAttention®, SAP® MaxDB®, SAP NetWeaver®, SAP® PartnerEdge®, SAP® Sapphire®, SAP® PowerBuilder®, SAP® PowerDesigner®, SAP® R/3®, SAP® Replication Server®, SAP® Roambi®, SAP S/4HANA®, SAP S/4HANA® Cloud, SAP Signavio®, SAP® SQL Anywhere®, SAP Strategic Enterprise Management® (SAP® SEM®), SAP SuccessFactors®, SAP Vora®, Taulia®, The Best Run SAP®, TripIt® und weitere im Text erwähnte SAP-Produkte und -Dienstleistungen sowie die entsprechenden Logos sind Marken oder eingetragene Marken der SAP SE in Deutschland und anderen Ländern. Die Angaben im Text sind unverbindlich und dienen lediglich zu Informationszwecken. Produkte können länderspezifische Unterschiede aufweisen.

Der SAP-Konzern übernimmt keinerlei Haftung oder Garantie für Fehler oder Unvollständigkeiten in dieser Publikation. Der SAP-Konzern steht lediglich für SAP-Produkte und -Dienstleistungen nach der Maßgabe ein, die in der Vereinbarung über die jeweiligen Produkte und Dienstleistungen ausdrücklich geregelt ist. Aus den in dieser Publikation enthaltenen Informationen ergibt sich keine weiterführende Haftung.

# Weitere Bücher von Espresso Tutorials

Christoph Theis, Stefan Eifler:

**Werteflüsse in die SAP®-Ergebnisrechnung (CO-PA) unter S/4HANA®**

- ▶ Werteflüsse anhand des logistischen Verkaufs- und Produktionsprozesses
- ▶ Vergleich der kalkulatorischen mit der buchhalterischen Ergebnisrechnung
- ▶ Darstellung der Änderungen im Wertefluss im Vergleich zu SAP ERP
- ▶ Durchgehendes Zahlenbeispiel bis hin zu den Abschlusstätigkeiten

*http://5394.espresso-tutorials.de*

Tom King:

**Materialbewertung und das Material-Ledger in SAP S/4HANA®**

- ▶ Bewertung in parallelen Währungen, mit und ohne Transferpreise
- ▶ Währungen definieren und mit dem Material-Ledger einsetzen
- ▶ Bewertung mit Standard-, Ist- und gleitenden Durchschnittskosten
- ▶ Methoden der Bilanzbewertung

*http://5711.espresso-tutorials.de*

Thomas Wicke:

**Praxishandbuch Produktkosten-Controlling mit SAP S/4HANA®**

- Kostenrechnung für entscheidungsorientiertes Produktkosten-Controlling
- Produktkosten-Controlling in unruhigen Zeiten – Simulation in SAC4Planning
- Volatile Preise – Istkalkulation mit dem Material-Ledger
- Universal Parallel Accounting (UPA)

*https://es-tu.de/WBV3KY*

Rudolf Poppenberger:

**Konzernbewertung mit SAP S/4HANA® Material-Ledger**

- Betriebswirtschaftliche Erklärung der Konzernbewertung
- Zahlenbeispiel mit erforderlichen Customizing-Einstellungen
- Fallbeispiel zu Stock-in-Transit mit Customizing-Einstellungen
- Getrennter Ist-Lauf für legale und Konzernbewertung (AVR)

*https://es-tu.de/nQAf*

Stefan Eifler:

**Schnelleinstieg in die SAP®-Ergebnisrechnung (CO-PA)** – 2., erweiterte Auflage

- Den Wertefluss in CO-PA definieren
- Wesentliche Unterschiede zwischen kalkulatorischer Ergebnisrechnung und Margin Analysis
- SAP-Planungswerkzeuge effizient einsetzen
- Abstimmmöglichkeiten für die kalkulatorische Ergebnisrechnung

*https://es-tu.de/WAuw52*

Christian Sterlepper, Martin Munzel:

**Innenaufträge in SAP S/4HANA® – Customizing**

- Voraussetzungen, Grundeinstellungen und Customizing von Innenaufträgen
- Periodische Verrechnungen, Ergebnisermittlung und Abrechnung
- Plandatenübernahme zwischen SAP ERP und SAP S/4HANA
- SAP Fiori optimal im Reporting einsetzen

*https://es-tu.de/df1q*